第二届中国环境艺术设计国际学术研讨会论文集

中国环境艺术设计·散论

Analects of China Environment Art Design

鲍诗度 主编

U0330283

中国建筑工业出版社

图书在版编目（CIP）数据

中国环境艺术设计·散论/鲍诗度主编．—北京：中国建筑工业
出版社，2009
ISBN 978-7-112-10955-5

I.中… II.鲍… III.建筑设计-环境设计-文集 IV.TU-856

中国版本图书馆CIP数据核字（2009）第069668号

责任编辑：唐　旭　陈小力
责任设计：赵明霞
责任校对：刘　钰　王雪竹

第二届中国环境艺术设计国际学术研讨会论文集
中国环境艺术设计·散论
Analects of China Environment Art Design
鲍诗度　主编
＊
中国建筑工业出版社出版、发行（北京西郊百万庄）
各地新华书店、建筑书店经销
北京嘉泰利德公司制版
北京中科印刷有限公司印刷
＊
开本：880×1230毫米　1/16　印张：17　字数：410千字
2009年7月第一版　2009年7月第一次印刷
印数：1—2000册　定价：58.00元
ISBN 978-7-112-10955-5
　　（18202）

序

　　中国当代环境艺术的崛起和发展，是我国近年来极为重要的科学文化艺术成就之一。环境艺术设计学科作为以美术学、建筑学、艺术设计学为基础，与相关学科交叉的边缘性综合性学科，其设计与研究对象涉及自然生态环境与人文社会环境的各个领域。随着我国经济的高速发展，人们对生存环境空间的品质要求越来越高。环境艺术设计学术研究水平如何，决定着中国城市环境艺术生存空间质量的水平。

　　中国环境艺术设计国际学术研讨会是东华大学在诸位同仁和专家学者鼎力支持下，为中国环境艺术设计领域的研究，搭建一个学术探讨的开放性交流平台，目的是让国内和国际上相关领域的诸多学者、专家参与到这个学科的发展研究中来，为中国环境艺术设计事业和学科建设作出贡献。

　　第二届中国环境艺术设计国际学术研讨会上，来自美国加州大学伯克利分校、日本早稻田大学、德国慕尼黑工业大学和清华大学，同济大学等一些相关领域的专家学者，以"景观设计本土化"为主题，阐述自己的观点，演绎新的环境设计理念，对中国环境艺术设计学科及实践进行了探讨、解惑和展望。还有一些研究者观点明确、内容明晰、思维严谨，富有前瞻性地阐述了与环境艺术设计学科相关的论点、认识与理解。学者们独到的思想，独到的分析、独到的视角，为我们提供了丰厚的学术大餐，我们把它汇集成册，奉献给那些有追求有担当的研究者们和有志向的学子们。

　　东华大学以革故鼎新的学术精神为主导，保持兼容并蓄、多元多价的宽松氛围，使贤才云集、学派纷呈、交流广泛、特色显著、硕果丰厚，努力在中国环境艺术设计学科建设中的探索出别具一格，自成体系的风貌来。

徐明稚

东华大学　校长　教授　博士生导师

2009 年 5 月

第二届中国环境艺术设计国际学术研讨会
致　辞

致辞 1

　　各位来宾，各位专家，大家早上好！今天我们非常荣幸地举办第二届中国环境艺术设计国际学术研讨会。在会议开始之前，请允许我介绍出席这次研讨会的特约嘉宾：东华大学校长徐明稚先生；中国建筑工业出版社社长王珮云先生；中国建筑工业出版社副总编辑张惠珍女士；美国加州大学伯克利分校彼得·博森曼教授；清华大学美术学院副院长、博士生导师郑曙旸教授；日本早稻田大学理工学术院教授、景观学研究专家佐佐木叶女士；德国慕尼黑工业大学景观设计专家古恩特·巴尔托麦先生；澳大利亚景观设计协会会员、合欢国际有限公司 CEO、设计总监唐纳德先生。今天出席会议的还有清华大学、同济大学、华东师范大学、天津美术学院、哈尔滨工业大学、上海理工大学、上海大学、青岛大学、南京工业大学、江西农业大学、兰州交通大学、扬州大学等来自全国各地高校的 200 多位专家学者。同时今天还有来自上海电视台、上海教育电视台、中国青年报、文汇报、新民晚报、新闻晨报、工人日报、建筑时报等 30 多家媒体的朋友们。在此，我们对各位专家及来宾的到来表示衷心的感谢和热烈的欢迎！

朱美芳

东华大学副校长

致辞 2

尊敬的各位领导、环境艺术设计领域的各位专家学者、来宾们、朋友们，今天由东华大学和中国建筑工业出版社共同主办的第二届中国环境艺术设计国际学术研讨会在我们学校隆重举行，首先请允许我代表东华大学向各位领导和来自国内外环境艺术设计领域的专家学者表示最热烈的欢迎。

东华大学是教育部直属的"211"建设高校，学校成立于1951年，经历了50多年的发展。今天已经由一所单科性的纺织学校发展成为拥有12个专业学院涉及9个大学门类的多科性大学。我校前生叫作华东纺织工学院，之后叫中国纺织大学，在20世纪末改称东华大学。现在学校规模有全额制本科生13000人、研究生5000人、留学生2000人，以及成教学生5000人，总共大概有25000个学生。学校共有两个校区，延安路校区是我们的发源地，以前的主校区占地是410亩，现有全日制学生8900人，另外part-time有学生6800人，相对非常拥挤。主要设有管理学院，它是我们学校最大的学院，学生人数占了26%；第二大学院就是服装与艺术设计学院，大概有2500名学生，占13%，这两个学院占了总人数的40%。还包括有留学生和成教学生。松江校区现在有全日制学生18000人，有10个学院，包括以前我们学校纺织学院在内的主干学院。以上是我们学校的基本概况，东华大学以纺织服装为特色，拥有5个国家重点学科，经过国家重点建设，我们的特色学科取得了一些显著的成绩。

在过去的10年中，中国的大学都在向综合性大学发展，而东华大学的定位是一所有特色的高水平大学。在过去的两个5年中，我们的特色学科取得了很大的进展，特色学科连续5年获得国家进步二等奖，并在最近获得了三项国家级的奖励，我们学校特色学科连续3年获得中国高校十大科技进步展，纺织类的三大检索论文总量在2004年就开始名列世界同类院校的第一。到了2005年、2006年，我们三个检索论文已经超过世界9所同类院校的综合。2006年，我校顺利通过了教育部本科教学评估，我们的特色学科已经有4篇博士论文入选全国百篇优秀博士论文，这4篇博士论文都出自我校纺织学院；有国家级的精品课程4门；获包括一等奖在内的多项国家教学成果。学校在注重内涵建设的同时建成了松江新校区，解决了制约学校发展的空间瓶颈，松江校区占地1500亩，总共大概2000亩的土地。

我校环境艺术所在的艺术设计学科是上海市的重点学科，这个学科归属服装艺术设计学院，学院艺术氛围浓厚，学术气氛活跃，连续13年承办了上海国际服装文化节、国际服装论坛；与世界著名的服装院校，比如伦敦时装学院、纽约时装学院、日本服装文化学院、欧洲设计学院等建立了密切的合作关系，使学院走出了一条比较成功的国际化的发展道路。依托这个学院进行的环境艺术设计学科也展现了良好的发展潜力，2007年东华大学中国环境艺术设计学术年系列活动，以及第一届中国环境艺术设计国际学术研讨会，在学术领域引起了较大的反响。在专业教师的辛勤耕耘下，学校编辑出版了我们国家第一本全面介绍中国环境艺术设计的年鉴，以及环境艺术方面的系列著作，受到社会的好评。

我们相信适应国家经济发展需求，符合上海专业结构调整方向的环境艺术设计学科拥有广阔的发展空间，并将为促进学术研究培养具有国际文化视野，符合新经济、新思维、新空间发展要求的专业与管理人才作出新的贡献。我们本次研讨会的题目是"环境景观地域性研究"。通过搭建学术研究平台，促进高端学术问题的研讨，促进世界范围内学科领域的交流与学习。我衷心地希望我们各位专家学者将学科发展建议和意见留给我们，也希望在研讨过程中寻找新的合作机遇，为环境艺术学科的发展起到良好的推动作用。

最后，预祝研讨会取得丰硕的成果，预祝各位专家、学者、朋友们在东华收获友谊，谢谢！

徐明稚

东华大学校长

致辞 3

尊敬的各位来宾、各位专家，尊敬的徐明稚校长、朱美芳副校长、郑曙旸教授、彼得 · 博森曼教授，上午好！

今天非常高兴能够参加由东华大学和中国建筑工业出版社联合主办的第二届中国环境艺术设计国际学术研讨会，我谨代表中国建筑工业出版社向会议的隆重召开表示衷心的祝贺，对各位专家、老师、朋友们的光临表示诚挚的欢迎和感谢。

东华大学作为国家"211"重点大学，多年来在教学、科研领域不断改革创新，对我国相关学科的发展起到了有力的推动作用。同时也是我们出版社长期紧密联系，相互信任的重要合作伙伴。几年来，我们与东华大学共同努力，开展了一系列学术活动，成功合作出版了建筑与环境艺术方面的多种图书。这次以"环境景观地域性研究"为主题的学术盛会，旨在探讨城市与环境的文化内涵，体现我国环境艺术设计领域与国际接轨的步伐。相信各位专家高水平的讲演会进一步拓展中国环境艺术设计的思维方法和实践，推动我国环境艺术设计深层次的研究。

《中国环境艺术设计年鉴》的出版，以及本次国际学术研讨会的举行，搭建了我国环境艺术设计领域学术发展、文化交流、多学科交融互动的平台。我代表中国建筑工业出版社对东华大学为此所付出的努力表示诚挚的谢意。我们中国建筑工业出版社是住房和城乡建设部（前建设部）直属的专业科技出版社，成立于1954年，54年来我社一直坚持肩负着整理、保护、弘扬中华民族优秀的建筑文化，促进中国建筑业科技进步，宣传中国建设成就的历史使命，为我国广大建设工作者奉献了大量优秀的建筑图书，是中宣部、新闻出版总署表彰的全国第一批优秀出版单位。最近我们出版社又荣获了首届中国出版政府奖、先进出版单位奖，我们始终把为社会和行业提供最好最有价值的产品和服务作为我们矢志不渝的核心价值观，力争成为最受人尊重的出版社。

环境艺术设计作为新兴的艺术学科，涉及自然生态环境与人文社会环境的各个领域，决定着人均居住环境的社会水平。随着我国经济的不断发展，环境艺术设计受到全社会的关注，越来越多的高等学校设置了环境艺术设计专业。我社近年来非常关注环境艺术设计类图书的发展状态，出版了一系列优秀的环境艺术类图书和教材。此次研讨会是一个很好的契机，我们愿意与东华大学以及在座的各位专家共同携手，推动我国环境艺术设计学科的建设，推动我国城乡环境艺术设计水平。我相信通过我们大家共同的努力，中国的环境艺术教育事业将不断地进步与发展。

最后，祝愿第二届中国环境艺术设计国际学术研讨会圆满成功，谢谢各位！

王珮云
中国建筑工业出版社社长

致辞 4

尊敬的各位嘉宾，环境艺术设计界的各位同仁们，非常高兴能参加这样一个会议，这已经是第二届，我记得去年的第一届我曾在这里讲过一次。为什么我们对这个会议寄予如此大的希望，我个人觉得它代表了我们整个中国设计的发展方向，因此在这里我衷心地预祝大会的成功。同时代表清华大学美术学院预祝大会能取得学术上的丰硕成果，也代表建筑装饰设计委员会和中国美术家协会环境艺术委员会对大会的召开表示衷心的祝贺。

环境艺术设计目前在全世界实际上是处在一种概念多种表述的阶段，因为从人类的整个发展历程来讲，我们目前的整个设计的事业正处在一个转型期，是处于从产品观向环境观的转换。大家都知道，环境问题是人类面对的一个重大问题，尤其是在进入 21 世纪以来。今年在四川汶川发生的大地震已经从另外一个侧面证明，当面对自然的时候我们人类是如此的渺小。如何深刻地认识自然对人类的一些启示，对我们从事设计专业的人来讲是一个非常艰深的课题。从国际事业来讲，无论环境艺术还是环境艺术设计，这是两个概念。在上届研讨会之后又进一步深刻研讨这个问题，包括去年去北欧和意大利，和同行的专家交流中，大家也深深认识到，从中国的本身视野我们看到，这个专业是从室内装饰开始，到室内设计，扩展到建筑装饰再到环境艺术这个概念，这奠定了我们事业的开端。

我们东华大学以鲍诗度教授为首的这样一个团队，提出中国环境艺术设计这一定位，从第一届开始这个路走得相当坚实。在一年当中，举办了 20 余次专题讨论，在这一方面的问题已经达到了一个去年没有达到的高度。这里面实际上是我们中国未来艺术设计能不能走上健康发展的关键性问题，只是限于我们现在的社会环境和我们目前思想认识所达到的高度，在所有人当中要达到一种共识是有难度的，于是讨论就显得格外必要。因为我觉得我们这个论坛是建立在一个宽广的平台之上，而不是局限在所谓的某个行业，或者所谓某个门派这样狭隘的范畴，环境的事业一定是全人类的事业，这个国际的事业定位是准确的，这个事业只靠一个人、一个团体、一个国家实际上都是难以完成的，它必须动用全人类的力量，从理念上达到很高的定位才能完成。从目前我们的社会环境和我们所取得的研究结果来看，要真正支撑我们人类在设计领域达到那样一个高度，还有相当的困难，因此这个事业不是一代人的事业，它恐怕是几代人，乃至十几代人的事业。

前天的会议对我触动非常大，这就是我们学院 20 世纪 50 年代这个专业第一代奠基人奚小彭教授文稿的发布会，这本书只是以他儿子私人的名义出印的书，理论上它不可能传下去，并不是正式出版物。现在鲜有人知道奚小彭的名字，而在 50 年代这个名字还是相当有知名度的。我忽然发现在这本书里，20 世纪 70 年代末，奚小彭已经提出了环境艺术的概念，比我们现在认识要早了 10 年，而上一代的专家学者迫于各种原因，他的理论不为人所知，这便我更加认识到我们这个会议的重要性。

作为一个高校，在今天的时代，关键是以设计为主，还是以理论研究为主，答案是毫无疑问的，因为我们本身只有在理论上达到一定的高度，才能指引我们的设计界走向一个正确的方向。我们的主要任务是培养人才，我们并不一定要靠我们的力量在设计上达到所谓的高度，高校定位也要转型。那个时代的高校既要承当一个国家的设计领军人，又要承当教育人，实际上是达不到这样的状态的，这只是中国当时的历史状态造成的结果。

所以我认为这届会议，尤其是和我们中国建筑工业出版社合作承办具有非常现实和深远的意义，这个活动我们要一届一届坚持下去。实际上，在北京建筑、室内、景观、园林包括我们所说的环境艺术设计间，大家的争议很大，有时候未必能在理论研究层面达成共识，我们也不一定非要达成共识。这还是刚刚开始，在这个意义上，东华大学鲍诗度教授在这方面的工作是具有开创性的。

谢谢大家！

郑曙旸
清华大学美术学院副院长

目 录

CONTENT

环境变迁机制的可视化

Representing the Nature of Change

演 讲 人	彼得·博森曼 / Peter Bosselmann
演 讲 时 间	2008 年 5 月 22 日
演 讲 地 点	上海延安西路 1882 号　东华大学　逸夫楼二楼　演讲厅

演讲人简介　景观模拟实验系统创始人、美国加州大学伯克利分校环境设计学院世界著名景观学教授，伯克利分校环境景观模拟实验室主任。

　　谢谢鲍教授在之前的演讲中多次提到我，我充分感受到您对我的期望，希望我不会辜负您。在我开始我的演讲之前，请容许我对这次四川大地震的受难者致以深切的哀悼。

　　我之前跟 Grace（同声翻译者）讨论我今天的演讲题目时，我发现大屏幕上的这几个单词看似简单，但用不同的语言去解读它可能并不那么容易。这里的"representing"意思是呈现今天已有的现实或者将来可能会成为现实的画面，所以我今天所谈的大多是关于呈现的，因为我研究的领域是"城市景观虚拟系统"，这也正是鲍教授想引入到这里的一项研究，并希望学生在这个领域有所发展。这里的"nature"并不是指大自然，而是指"change"（变化）的本质。"change"很容易理解，我们通常理解为幅度上的变化和速度上的变化。中国的变化如此迅速且巨大，当今世界上很少有国家能够企及。如果仅从程度和速度上思考变化，可能比较简单，但只有深入研究变化的本质，我们才能抓住它的核心内容以便对将来可能发生的变化有所预见和掌控，并作出选择。我非常荣幸可以参加这次东华大学环境艺术设计国际学术研讨会，因为艺术在环境设计中非常重要。

　　下面我给大家看一些关于"呈现"的例子，借此我想谈谈概念化的呈现和体验式的呈现。

　　这是中国珠江三角洲地区的卫星图（图 1）。黑色部分是都市化程度较高的地区，但这是个高度概括的图，这是以非常概念化的方式去看世界，事实上我们无法以这样的角度看世界，这是个概念，如同一种理论。这个图是我 8 年前做的，最近这个地

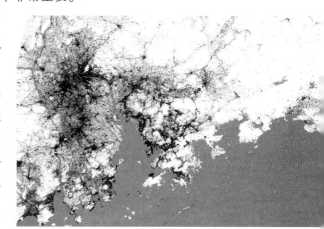

图 1　中国珠江三角洲地区卫星图

区的都市化程度又有了发展（图2）。根据联合国的数据，大约有5000万人口居住在这个地区。这是2年前做的城市概念模型（图3），中间的是洛杉矶，旁边是上海，后面是印度孟买。大家可以看到不同城市的土地利用率的差别。这是旧金山海湾地区的概念图（图4），这个地方在1906年发生过大地震，黑色部分表示的是当时都市化程度较高的地区。灰色部分则是现在的都市化区域，有700万人口在此居住（图5）。我将这个图放置在50千米×50千米的方格图里，我们可以看到，大部分都市化地区都在这个方格里，这又是一个高度概念化的呈现方式。通过这种方式，我们可以作个比较。这是米兰的概念图，黑色部分同样居住了700万人口，方格中超过60%的面积被利用（图6）。而荷兰兰斯塔得（Randstad）地区700万人口居住

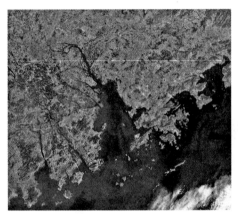

图2　中国珠江三角洲地区卫星图

图3　城市概念模型

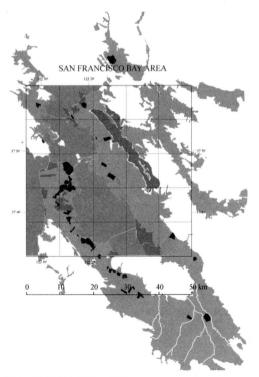

图4　概念图（旧金山海湾）

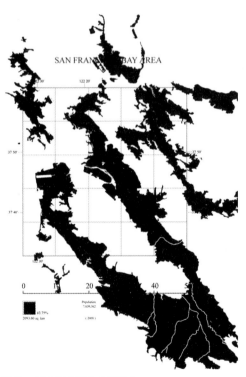

图5　概念图（旧金山海湾）

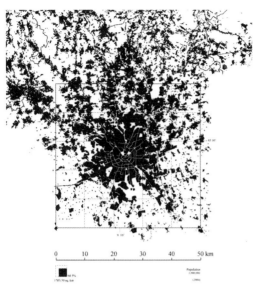

图 6　概念图（米兰）

图 7　概念图［荷兰兰斯塔得（Randstad）地区］

在此，只占了方格 40% 的面积（图 7）。再来看香港，700 万人口仅使用了方格中 6% 的面积（图 8）。这是北京，它的面积比过去扩大了 4 倍（图 9～图 11）。以上就是我们所做的高度概念化的呈现方式，通过这种方式我们可以进行显著的比较，但我们没有完美地做出经验上的呈现艺术。

在西方世界最早用这种概念化方式呈现的人是列奥那多·达·芬奇（图 12）。他 50 岁时受雇于一个军队，绘制意大利北部的一个小镇的平面图，这就是这个小镇历史上第一张地图。他使用了三种测量工具。第一种是测量距离的，

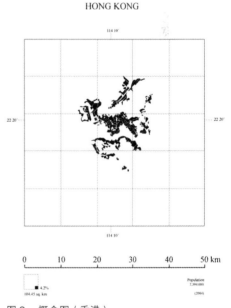

图 8　概念图（香港）

第二种是测量角度的，第三种是来自中国的指南针，在当时的欧洲还没有类似的工具。通过这三种工具，就能精确定位小镇中的每一个点，并对应地绘制到地图上。达芬奇制作的地图精确度非常高，因为对于军队而言，精确度是极其重要的，当他们想要进攻某地时必须清楚地掌控该地区的情况，精确到每一条路每一座桥。今天我们可以看到小镇的卫星图（图 13），可见当时达芬奇制作的地图，精确程度令人叹为观止。这也是西方文明史上人类第一次精确地呈现地面情况。

而早在达芬奇制作这张地图前 80 年，另一位著名意大利建筑师向我们呈现了我们实际上看到的世界，他就是设计佛罗伦萨圣玛利亚大教堂的穹隆的伯鲁涅列斯

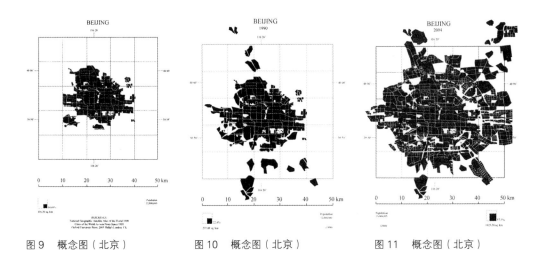

图 9　概念图（北京）　　　图 10　概念图（北京）　　　图 11　概念图（北京）

图 12　达芬奇绘制的意大利某小镇平面图

图 13　小镇的卫星图

图 14　佛罗伦萨圣玛利亚大教堂的穹隆

基（Filippo Brunelleschi）（图 14）。在 1423 年他设计这座建筑的几年之前，他用透视法制作了这幅画（图 15）。这幅画已经遗失了，但有很多关于它的文字。我在相同的角度拍了照，画中所示与我拍的照片几乎一致。当初他站在我拍照的那个位置，将画面翻转面对建筑，并在画中央挖了一个洞，让人们透过洞看建筑。接着他又在建筑与画之间放置了一面镜子，当镜子位置适当时人们就可以从洞中看到镜中反射出来的画面，而降低镜子的位置时，人们就能看到真实的建筑，通过这样的方式进行比较。这是西方文明史上人类第一次在二维平面中看到三维空间的影像，如同今天我们在电影、电视中看到的。

图 15　建筑立面照片

以上提到的是两种呈现的方式——概念化的呈现与体验式的呈现。艺术家们对这种呈现方式倍感兴奋，并从中获取不少灵感。这是英国艺术家大卫·霍克尼 (David Hockeny) 制作的荷兰阿姆斯特丹一处景观区的图像（图16）。他站在原地连续拍了很多照片以便记录他眼前的全部景象，而你在欣赏眼前的风景时，每一个角度的透视都是不同的，就像我现在看你们，我的视线在移动，我每移动一点，透视都在发生变化。

图16、图17　大卫·霍克尼制作的荷兰阿姆斯特丹一处景观区的图像

　　传统的艺术中，艺术家们将看到的事物放进他们的作品来诠释他们的生活体验，正如传统中国艺术中所表现的，正是运用这种呈现手法。这是大卫·霍克尼制作的另一幅图像，也是一种概念化的呈现（图17）。你可能已经注意到下面的一蓝一红两只袜子了，这次他沿着石子路走，过程中他拍下了眼前的景象，当它们组织在一起时，它更像是一张该景区的平面图。

　　这里有另一种呈现方式（图18～图24），前面我提到的两种方式要求我们理性地看世界。而通过这种呈现方式，我们发现在他拍照的过程中，记录下来的不仅是空间的变化，同时进行着的还有时间的变化。这是我几年前在威尼斯拍的很多照片，并让我的学生用手绘的方式呈现。我一边走一边拍，所以你们可以看到我当时走在这条小街的过程中看到的景象。事实上后来的电影就是呈现这种连续画面。这也是我们通过体验来呈现变化的一种方式。

图 18 ～图 24　威尼斯街景

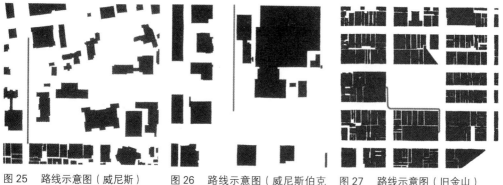

图 25　路线示意图（威尼斯）　图 26　路线示意图（威尼斯伯克　图 27　路线示意图（旧金山）
莱大学）

　　我在地图上把我刚走过的路标出，大约用时 4 至 5 分钟（图 25）。这是在威尼斯伯克莱大学校园里，当我在地图上标出我走过的路时，我不敢相信只有这点路程（图 26）；这是在旧金山某购物中心附近，相同时间，走的路程也差不多（图 27）；这是我从纽约洛克菲勒中心到第五大街的一段路，同样用了 4 至 5 分钟（图 28）；相同时间，相同路程，这是在华盛顿（图 29）；而在哥本哈根，我用了 4 分钟走完图中这段路，我在威尼斯的朋友也非常惊讶我才用了 4 分钟就走完了（图 30）；这是日本京都，同样 4 分钟（图 31）。

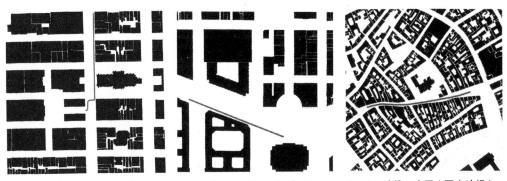

图28　路线示意图（纽约）　　　图29　路线示意图（华盛顿）　　　图30　路线示意图（哥本哈根）

图31　路线示意图（日本京都）

图32　中国佛山市平面图

因此我们可以发现，4分钟的时间里，路程的长短是受到我们可以控制的某些因素影响的。作为设计师，我们可以通过很多方式来控制和引导人们的体验，比如如何在平面上投光以影响人们对时间的感受。这是一个重要的因素，但很少业内人士注意到这点，即影响人们对时间的感受的因素。

我想我已经解释了概念化呈现与体验式呈现的不同，在呈现变化的本质时，我们同时需要运用这两种方式。

这是中国佛山市平面图，是我们参加的一个竞赛的作品（图32）。2003年我们决定在那里先建新大桥、新道路、新体育馆（图33～图36），建完之后当地官员希望这些新建的东西能与原有的古老的城市环境和谐统一，因此我们原来的概念就不能用了，我们必须提出新的概念。如图所示的区域里有5个村庄（图37），这5个村要统一到规划中来，而我们之前所做的新桥、新路、新馆都可以在这个图中看到，那些路无法按原计划延伸了。直到一个中国学生画了这张效果示意图，我们终于意识到这个区域将来可能呈现什么样子。我们可以看到鱼塘左右两边高高崛起的现代化建筑（图38）。这就是我刚才所说的概念化与体验化相结合的方式。住在高楼的人会和旁边村庄的村民成为邻居（图39、图40）。这个村有3500名常住居民，6000流动人口在旁边的工厂工作，图中这几位就是（图41）。而村里村民因为房屋转让而富有，他们用这些钱又建造了新家（图42）。我和我的学生一起研究如何让

图 33 ~ 图 35　新建部分实景照片

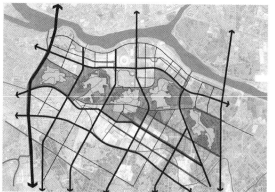

图 36　佛山市区域平面分析图

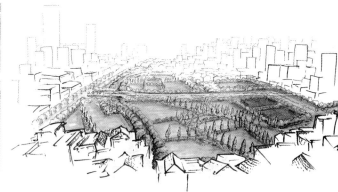

图 37　佛山市区域设计效果图

图 38、图 39　高楼与农村

图 40、图 41　村民

村庄与现代化建筑很好地融合，这是个很艰难的任务，并非技术上，而是关于社会学上的考量。这些村庄是有土地利用的控制的，改建后的大楼提高了土地利用率，这两幅图表示土地利用率的先后情况（图43、图44）。

运河的水被严重污染了，因为很多人居住在此，他们的生活废水都排入运河中。我们对水质进行测试，希望能在将来提高水的循环利用率（图45～图47）。学生做了个方案，提高水质后将更多的水引入运河，就可以赛龙舟了（图48）。但是事实上比较困难，假想你居住在这个村子里，两边都是高楼大厦，因此有些人劝说当地的村民放弃原有的生活方式。

图42　村民自建住宅

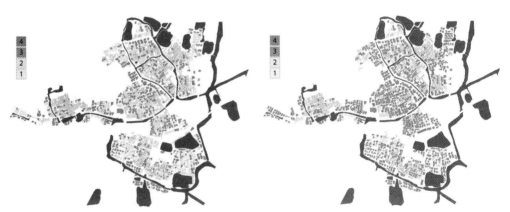

图43、图44　土地利用率分析图

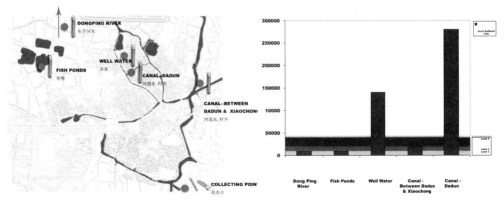

图45　水质分析

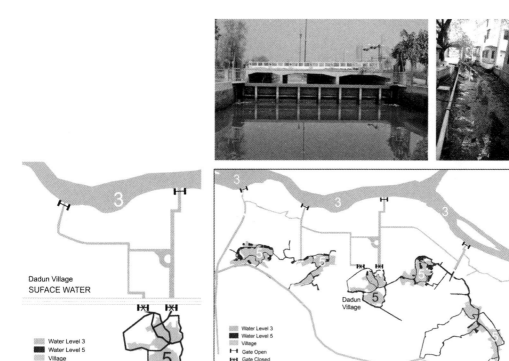

图 46 水质分析

图 47 学生方案

　　这是包括早稻田大学在内的几所大学共同合作的一个项目，改造中国浙江的京杭大运河，它无疑是中国非常宝贵的历史遗产，而且现在仍然在使用中。但是河岸两边的土地上已经不再是工厂了（图49、图50），因此学生们尝试通过体验式的方式来呈现河两岸土地利用的可能性（图51），这时他们要考虑生态问题及历史遗产保护问题。我们在综合使用概念化与体验性呈现方式的同时，也要考虑政治因素。

　　下面我想给大家看看美国的一个案例。左边的图是1964年拍摄的旧金山湾，当时还有许多军队驻扎在那儿，而右边这幅图是2005年拍的（图52）。我请学生在比较这两幅图之后，用自己的艺术手段来呈现其中的变化。这幅图中呈现的是光线的变化（图53）。这幅图左边同样是1964年拍摄的，我们看到的中间香肠形状的岛屿是当时填土形成的，还可以看到老照片中干枯了的水道（图54）。这两幅照

图 48 ~ 图 50　京杭大运河及周边

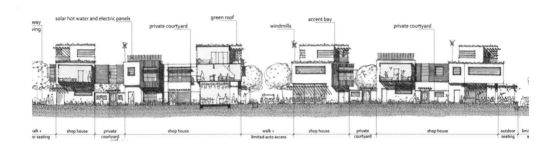

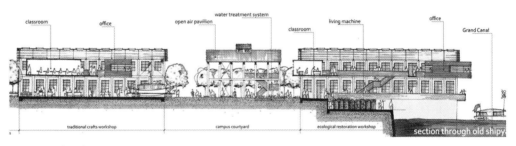

图 51　学生方案

图 52　俯瞰图旧金山湾

图 53　学生作品

图 54　俯瞰图

图 55、图 56　俯瞰图

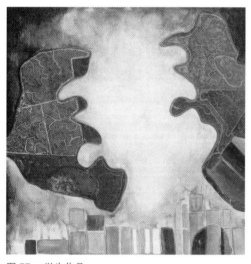

图 57　学生作品

片同样是 1964 年和现在拍的，自然的力量创造出了一条新的海岸线，学生们用艺术的手段来呈现变化（图 55～图 57）。

在旧金山我们有一些法律法规用来控制高楼的建造，跟上海相比旧金山不算大，我们没有那么多摩天大楼。我们尝试着把高楼集中在一个地区，天际线看上去就像是山的形状，这个政策延续了 40 年。现在旧金山想跟上海一样，因此他们提议在高速公路附近盖高楼，如果这个提议被批准了，那么临近的人就会说既然你同意建设这些高楼，那我们这边为什么不能建设类似的高楼呢？最终形成的景象也是山，只是更加高大了。这种情况很熟悉，在很多城市都会发生（图 58）。在旧金山有很多自然的山，因此当地政府才会有相关法规来约束建筑物的肆意建造。但是我们还是有许多社会经济因素需要考虑，因此现存的这些摩天大楼给附近将要建造的大楼制造了很大的压力。下面我想带大家看看旧金山，我还是用刚才我走在威尼斯街头的呈现方式（图 59～图 63），这是在旧金山桥上，它是进入这座城市的入口，非常美丽。我再给大

图 58　旧金山建筑群示意图

图 59 ~ 图 63
旧金山桥上景色

图 64 ~ 图 66　旧金山桥上出现新的建筑后的景色

家看看在这个地区新出现的建筑（图 64 ~ 图 66），它们就像是未来的鬼魂，但是现在它们已成为现实了。这个建筑还在计划中（图 67），在旧金山因是否批准建造它而产生很多争议，今年 6 月份会作出最后决定，它大约有 400 米高。

图 67　旧金山远景虚拟

图 68、图 69　米兰城市模型

　　最后我想再回到大卫·霍克尼的透视法呈现。我们用相似的方法来呈现将来的样子，这是米兰，我们做了 GIS 模型（图 68、图 69）。这是在米兰教堂的顶上拍的米兰全景（图 70、图 71），米兰人可能不习惯很多高楼。在这里我们看到用大卫·霍克尼的方法来呈现的建筑，我们必须将建筑分成 12 个部分来画并组合起来才能真正看到建后的效果，不是一眼就能看清全部的。我们需要许多辅助工具来确定建筑的尺寸与外观（图 72、图 73）。

图70、图71　米兰远景虚拟

　　以上就是我想说的概念化的呈现与体验式的呈现变化的方法，我所强调的不是技术层面的而是人们思维的方式，用了这种方式我们才能更好地呈现变化的本质。对于中国而言，这更加重要，因为中国正经历着巨大的变化。

图72、图73　建筑效果图

再使用和转化使用
——后工业景观

Reuse & Transform Use
—— Post-industrial Landscape

演 讲 人	古恩特·巴尔托麦 / Gunter Bartholmai
演 讲 时 间	2008 年 5 月 22 日（星期四）14：30-15：30
演 讲 地 点	上海延安西路 1882 号　东华大学　逸夫楼二楼　演讲厅
演讲人简介	德国慕尼黑工业大学　建筑和规划系博士、景观建筑和城市自由空间规划领域　德国著名学者。

大家好，非常感谢东华大学的鲍教授邀请我来这里作这个报告。今天我的报告内容是关于后工业景观的再利用。

一、德国浪漫主义的自然和景观观念

德国浪漫主义对德国的自然和景观观念有着很深远的影响，在卡斯帕·大卫·弗里德里希（Caspar Davis Friedrich 1774 ~ 1840)（图1）、卡尔·施皮茨韦格（Carl Spitzweg 1808 ~ 1885)、阿德连·路德维希·里希特（Adrian Ludwig Richter 1803 ~ 1884）的画中，以及在阿达贝尔特·施蒂夫特（Adalbert Stifter 1805 ~ 1868) 和约瑟夫·冯·艾辛多夫（Joseph von Eichendorff 1788 ~ 1857) 的文学作品里都将这个时期的自然界的风景描绘得如诗如画。随着手工制造业、蒸汽机和铁路等一系列工业化的发展，人类生活明显地改变了，昔日这种梦幻中的田园风光给人们留下了深刻的印象，在这些画中人们看到的是农舍、村庄和俯瞰的小城，而不是纵横交错的运河、发电站、工厂、密集的居民区、铁路桥和高炉（图2）。

图 1　孤独的树卡斯帕·大卫·弗里德里希 1822 年　　图 2　钢铁厂阿道夫·冯·门采尔 1900 年

二、当前的景观和新任务

正如我们所理解的，当代景观不再是由单一的绿色调组成，还有着棕及灰的色调。近千年来，人类劳作改变了景观。工业和自然不再是对立的，而是彼此相互渗透着的（图3）。

现今的废弃工业区在文化上的价值转换，为景观设计带来了一种新的可能性，它结合了历史和技术，演绎着一种景观的"新语言"（例如：世界文化遗产——弗克林根钢铁厂）。设计师在对建筑和其周边被污染的土壤进行持续的清洁消毒后，将那些特定的有利用价值的建筑群再利用，这样做就使经济上节约了资金投入。这些后工业景观课题，曾经并一直都是慕尼黑工大景观规划设计系及刚退休系主任彼得·拉茨教授的一个重要研究领域。

图3　大罗森　圣·夏的通风井（左），杜伊斯堡公园（右上、右下）

景观的新任务就是对一些老的工业区，比如停产的钢铁厂或矿山及其基础设施深入研究和规划（图4）。以前这些场地不可进入，它们是不被人们理解的，是"禁区"，是"问题地带"，所以它们不可能被公开使用。旧的工业场所和不再使用的基础设施，如管道、铁路、货运火车站、煤矸石山和垃圾填埋山，常位于城市的重要位置，是对城市将来的发展有价值、有潜力的场所。这种场所的价值，不仅在于它良好的地理位置和便捷的交通，还包括它的自我文化价值和历史文化价值（图5）。城市中那些缺少便利的交通，但又有着开发潜力的场所，可进行后续利用、重新利用及改造更新，其有着重要经济意义，也是生态所需。

图4　洗煤池改造项目考察

耸立的高炉、废弃的烧矿炉、厚重的砖墙和遗留下来的铺地——这一系列独特而又相似的场所形成了特有的空间和建筑形式。这些目睹了地域历史和工

图5　港口岛公园　萨尔布吕肯2003年

图6　项目合作

图7　港口岛公园　萨尔布吕肯1985年

图8　杜伊斯堡公园

业生产历史的建筑物，也正面临着新的发展和机遇。

三、早期研究

早期的再利用和改造更新项目是在大学以学生团队的工作形式展开的（图6），这幅图片是我们学生团队与所邀请的世界各地的教授正对一个项目进行深入的探讨和研究，我们需要具备浓厚的兴趣、创新的实验精神，才能胜任新的任务。

这一项目在当时是一种试验性的设计，因为参照园林的典范（风景园或者巴洛克园）解决不了这些后工业场所存在的问题，只有将当地的文化与历史结合起来，才能找到将来再利用的解决方案，所以我们尝试以某种"设计语言"来诠释这样复杂的、大规模的空间，探讨其将来的新布局。

四、风景之章法

历史园林和公园作为理想化的景观凝聚了艺术品、碑文、雕像、精心设计的空间和微缩的大自然景观（图7）。观赏者们对景观有着不同的领悟力和各自的态度，对"设计语言"和景观章法的了解是对园林理解的先决条件。诸如一个烧煤炉和烧矿炉的技术、功能和形态向我们展示着它曾经的工作流程，而它又必须结合新的意义，使之产生全新的感觉（图8）。

它所承载的旧的工业元素将与一种新的景观设计和艺术相融合，形成景观之章法。这个词是从汉诺威教授和彼得·拉茨教授出的一本书上面引入的。变化了的"风景之章法"产生了一种新的"风景的可读性"，并为观赏者创造了一种全新的体验。它不仅保留了升降井架和煤矸石山，还发展成一种可持续的、可生态修复的、自由空间更新的、造福于社会的开放景观（图9）。

图 9　港口岛公园　萨尔布吕肯 1980 ~ 1990 年

图 10　二战后港口岛公园　萨尔布吕肯

图 11　港口岛公园　萨尔布吕肯 1980 年

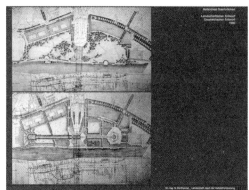

图 12　港口岛公园 萨尔布吕肯　早期方案 1980 年

五、港口岛公园 1980 ~ 1990 年

这个公园是彼得·拉茨事务所在德国的第一个再利用项目，是对城市中的一片废弃工业用地的改造更新，以及对萨尔河畔煤炭运输港口的后续利用。面积约 9 万平方米。这里的港口曾是洛林矿石和萨尔煤炭存放点和转运站，也是钢铁制品的中转站；同时它也是法国运河系统的一部分及德国萨尔河、摩泽尔河和莱茵河三河交汇点（图 10）。第二次世界大战后的煤港作为城市废墟的回填地，曾堆积着建筑废料，并作为临时的货物堆放地。在 1980 年还依稀可见枯木废石以及遗留下来的设备和货船，它们都是历史在这个港口留下的印迹。这片港口残留下来的工业设施、野生植被和多样化利用的可能性使我们设计组着迷（图 11），我们要让它发展成为一个新的公园。另外的重要因素是横越整个地块的高速公路桥和北面边缘的建筑物。传统的公园规划从没遇到过这种情况，既要满足不同的甚至是相互对立的需求，又要对景观设计的发展作出特殊的贡献（图 12）。因此用熟知的系统化模式很难解决，需要我们寻求新的解决方式。在规划初期，一些专业审查人员、管理专家、市议会和市长助理都参与了这一决策过程。这个项目综合了不同方面的观点，对功能提出了需求，并结合了当时的技术水平，因此方案在设计的早期就被确定下来，并最终列入设计工作之中。

六、对设计的要求

这是早期的方案，上面是根据风景园林规划设计的，下面是根据法式园林设计的，是一种几何式的花园。我们觉得这两个方案在早期不适合这个工业场所，所以我们将它发展成与当地地势相结合，有着工业背景的场所。最终我们确定了这一方案，这是我们对于规划的要求。很明显，传统的景观手法并不适用于规划这个公园，因为我们从未遇到过这样一种有着工业历史背景的场地（图13）。所以当时的规划设计有两个重要问题：第一是不是能够使废弃的煤堆、破损的铺石路面、蔓生的野草以一种新的体系融入"当代的市民公园"？第二是可不可以建立起不同介质的元素之间的联系，将这个公园以一个新的模式去解读当前的自然和景观？

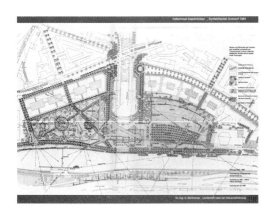

图13　港口岛公园　萨尔布吕肯最终方案 1984 年

能否结合港口的历史遗迹进行规划，以勾起大众对本地历史及早期的工业文化的回忆，是本次设计最重要的准则（图14）。与此同时，公园的规划设计工作，也应该考虑到未来的城市生活，以及推动城市将来的发展、促进城市进行可持续的自我修复。"在市中心我们拓展了一种新的景观章法，它将碎裂了的城市结构重新拼合，并同时提供了连接的多样化，然而并未因之而掩埋记忆，此时废墟不应再是废墟，它结晶为一种城市空地的规划章法"，这段话引自于彼得·拉茨教授所著的《景观之章法》。

图14　港口岛公园　萨尔布吕肯　学生施工现场 1985 年

七、遗迹（废墟）

废墟，一方面作为怀旧的要素和景观园林中使人叹息的承载体；另一方面这种工业历史"遗物"恰恰也是完美的"洁净的解决方案"的对立面（图15）。这片港口的使用所留下来的印迹，包含了场所的很多信息，帮助人们理解当地的景观或城市。

图15　港口岛公园　萨尔布吕肯

这个场所是佩特拉斯公园中的一个花园设计。对此地的规划我们也从另一个层面上引用了古典园林艺术，特别是意大利文艺复兴时期的园林艺术。这里的整形绿篱和玫瑰营造的小空间，引自古典园林的典范，却提供给游人一个全新的感受（图16）。这种向内围合的下沉式花园，参照了罗马古典时期的奥古斯都坟墓的一种形式，以这种形式可使我们设计的花园最佳地防止西面高速公路桥的噪声。

八、水墙

水墙也是这个公园的一部分，在高架桥下面，位于花园的旁边。这里引用的一句话是海辛格于1991所说的："拉茨把带有拱形门洞的新建水墙放在水池中。像旧厂房的外墙立面，罗马水道桥或古老的竞技场的废墟……'古罗马时期的水利要塞仿佛离我们并不遥远……'（图17）。"古典园林艺术元素在这里被重新诠释，防噪声的水墙和花园传递给我们崭新的设计理念。这样一个30年前设计，20年前完工并投入使用的工程，今天依然展现着它的魅力。直至今日，我们还一直从不同的层面努力不懈地研究着后工业景观设计这个课题。

图16　港口岛公园　萨尔布吕肯　下沉式花园

九、大罗森 / 小罗森的圣夏沉淀池

我们上学期在烧煤池做后工业改造的设计。在法国这一面是采矿区有采矿留下来的各种设备及一个新建成的关于采矿历史的博物馆。旁边隔着一座山，在德国边界有一个洗煤池。这个项目是德法边界交错进行，属于一个范围。在很早时期，湖泊这个区域属于德法很大的一个范围。

下面我要介绍的是夏元同学的一个毕业设计。这是位于人罗森的圣夏沉淀池，是萨尔州煤矿开采的残留用地（图18），5年前这里一直用以存放和沉淀洗煤的废水。细的颗粒逐渐沉淀，水逐渐

图17　港口岛公园　萨尔布吕肯　水墙

图18　大罗森的圣夏沉淀池

图 19　大罗森通风井

图 20　三维航空仿真

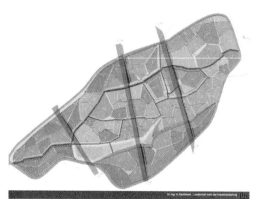

图 21　平面图

图 22　立面图

蒸发，剩下的是 1.4 万平方米的荒地，下雨时此地如沼泽般无法进入。甲方需要一个解决的方法，让这块地既产生经济效益，又产生社会效益（图 19）。夏元在毕业设计中将它规划成一个森林公园，结合了能源树种的产出和旅游方面的开发利用（图 20）。设计中保留的矿井架成为这里的地标（图 21）。场地中心区的建筑物被重新利用为信息亭和咖啡厅，旁边也提供了便利的停车场（图 22）。

这是夏元四个阶段的设计图，规划了在未来的 10 年中如何利用这块地，如何使资源再生。森林公园将以下四个不同的阶段分批营造（图 23）：

第一阶段是目前挖出 3000 立方米的泥浆作为未来的水池区域，其余地表覆盖 2 米厚的煤矸石大约 40 万立方米；

第二阶段是在左下方的图，计划在 2009 ~ 2019 年间要将 6 万立方米的煤矸石营造出 5 个不同高度的台地，整个区域用混合土（煤矸石和地表土）覆盖；

第三阶段是在 2010 年，将挖造沟壑排水系统，种植树木，最后建造路面；

第四阶段是从 2020 年起，定期伐木，将其作为能源。

夏元把洗煤池干裂的表面形成的肌理放大，形成了这个设计的第一理念，并且发展。在这个森林中可以举办各种的森林艺术展，将艺术作为本公园的特色，形成

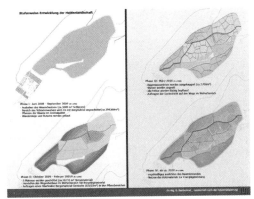

图 23　阶段发展平面图

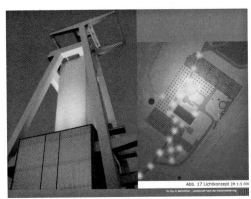

图 24　夜间灯光设计方案

图 25　效果图

图 26　学生工地实习现场

一种有趣的自然体验。这片森林按小片混种橡树、白桦树和欧洲鹅耳枥，草坪种植以乡土草种构成的黄白蓝各色草坪，营造出各色的不同感受。在森林里可以举办森林艺术展览，艺术和自然作为本公园的另一特色，并使有趣的自然体验成为可能（图 24）。

这是夏元在沉淀池干裂的土表图案中找到的设计灵感（图 25）。

十、工地实习

我们系在设计中需要技术的支持和手工劳作的能力。这里是我们在科比尼礼拜堂 2005 年的一个实习工作。在工地实习的培训中，我们要求学生熟悉建筑材料、材料特性的应用，以及如何将设计与材料相结合（图 26）。

科比尼礼拜堂（2005）文物遗迹（图 27）是在万事丰校区的一个受保护的巴洛克式小教堂。市长也对这个工程的进行提供了援助，这个项目结合了主题"如何将遗址重新再利用"。通过为期一周的工地实习提高了景观设计学生的施工知识。科比尼礼拜堂的初步设计通过了专家审查组验收，并提出合理建议，最终由学生付诸实施（图 28 ~ 图 30）。

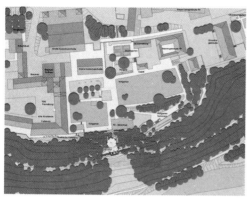

图 27　科比尼礼拜堂及周边平面图

图 28　科比尼礼拜堂一角规划的详图

图 29　科比尼礼拜堂　学生工地实习现场

图 30　科比尼礼拜堂

十一、结束语

后续利用及旧场地的更新利用，将在未来扮演着越来越重要的角色。景观设计师对如何提倡生态和可持续发展的观念，将以一种新的语言方式来表达对自然和景观的想法，为观赏者提供新的感觉和视野，也为景观设计的发展作出重要贡献。

景观设计的 "COPE" AND "PASTE"

"Copy & Paste" in Urban Landscape Design

演 讲 人	佐佐木叶 / 佐佐木葉
演讲时间	2008 年 5 月 22 日
演讲地点	上海延安西路 1882 号　东华大学　逸夫楼二楼　演讲厅

演讲人简介　工学博士　早稻田大学理工学术院社会环境工学科教授。从事以现代社会的景观论为中心研究课题，从"景观"这一概念的形成发展，以及对这一概念认识的变迁为出发点，通过从事符合地域的历史特性的"桥"为主要对象的设计活动，研究符合地域特性的景观设计的方法论。

各位，下午好！我是早稻田大学佐佐木叶，这是我第一次到上海，也是第一次到中国。非常感谢东华大学和中国建筑工业出版社给我这次机会，同时也对中国上个星期发生的大地震表示衷心的哀悼。希望受灾地区可以尽早重建，恢复家园。现在开始我的演讲，今天我的题目是：《景观设计的"Copy & Paste"》（景观设计的复制与粘贴）。

这次论坛的主题是景观设计的本土化，"景观"这个日文词汇最早是从德语"Landschaft"翻译而来。英文为 Landscape, Land，是指土地，Scape 是指眺望，Landscape 就是对大地的一种眺望。现在日本的景观学界，也有学者把 Landscape 这个词更为准确地翻译为"景域"。

接下来要说明一下景观设计的目的（Purposes of improving visual environment）。景观设计在日本和中国都得到日益重视，那么我们为什么要做景观设计，我想把这个目的性阐述一下。第一，是随着文明化的进程，人们必然会追求一种有秩序、清洁、高质量的生活空间，舒适的空间享受。第二，是要发扬个性，追求归属感，通过景观设计表达地域的特性。第三，我们在视觉上认识的景观变化，必然有着内部的原因和另外一种机制，那么我们通过景观设计对这种内在的机制，对于生态和环境变迁的特点，实现可持续性的保护。第四，为了给公共空间增加价值，提高经济的发展。从经济的角度考虑提高环境的附加价值以及观光资源的价值。在日本以及在欧洲很多国家，都将景观认为是一种公共财产。从我们的认识上来说，不是为了发展经济而进行景观设计，而是通过设计，使得某个地域的景观自身的价值得到提高。

跟这次会议主题相关的主要是第二和第四点，接下来我主要针对这两点进行说明。景观的本土化不是三言两语可以说清楚的，也是一个很复杂抽象的概念。不过比较容易理解的是，在某些地区有一些标志性的建筑或标志性的风景。我们一般认为这是某个地区的特征，这种想法相对来说比较普遍。所以现在的景观设

图 1　法国巴黎埃菲尔铁塔图

图 2　英国伦敦大本钟图

图 3　中国上海东方明珠夜景

图 4　迪斯尼公司标志

计存在一种以设计一个标志性的建筑或一些具象的建造物来简单化"景观设计"这一概念的误区。比如以下的一些例子（图1～图3）。

像图片所示的情况我们就必须探讨复制与粘贴的问题。当想创造一种"impression"的时候，人们往往单纯地采取抽取一种元素，具有象征和代表性的元素，复制和粘贴到另外一个地方的手法。这种现象不光是在建筑设计行业，在景观、环境、服装甚至园林设计中都有出现。我们应该考虑以一种什么样的视点对其进行认识和评价。

我在这里给大家展示几张复制和粘贴的例子。迪斯尼（Disney）乐园的复制是一个典型的例子（图4）。最初在加利福尼亚创建的迪斯尼，1983年在东京落户，1992年在巴黎建造，2005年又在香港复制（因为迪斯尼公司对于它们的商标和形象产品著作权控制比较严格，所以我没有打出关于迪斯尼乐园的图像）。还有一种是作为主题公园把整个街区都复制并且粘贴。这是日本长崎1983年整个复制的荷兰村（图5），在长崎的某个地方，完全仿照荷兰的风格建造的街区。但是可能与日本长崎的风土不太符合，所以也没有什么人气，终于在2001年休业。还有个例子，最近在日本的杂志和新闻里都报道了，题目是"这是哪里？"（图6）根据报道：这个法国风格的街区是在杭州城北，在距古都杭州仅仅20公里的地方建造了这样一个法国风格的街区。对于我以及很多人来说这是一个非常不可思议的现象。所以在杂志和新闻上都登了大量的报道。

图 5　日本长崎　1983 年建造的荷兰村

图 6　杭州城北法国风格的街区

　　接下来的例子是我的亲身体验。这也是重复一种设计元素在各地进行拷贝和粘贴的例子。最早我看到这个雕塑是 2000 年在伦敦的泰特（TATE）美术馆门前；2002 年在古根海姆博物馆也发现了同样的雕塑；2003 年日本六本木中心(Ropponngi Hills) 开张的时候在门口也伫立了这样一个雕塑。这三个地方在当地都是很现代、新潮的地区。这个巨大的蜘蛛被全世界很多国家当作标志设置在这些现代新潮的地区。上海有这样的大蜘蛛吗（图 7～图 9）？

　　复制的景观取决于功能，什么样的功能决定了复制什么样的景观。这张图是英国巴斯（Bath）的风景（图 10）。几乎一模一样的风景在日本也被再现了，无论是视觉上的外形还是内部的功能系统，几乎都完全相同（图 11）。在空间上面也有

图 7　伦敦泰特（TATE）美术馆门前的蜘蛛造型的雕塑

图 8　古根海姆博物馆同样的蜘蛛造型的雕塑

图9　2003年日本六本木中心开张的时候在门口伫立的雕塑

图10　英国巴斯（Bath）的风景

图11　同样的景观在日本被再现

很多这种复制和粘贴的现象，这是荷兰的一个街区，荷兰语意思是生活的庭院，这是人车不分离的街区的模型，在街区中对车进行了限速控制，通过这种对细小之处的设计可以使车和人在小尺度的公共空间里取得和谐（图12）。这样的空间模型在1995年被引入到了日本，日本几乎采用完全一样的形式在一些街区进行了实施（图13），我们称其为一种空间上的复制。从上面的例子可以看出，世界各地的一些地区相互引用相互借鉴的事例在历史上是很多的。

　　我需要把这种现象的产生作一下整理和分析。首先看一下地域A的景观设计本土化是如何诞生的，开始会做一种自然设计的创造，然后慢慢大量地创造确立出一

图 13　同样的街区形式在日本被再现

图 12　荷兰的一个街区

种模型，模型随着社会变化会有一些更新。那么另外一个地域 B 往往是在这个模型成立以后再把模型导入。通过这一过程在地区 B 也会有其特点的产生。当地域 B 导入模型以后，它一定会产生新的地域价值。我把这种在全世界范围内产生的现象用简单的模型表述。我并不是以一种否定的眼光去批判复制和粘贴。在各个层面、各个领域都发生了从别的地域和领域借鉴而来的方法和形态，比如说日本古代城市就是以中国为模型建造的（Japanese ancient capitals followed Chinese Model）。这是现在位于大阪附近的古代城市遗址（图 14）。这是奈良和京都。为什么在 6、7 世纪日本将中国城市模型搬过来？这是长安和平城京的对比，城市结构非常相似（图 15、图 16）。当时被日本借鉴的不仅是城市的具体的形态，而且也包括了对中国古代在宇宙和自然方面的认识的引入。这种对中国建筑形式和风格的引进其实是对中国思想的一种引进和学习。

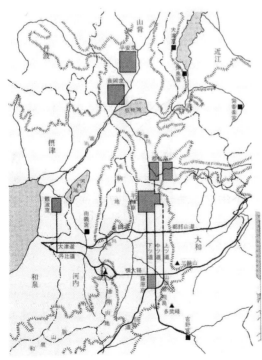

图 14　位于大阪附近的古代城市遗址平面图

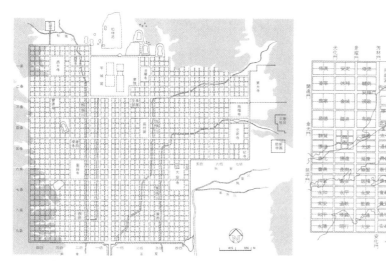

图 15　长安城平面图

图 16　平城京平面图

图 17　日本某地的卫星实拍图片

　　我们再换一个话题，让我们看看 18、19 世纪巴洛克风格的思想。现代都市的流行模型（Popular Urban Model in 19C: Baroque）：巴洛克，包括交通、城市技能各个方面。所以在很多国家这种思想得到运用（图 17）。日本也是在 19 世纪初放弃了闭关锁国，大量导入了西欧的文明。城市规划领域也产生了很多问题，这是德国人 1886 年做的一个规划——Civic Center Plan of Central Tokyo by German Architect（图 18）(1886)，但是这个规划没有得到实现，得到实现的只有上面这个单体（地图

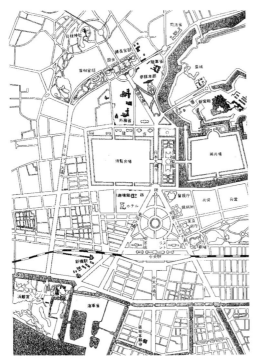

图 18　德国人　1886 年为日本作的一个城市规划

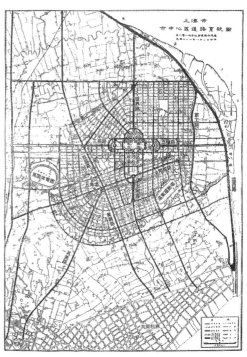

图 19　1929 年上海进行的巴洛克风格的大规模规划

上方一小块区域）。1929 年上海进行过这种巴洛克风格的大规模规划 City Plan of Greater Shanghai（图 19 ~ 图 21），图中的这一规划地区得到了实现，应该是在现在同济大学靠近五角场一带。在日本巴洛克风格的城市规划没有得到实施，但是在日本城市空间设计思想当中还是得到了反映。像图上的东京神宫外苑大街，街区的空间特征接近巴洛克风格（A realized vista in Tokyo as a Fragment of Baroque style）（图 22）。本来的巴洛克城市风格应该是网状的，但是日本只是把其中某个片段，一个街区，某一个道路运用在城市规划中。

　　为什么当时没有实现这种规划？在东京如果完全地将欧洲风格搬入会有很多不适应的地方。这不光是城市硬件的原因，还有很多心理、文化上的差异造成的原因。

图 20　规划方案的局部

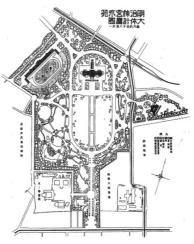

图 21　规划方案的局部

图 22　东京神宫外苑大街

图 23　2001 年日本土木学会设计奖的获奖作品（Civil Engineering Design Prize in JSCE）

那么我认为景观设计的地域性可以被认为由以下三个方面构成：第一是结构（Structure），包括地形（Geography）、气候风土（Climate）、生态环境（Ecology）、道路构造（Street pattern）、土地利用（Land use）这些因素；第二个方面是元素（Element），包括建筑（Buildings）、城市基础设施（Infrastructures）、建筑样式（Design style），装饰（Rhetoric）；第三方面是人们的一个印象（Image），包括意味（Meaning）、价值（value）、文化（Culture）。好的景观设计包括这三个方面，要做好本土性设计要对这三个方面进行考虑，那么我们是否可能对这三个方面进行综合性的研究然后进行复制和粘贴呢，如何使景观设计模型适应环境？我在这里列举了一些必要的步骤：第一，我们要对这些好的景观模型构成的原理进行解读（Decoding and Translation of the Principles of the Model）。第二，我们要导入的景观设计跟本地的关系性要进行明确（Creating the combination with the existing environment）。第三，这种设计的方法论在该地域是否可以得到延续（Consideration and evaluation of the sustainability of the design）。第四，最后就是设计的质量（Quality of the Design）。

我通过一个例子进行具体的说明。这是获得 2001 年日本土木学会设计奖的作品（Civil Engineering Design Prize in JSCE）（图 23），这是日本对土木建筑表彰的一种奖（Prize for the excellent public design works and designers in civil engineering architecture and landscape realm in Japan）。2007 年得奖的作品（土木学会设计赏）是兵库运河（Canal Town Hyogo），这是在神户市内的兵库区，改善当地的运河系统（图 24）。这块用地比较狭长，周围都是高楼。在被周围的高楼所围成的狭小的空间中进行设计（图 25）。神户是一个港口城市，在过去也有一些像这样的作品。在规划这个项目的时候，设计师在五个方面进行了考虑（设计理念 Design Concepts）：一、考虑到山景的眺望（mountain view → skyline），通过控制天际线，来尽量减少对山景的破坏；二、运河的步行道，亲水空间（promenade with canal → public space design）；三、历史的记忆（memories of history）→ materials；四、周边地区的关系（connections to areas）→ pedestrian route；五、

图 24　2007 年日本土木学会设计奖的获奖作品兵库　图 25　兵库运河设计局部
运河（Canal Town Hyogo）

视觉的秩序和变化（visual order and variation）→ building design，这是通过对这一地区的历史和地理条件分析得出的五个要点。在设计这个运河项目的时候，设计师借鉴了一个比较成熟的系统，这就是威尼斯的运河系统。威尼斯城在很长时间的历史时间中形成了人和河流共生共处的一种环境（图 26、图 27）。设计师亲自从威尼斯水城当中寻找灵感和设计感觉，把威尼斯运河的设计语言进行解读，然后再导入日本，在兵库地区进行的一种重组（图 28、图 29）。

　　这种复制不是将某一个典范式的形态移植到另一个区域，主要是构筑和吸收一种比较成熟的系统和内在机制，这个结果在日本也得到了比较高的评价。运河是兵库地区本来就有的元素，原来是为工业用的，其作用在市民的生活中没有得到发挥和利用，而通过对威尼斯运河系统的借鉴与对其设计语言的重组，在这个项目上取得了一定的成功。

　　最后作一点总结：我们在进行景观设计时，如何尊重地域性，需要注意一些什么事项（Adaptation of landscape design models with high respects for local identity）？主要可以分为三个步骤：一、首先要明确为什么我们要引入，目的必须先明确，需要有明确的理念。或者是为了解决某一个问题而导入其他地域的东西，或者只想做成一种建筑，总之先要明确导入的目的（Check the purpose of adaptation）。二、在导入模型的时候结合地区，探索结合的可能性，对该方法在这

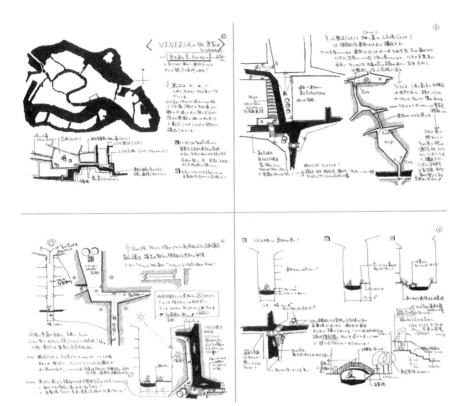

图 26　威尼斯的运河系统设计

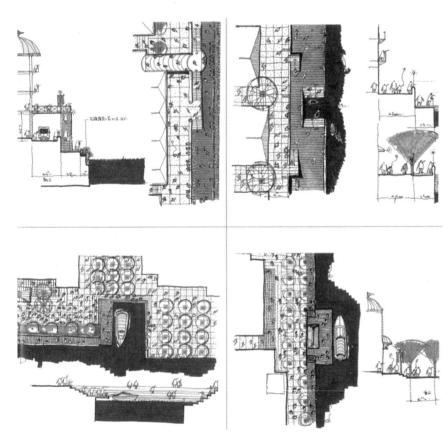

图 27　威尼斯的运河系统设计

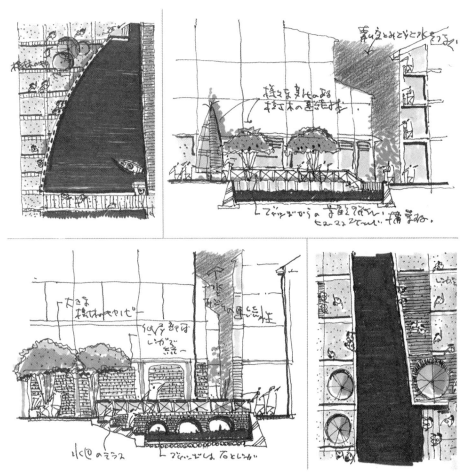

图 28　兵库地区的运河设计草图

图 29　兵库运河的设计实景

个地区是否适用做一个评价 (Re-read and evaluate the existing area)。通过这两大部分才可能实现下一步。三、地区的可持续发展 (Contribute to the sustainability of the area environment , ecology, culture, economy, community),现在已经进入一个高度发展的社会,这些都很容易做到,无论从何处复制都比较容易。但是这种复制与粘贴在整个历史过程中到底有何种意义,以及将来会有什么样的影响,设计师和研究者需要进行再思考。

景观设计不光是视觉性的、表面的东西,我们在进行景观设计的时候不光要导入表面的形式,连它的机制、产生的内因都要考虑。还有一点就是,不是非常容易解释清楚的地区的历史性很重要。在很长的历史过程中,在某一地区,究竟为什么会形成这种建筑风格或者景观设计的方法论,我们要再一次地回顾历史,然后才有可能预测并且摸索自己地区所需要的方法论。

今天我的演讲就到此结束,我个人对此次论坛探讨的主题抱有浓厚的兴趣,非常高兴能有这样一个难得的跟各位进行交流的机会,谢谢大家!

以时间为主导

Time as Leitmotif

演 讲 人	郑曙旸 / Zheng Shuyang
演 讲 时 间	5月22日 13：30 — 14：30
演 讲 地 点	东华大学　逸夫楼二楼　演讲厅
演讲人简介	清华大学美术学院副院长、教授、中国美术家协会环境艺术设计专业委员会副主任，中国著名环境艺术设计专家学者。

今天的 "第二届环境艺术国际研讨会"，我想了这样一个题目：以时间为主导。为什么要选这样一个题目，主要是我有感于今天上午鲍教授所讲的问题：为什么我们中国现在一旦做到景观，就往往在设计当中需要一个 "标志物"（所谓的，我们经常讲的标志性建筑物的概念）？也就是我们中国，很多做起景观来，如何在一个场所当中，在一个环境当中，没有一个能够站得住的立得住的所谓的景观，所谓的一个标志物，好像这个就没有经过设计。所以我曾经有这样一个想法，如果有一天，我们中国的环境设计或者景观设计能够做一个简象，也就是说不是我要建出多少东西，而是我通过一些整合让这个环境更为和谐，或者说就是我们减掉若干种不需要的建筑或者不需要的这种所谓的景观构成物，可能就达到我们理想的状态。那么，这样一来，我就逐渐想到我们设计观念在本质上发生的问题。我们并没有理解作为我们今天讲的景观设计，它是一个什么样的理念。

今天上午教授讲的内容，我听得也很有启发。实际上，严格说起来我们现在国内的景观设计虽然都叫这个名字，但是两类人做的是不同的一个东西。相对于我们以前的环境艺术设计的这种从业者来讲，所做的一些东西相对是更为微观一些，与景观设计本体的内容还是有差别的。我觉得，实际上最关键的是我们设计关注的问题，也就是我要讲的主题：以时间为主导。

在我们所搞设计的当中，最最基本的要素无非两个，一个时间，一个空间。在爱因斯坦以前，我们都知道，对时间的概念是绝对的。爱因斯坦之后发生一个颠覆，时间也变成相对的了。于是，我们通过时间的一种环境体验到底是怎么回事。这也就发生一个问题。今天上午，彼得·博森曼教授关于一个时间段一个人走过一段路的这样一个体验，正好与我今天下午讲的有一定的联系，也许这是一种巧合。所以有些问题，我也就不需要过多地解释。

下面我主要讲的是三个方面的问题：以环境定位的艺术观，以时间为主导的环境体验，中国传统的时空观。我从同济大学教授陈从周以前在他那本很有名的《说园》书中（我相信我们的业内人很多都读过这本书），选了非常经典的一句话：静之物，动亦存焉。这句话的意思就是，实际上动与静是相对的。在他整本书里面，对这个问题的阐述相当到位。我不过把它换一种说法，也就是：静是空间的一种存在形式，而动是以时间的远近来实现它的一种媒介。实际上是这样一种关系。首先，我想以这个为基础，来讲今天的三个问题。

一、 以环境定位的艺术观

大家特别要注意，今天这个题，我不是指环境艺术设计，我讲的是环境艺术。实际上，如果对环境艺术这个概念不清楚，紧接下来，我们在做设计的时候，就会发现关键性的错误。因为从环境定位的艺术观来说，它并不是为了解决我们人和环境之间的问题而产生的艺术。它和设计的出发点不一样，它只是一种艺术的表现形式。这种艺术的表现形式和以往的有什么不同？关键在于，它一定要体现一种时空的融会。什么是时空的融会？我在这里引用美国一个环境美学的作者阿诺德·霍因特的话（在美学界环境美学也是一个新起来的研究领域），他说："从表面看环境似乎与艺术毫不搭界，因为最纯粹的环境意味着自然界，而艺术却代表了人工的极致。"

那么我们看两个片子。这就是我们所说的自然界（图1）。在这样一个图景当中，一切是完全和谐的，山、水、植物、动物，一切都是一个很完整的图画。这个片子是新西兰，不是中国。那么为什么我要选新西兰？因为毕竟新西兰在目前全世界各国当中，在自然环境的保护方面和对这个的重视程度，应该是排在很前面的。我们再来看看所谓人工的极致。这是我去年在台湾故宫拍的一个片子（图2）。这是一个什么东西？这是一个象牙雕刻，是以这种提篮的形式雕出来的艺术品。我们看到这个，你会惊叹到人工的极致能达到这样一个程度，那就是工艺能精到这么一种地步。大家注意，这个可能展示上来看不清楚，他居然能把象牙中间的细网纹缩小到小于零点几毫米，这个东西，不可思议的一种技艺，人能达到这样一种状态。也就是说，自然和人工实际上是完全不同的两种境界。按照中国学者对这个近几年的研究，我这里又引用陈王宏几个方面的说法。就是说，以环境定位的艺术创作必须符合环境美学所设定的

图 1　新西兰自然风景

图 2　象牙雕刻的提篮形式的艺术品

环境体验要求，环境美学和原来我们所讲的这种传统的美学观实质上有本质的区别。

它分为三个不同。第一，环境美的对象一定是针对一个广大的整体领域，它绝对不是针对一个特定的艺术作品，如果那样的话，这个路就走偏了。环境艺术能不能立得住，不在于它本身，在于它能不能融合在环境当中成为一个整体。第二，就是说，对整个环境的欣赏不是像我们以前，像听觉艺术，完全听音乐的那种，或者讲美术，谈一幅画，搞视觉。环境是要调动我们全部的感官，甚至我们到今天说不清道不明的第六感，那种所谓的直觉。到底有没有这种直觉，到今天为止，在认知领域，尤其研究人本身的这个认知系统还是有相当大的争议的。也就是说，对环境的欣赏绝不仅仅只是视觉，尤其对我们这个专业来说，要把它提到一个很高的高度来认识。第三，环境始终是变动的，不是一个静止的，它会不断受到时空变换的影响。那么就像我们刚才看到的那两张片子，第一张片子不会永恒不变：牛走散了，走成另外一种状态；树春夏秋冬它颜色会变；天也是，今天下雨，明天刮风，它也是变的。不像那个象牙雕刻，几百年过去了，放在故宫里，当时是怎么样，今天看它还是那样，当然这也是相对而言。那么再过若干若干年，当它的材料变质以后，它也会毁灭，但这只是相对的。

图3　庐山的一家餐馆

说到这，我给大家看一组片子，这组片子是我在前年在庐山拍到的（图3），而且这个餐馆后来好像也不存在了。那么这个餐馆，并不是我们所谓的设计师设计的，而就是当地的那些居民为了他的生活开的这样一个餐馆。那么命名呢？一看，农家菜。我请大家注意，他的展示的手法，也就是你们现在看到的门口的那堆蔬菜，现在有一个男的正在往下看的这个位置（图4）。我现在把它特写一下，把它逐步放大。这是我在中国吃过那么多饭馆以后看到的最干净最整洁也最具展示效

图4　庐山的一家餐馆

图5　餐馆门口的一种展示手法

图6　最具展示效果的一组蔬菜

图7　在这一时间段，这一环境中所达到的一种最理想的状态

果的一组蔬菜（图5）。我们再放大，居然能够既保证它的原始状态，而且具有一定的展示手法。当然，我不知道这个店主原来是什么文化程度，为什么想得出这样一种展示方法。而恰恰是这组东西，在这里面起了相当关键的作用。我要说的还不止这些，我们看在这个时间段，从这个片子拍过去的时候，他的这个台阶有秩序地放着这样一些陈设物（图6），而这个片子拍过去，正好对面有一辆大巴车，是一个绿蓝相间的，前面坐的这两个女孩正好穿着红衣服，还正拿了两个气球（图7）。于是就在这样一个时间段，特定的时间段，它的所有的环境达到在目前最理想的一种状态。于是，这时候吃饭的人的心情，包括我自己在内，感觉居然庐山有这么漂亮这么美的一个情景。再加上它是一个农家菜，我就感觉好像比我在一个五星级的酒店甚至那种装饰豪华的感觉要好得多。当然这顿饭，不言而喻吃得非常的香。

　　这就是一种特定的环境的概念，它是一种体验过程。这里面再过半小时，就不是这个场景，也许是另外一种场景。你，新来的人，是另外一种体验。我这个是通过一个根本不是设计师的作品来谈到的。当然，经过我的艺术再把它加工一下，我把照片再裁剪一下，于是这张照片看上去也是很美的。为什么是在庐山会出现这个，为什么我在中国的其他地方没看到？请大家注意，庐山是我们世界文化遗产保护里面，在中国唯一一个叫作文化景观的遗产。这种遗产在全世界也没有多少个。它必须有两种因素构成才能达到，一个是人文的，一个是自然本身的，两个的交融。当地的人受这样一种环境的影响，他才可能达到这样一种境界，那么他为什么不像其他一些地方来采取另外一种手法？严格来说，他的装饰手法非常简单，不过就是一个招牌而已。通过这组片子，我想要说的就是刚才我讲的那个教授所说的三段话。因此我觉得，人工的视觉造型环境融会于自然，并能够产生环境体验的美感，这就成为我们环境艺术观的核心理念。

图8　在这一时间段，这一环境中所达到的一种最理想的状态

我们回到我们单一世界这一块，因为毕竟我们搞景观最初是从视觉开始，我指的这个景观是偏艺术概念的，偏微观概念的。那么既然从这儿讲，那至少你要能够产生融会环境的这种美感，就必须使你的造型和你所看到的每一个时间段的造型融于自然当中。同样也是庐山，还是那个镇，像这种景观，这样一张片子，如果你在里面行走的话，这条街非常有意思，它是一个S形的，一边是山，一边是一个深谷，面对着一些建筑，我相信我们在座的很多人去过（图8）。我们

图9　韩国风景

看看中国其他地方还有这样的吗？恐怕再也没有，仅存的。否则它不会成为列入《世界遗产名录》这样一个等级的文化遗产。

这是另外一个，是在韩国的，也是韩国一个非常有名的村庄（图9）。曾经在历史上非常有意思的一点，当时英国女王去那里参观的时候，别的地方都没有去，只去了这里。这个村庄，严格起来说，它的树，它的山，它的整个环境并不比其他的地方多一些或者少一些。树也是一样的树，但是为什么，只有这个地方特别有意思？就在于在这个地方有一条河在那里转了一个大弯，180度的大弯。那么参观的过程随着空间的推移，它还保存着以前农耕文明时候农民的那种生活状况，一切都是很鲜活的。恰与现在工业文明形成一种强烈的反差。于是给人的感受也就完全不同了。

再者，我们看日本这个金阁寺（图10）。按照我们一般的理念，像这种在下面

图 10　日本金阁寺

用金颜色，恐怕仅此一例。正因为这样，它才能产生一种时空的融会。那么仅就水和景，也就是在这个时间段，阳光情况不同照射的颜色是会变化的。当然，越是艺术越修养高的人越能明白它的不同之处。以上，我讲的是我们环境艺术观要发生转换，否则我们搞景观艺术就只能还按原来的概念来设计。

二、 以时间为主导的环境体验

　　也就是说，环境体验不是靠你做出来的所谓造型来体现的。当然，造型是重要的，但是这个造型需要你通过时间的转换，先看到什么，后看到什么，这样一个顺序来体验。我们传统造型艺术，是以空间运动的某一片段作为最终的表征。特别是在最早，艺术没有走向公共大众，只是架上艺术的时候，当我们去博物馆看一个挂在墙上的作品的时候。后来我们的艺术逐渐走下架，逐渐走向公众，到今天为止，在中国出现另外一个词，叫公共艺术。我个人始终对这个词存在着质疑，什么叫公共艺术？反正至少到目前为止，没有几篇文章能够充分地说服我们。实际上，它本质的内容应该是一个环境的概念。但是你直接把那些东西说环境中的雕塑，它能不能成为一个环境作品，又要以我刚才讲的那点来验证。因此，在这里有着时间艺术的体现。但是，在这个时候片段性的始终是以空间的概念占主导，像二维的绘画、三维的雕塑等等。

　　反过来，我们今天要讲的环境艺术实际上一定是时间和空间要融会，而且要特定地在一种场所中以某种物象把它表现出来。而且更重要的，如果我们一定要在观念上转变，我就认为时间是占据主导地位的。也许大家不同意我这个说法，按道理说，这两者是不能割裂的。但是正因为我们目前出现这样的状态，反而要把这件事提到前面来。为什么这样讲？就是我们特定场所，不管你是一种什么样的场所，这种体验它一定是靠你的一个从前到后的这样一个过程。比方说，来上海我们有不同来法，我是坐飞机过来的，我先是自己开车到北京新建的 T3 航站楼，然后我乘坐的是波音的某一个型号的飞机，然后我又降落在上海的某一个机场，那是虹桥还是浦东，这两个概念不一样。到了以后再到我们住的住所。如果我住的是四星级的，或者我住的是二星级的，或者我干脆哪个星都没住，我住的另外一种，然后第二天我的行程如何安排的，最后我又是怎么走的。这一系列过程会形成你对一个城市的最终印象。它决不是一个片段，它是一个整体的，完全不一样。任何一个关键缺失，你都感觉好像形成了对空间形式美的一种影响。也就是说，在这里空间的实和虚，是相互作用关系。也只有通过人，在这样一个时间流淌当中的观看与玩赏当中，才能真正体会到我们所谓的某种环境作品一种传达的意义。

　　当然，这里面有时候说起来好像比较玄。那么我们在美术馆看一幅画和街上看一幅画有那么大不同吗？真是有很大不同。因为你在美术馆看一幅画，你是专门为它而去的，你心里是有预期的。就像我们要看一个展览，你知道这是什么时代的，文艺复兴后的，或者一个什么样的展览。你一定要看到真迹，为什么要看真迹？因为真迹所传达的信息最完整，而这时候的你完全很静止地坐在一个地方，静静欣赏这幅画，你和画是一个交流。而在我们环境场所中，不是这样，它会受到各种各样的影响，比如声音、颜色、光照的影响。因为在美术馆，尽可能营造一个固定模式让你看，而在现场不是这样。同样一个雕塑，能不能在环境里成立都是问题。所以，"环境美学的范围超越了艺术作品——为了静观的欣赏而创造的美学对象的传统界限。"这句话也不是我说的，依然是引用了阿诺德·霍因特的一段话，我觉得说得很到位。我们不是为了景观欣赏，这是最关键的一点。

　　所以说，由于在设计者的脑海里始终不能跳出这样一种思维方式，我们一做到设计，总是盯着我们要做的那件东西，无论是建筑、街道的绿化，还是一个雕塑，而没有想到这个东西放到这里，人是怎么样才能看到它。从什么地方来，到什么地方去，这个街道适合不适合放这个东西，等等。所以，在我们今天的建筑学，或者叫景观设计，我指的是偏艺术这个层面的美学价值在相当多的人的认识中，都是按照传统的美学观来判断的。也就是说，我们社会目前的审美层次，不客气地讲，恐怕95%以上的人都是按照这个来判断的。没有上升到环境美学的境界，也就是说，我们未来需要在绝大部分的教育当中逐渐关注这样一种理念，要以环境美学的理论价值来体现我们的设计系统应该达到的这种价值。

　　在环境审美当中，要摆脱静观欣赏的同时要让它有一个鲜活的美学价值，怎么办？关键的问题不在于控制别的，在于控制人的行动速度。当然，这是从主观来讲。为什么？因为行动速度直接影响到空间体验的效果。就像我们现在很多城市有步行街，为什么要有步行街？当然，是交通的体验，等等。就像我们现在，北京刚把前门大街改造完，要恢复一个老的电车，为什么要恢复老电车？就像我们南京路，还有一个电瓶车，什么道理？都是这样一种概念。

　　那么，我举一个例子，在座的各位有没有爬过我们中国的一些名山大川？像黄山、华山，包括泰山。我这里讲的是泰山。假如说，我们直接坐快速的缆车，一下子从山底拉到上面，所有的美你都没有欣赏到，看到的都是片段的。登山之美和它整个的过程，全部体现在你费了很大的力量，经过攀爬的过程，你才能真正体会到它的美。

　　这里我再举几个例子。美国的迪斯尼主题公园，很多参观项目并不是让你去自己走的，凡是去过你就知道了。应该说80%以上的，要么是坐车，要么是坐船，要么是一个特殊的东西带着你走。我印象最深的是那鬼屋，先要坐电梯下去，然后上一个车。它不让看明白了，就吓你那么一下，尖叫一声过了。为什么？时间一长，你就看出是假的。我们中国从 20 世纪 80 年代开始到 90 年代当中，好多城市也模仿迪斯尼公园的那种形式，建了好多主题公园。但是，到今天为止，90% 以上全部都没有生存下来，最后全部拆掉。什么道理？就是它根本不明白这里面的奥妙在哪里。当时鲁迅美术学院还为这个做了不少事。因为那都是一个雕塑，一个做的假的玩意儿，就在那里看看，那么假。失去一种新鲜感，失去一种期望值，而且就时空的交汇不会带来任何美的享受，时间长了，人就不愿意去了。

同样，有一个叫"小小世界"，目前为止在全世界有 4 个，其实它们内部的设计不太相同，但是它给人达到一种完全的真善美的很美的境界，全世界的小孩子来跳舞唱歌，按照不同的旋律在里面转，你感觉这个世界简直太美好了。但是，它也是一个很快让你看完的，让你留着"哎，我还想再来"。那么，整个流线的设计，对迪斯尼来说，最关键的在于客流量。如果客流量不达到一个每个地方都排队的程度的话，时间一长这个东西是坚持不下来的。当然，出于商业利益，迪斯尼集团要在全世界扩张，但是我断言是这样：假如说，你要在全世界开到超过 10 个以上，按照今天的速度，我相信总有一天，人们也就都不去了。这种环境的美感非常有意思，它是一个始终给你新鲜感，始终在你还想再去而你没法再去的回忆当中，也就是时空的一种把戏。

下面我再举一个例子，这是墨尔本城外一组构筑（图 11）。我今天并不评判一个作品的好坏，至少我觉得设计是属于我们环境艺术要追求的一个目标。大家要记住，现在的车速是每小时 120 公里，而且因为澳大利亚用的是英制标准，和我们中国的车行方向不一样，要不然大家感觉怎么那么怪，它就是走左道的。我当时这张片子纯粹是一瞬间的反应，但是因为拍这张片子，我失去了欣赏美的过程。因为太快了。拍完了，也差不多走完这趟了，几秒钟的时间。但是对坐在车上的人是什么感受？猛一看，前面一个黄色的，什么东西？还没有反应过来，紧接着左车窗一排红色的东西一闪而过。这是到哪儿了？马上一种兴奋点就提起来，我是不是到了一个什么地方？这个地方很有意思，以后有机会我会来再看。这是一个时间上具有音乐效果的一种美感的产生。那让我们看看这个设计的整个全貌（图 12、图 13）。显然，旁边有一道声障墙，它是为了防止高速公路旁的一些

图 11　墨尔本城外的一组构筑物

声音传过去，把声障墙结合这样一个雕塑物，包括最后一个门，整个。于是它就具有某种含义在里面：快到一个城市了，一个新的点要到了。在这个过程中，给你一种感受。

假如说，我们把这些柱子原封不动地放在一个我们中国所谓的广场上，好大无比的一些柱子。于是大家莫名其妙，这是一个什么东西？你不怪人要问。中国人对现代东西老喜欢问，"这是什么？它是什么意思？"有时候连艺术家也说不清楚它是什么意思。有时候它只是带给你一种感受，但是你放错了地方，这种感受是出不来的。这就是时间和它的关系的意义。那么我们返过头来，看一些只能是摄影师能看到的。作为一个观者，他都不可能有这样的概念。瞬间，这段路，也就是10秒钟左右就结束了，非常非常快的一个瞬间。

如果说那是一个现代的，我们再来看一个传统的——泰姬陵（图14、图15）。恐怕这个我们学建筑的、学景观的、学风景园林的，熟得不能再熟了。我们在图片上不知看了多少遍，然后你怀着强烈朝圣般心情去看。我去看的时候最打动我的是哪一瞬间？恰恰是左边这个图（图14），和我接下来的一个过程。也就是说，当我一进到这个门，我忽然感觉泰姬陵唾手可得，好像我一伸手就能得到它。但是忽然当我一出门，离我一下远去，一下又跑到前面去了。它妙，就妙在掌握在你视觉和感觉之间，于是这样一种美感就远了，当然再加上泰姬陵本身应该是在建筑里面达到一种极致

图12、图13　构筑物的全貌

图14　泰姬陵

图 15　大雾笼罩中的泰姬陵　　　　　　图 16　泰姬陵全景

的创作。因为它里面的形体十分复杂，不是我们以前能看到的其他的那种我们古今中外的建筑。因此，当在雾蒙蒙的黄沙起来后它居然又产生了另外一种意境，虚无缥缈的一种意境，和我们刚才说的又不一样。我为什么那天会有那样一种错觉？是因为那天恰有大雾。假如没有大雾，是阳光高照的一天，这个感觉我产生不了。也就是说，平常我们看到泰姬陵，它应该是这样的（图 16）。在图片上拍得很精美。由于时间的不同，你的心情不同，景物的不同，你的感受也完全不一样。

由此可见，环境的艺术空间表现特征是以时空综合的艺术表现形式所显现的美学价值来决定的。"价值产生于体验当中，它是成为一个人所必需的要素。"就是说，你只要是人，不是说光是你一个视觉，它一定是你全部的。环境艺术作品的审美体验，正是通过人的主观时间印象积累所形成的特定场所阶段性空间形态信息集成的综合感受。甚至有时候，你对某些东西触景生情，它并不是这个东西本身，而是你看到了它，想起了某些你美好的事物，等等。以上就是我为什么要讲我今天的主题——以时间为主导，并不是说时间和空间能够脱离，只是在现阶段我们要强调它。因为我们过多地重视空间因素，而忘记了时间的因素。

三、　中国传统的时空观

我有一种新的感觉，东方艺术尤其中国的艺术，中国的文化，可能更注重于一种时间概念的体现，而非是空间形态。这一点，在建筑上体现得尤为明显。中国的建筑以单体来说，在造型上肯定无法去跟西方的建筑媲美。这一点，赵新山教授曾经写过一本书，讲西方建筑，我看过他把这一点已经分析得非常深了。为什么西方建筑一定要有一个尖顶？这个尖顶预示着什么？大家有兴趣不妨去看一看。它不是从建筑学的眼光，而是从其他的层面去看。

所以，我觉得我们中国建筑从我们一开始的整个那条体系和西方完全是两条路。我们的传统的时空观是一个完整的整体。回到最后就是我们今天，为什么鲍教授也说要看我们哲学层面的问题，因为这是最本质的。中国传统的哲学体系中，人与自然的关系是一个根本的问题。你看中国的山水画和西方的山水画完全是两个意思，整个中国山水画体现的就是这样一个东西，即所谓"天人之际"。就是说，自然界和人类到底是一个什么关系。

中国古代关于人与自然的学说，无论是儒家还是道家，我们的基础都不是把人和自然的关系看作敌对关系，而是看作一个相辅相成的关系，也就是最高理想"天人合一"这种概念。当然对"天人合一"有各种各样的解释，还有一种解释就是出于政治统治，皇帝为了达到某种状态的那种。但是我们从专业本身来讲，从我们整个传统，中国的知识体系来讲，我认为还是应该把它还原到本源来看待。

下面，我反复引用的一些，由于时间关系我也不来解释。无非是讲从两千多年前开始，就有学者理论家荀子在《天伦》写的："明于天人之分，则可谓之人矣。"就是说不管人再怎么样，自然有它的运行规律。我们以前有一段，尤其是在新中国成立后有一段时间，我们提过"人定胜天"。这个话无论如何都是错的，不可能的。那么现在的环境问题已经早就把这个问题说得很清楚，人怎么能够胜天？怎么能够和自然对着干？不可能。那么，刚刚发生的汶川大地震，大家就能切身感受到，人在自然面前是何等的渺小！所以说，我们传统对这一点早就认识得很清楚了。老子的"天之道损有余而补不足；人之道则不然，损不足以奉有余"等，就是人一定要顺应自然才对。这些与我们整个哲学体系都是在最早就有的，包括子思、孟子提出的这些，我就不再念了。时间关系，包括庄子的"天地与我并生，而万物与我为一"等，我们所有的一些观点，到汉代的"天人之际，合而为一"，董仲舒总结到这样一个程度，是"天人合一"最早的出处。然后孟子的观点也是论证了这样一个理论。到明清的一些，也都是一些方面。

因此从两千多年前一直到我们近代，中国的传统观念都是以这样一个人与自然和谐相处作为一个最高境界的追求来实现。那么反过来，我们看看在中国传统思想的这种体系孕育下，以建筑、景观、城市为背景的环境设计，体现了极其深厚的文化内涵。仔细回想起来，以前我们所达到的高度和所达到的水平，可能今天还没有超越，而且理念也完全与现代建筑在后来产生的理念完全吻合。

在最后我引用两个例证，尽管这两个例证我们熟得不能再熟了，但是我还是要举这两个例证。假如不是以一种封建的帝王的伦理道德来建立的君君臣臣、父父子子这一套，故宫的建筑绝不可能是这个样子（图17）。它完全是按照一个时间序列形成的一种轴线。那么比较遗憾的是这一段我们没有留下来，我们现在

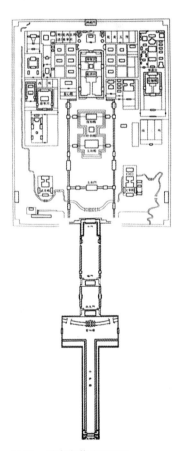

图17　故宫完整的平面图

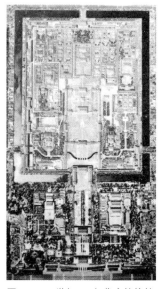

图 18 20 世纪 90 年代实拍航拍故宫平面图

留下来的是这张图（图 18 ）。这张图是 20 世纪 90 年代实拍航拍图。我们最遗憾的就是北京紫禁城没有能够完整保存下来。你从大清门开始到午门这个距离，要超过午门到神武门的距离（图 19），就是皇帝把时间序列延长到非常可怕的一个境地，从那儿走到这儿的时间，一直到他坐在宝殿上接见朝臣的时间，大家来想一想。那么也就是走到这儿，还没有怎么，你已经就被皇帝的威严吓得屁滚尿流，恨不得马上匍匐于午门下。以前推出午门斩首时，皇帝这种威严在建筑的空间序列上达到了再也无法超越的境界。它不是靠建筑本身的形体，不是说我们今天把建筑做得怎么样。当然，它本身完全是空间的关系，是时间概念上的序列。但是，这个东西一年用几次？数得过来的。真正皇帝登上太和殿，那意味着是国家大典，一年没有那么几次。也就是婚丧嫁娶的大事，国家的几件大事。那么平时他在哪儿办公？平时，不过就在这儿，尤其清代，就在养心殿这一小块，他就把什么问题都解决了。而且，这么大一个故宫，一年也不是都在这儿，只是冬季在，夏天他才不受这个罪，人家去圆明园。圆明园是一个什么建

图 19 紫禁城全景

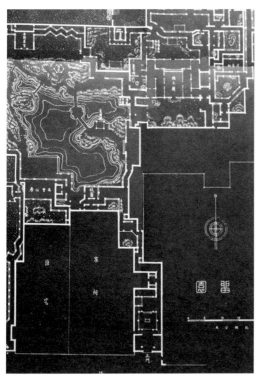

图 20　留园平面图

图 21　留园景观

筑系列？完全就跟村野没什么区别，建筑也不是金黄的。

　　所以说，正因为圆明园被烧掉了，我们看到的中国所谓传统就是这样一个传统。现在的某些人，或者他还是以为一个政权要有一个什么样的象征，一定是要做足气势。走的是故宫的这条路，而没有走圆明园那条路。于是，为什么我们现在政府大楼一定要很气派，那个思想是从这儿来的。这个东西没办法，这就是"传统"。尽管已经进入现代文明了，思想还是留在上一代。大家如果看成绩的话，肯定这个印象很深。我们好像是要走向更先进，但是我们观念还很陈旧。这是我们的一个例子。当今天，我们看空中鸟瞰照片以后，你忽然发现其实故宫的建筑形式就是这个定律的变化，你要和西方文化作对比，在形态的发展上它并没有出多少，再加上建筑史论的研究也没有深入到这儿。看全世界的建筑史，谈到中国的薄薄两三页，根本不能理解这里面的很多东西，因为当时它整个已经达到了今天我们一个很高的境界，就像中国山水画所传达的境界一样，也就是看不明白，很多是不明白中国到底怎么回事。

　　我们再返到我们最近的，这也是俗得不能再俗的，不知道看过多少遍，翻过多少次。那么这个系列就不是故宫那个系列了，这是苏州留园（图20）。我们现在参观的这条路线，曲曲折折、曲曲折折，但是这里面非常有意思（图21）。那么就是，你要到一个园林，我先不让你看到全部景观，曲曲折折、弯弯曲曲，各种原因，最后到这儿。这是整个留园的图，从这样一个曲折，哎，出来一个园。颐和园的整个

图22 留园漏窗

设计和我们留园（图22）实际上有异曲同工之妙。这点在《说园》中已经说得不能再透了。

那么这些实际上都是运用时间而不是空间的概念。以时间为主导，然后贯通到空间的一种形式，达到这样一种高度。这就是我们中国在以前已经达到的相当高的一个景观建筑设计理论水平。它不是以单体形态来度事，而是一种意境。也就是说，我们今天好多环境艺术讲的东西，实际上在我们的园林中都已经实现，只不过今天我们不是那种生活状态。去园林的时候，你是以一个游客的身份去的，再加上这种环境，就根本不能容纳多少人在那里看。于是由于人太多，你的那种意境荡然无存，于是这个园林没意思。是啊，是没意思。时代变了，人也变了，心境也变了，生活方式也变了，你怎么可能还有那种闲情逸致？所以，今人为什么感受不到古人的心境，原因也在这儿。

大家如果返过头再去看看红楼梦，红楼梦里有些章节专门讲园林。那一节就是讲大观园建成了，给里面起名字。那为什么中国要用起名字的方法？这个地方叫什么，那个地方叫什么。这个恐怕在西方建筑和西方文化中很少，这只有中国是这样。用非常含蓄的又意境深远的一句话、一个字、一个诗句，一点题，让你去体会我这是什么意境，是怎样一个东西。那么我们再来看这一块——楠木厅旁边的这一块，就这一个平面。单从平面看，很简单，但是大家注意，这四个完全不一样，尺寸也不一样，树也不一样，你在任何一个角度看的也完全不一样。如果大家有兴趣，你不妨去苏州看一看。

所以，最后的结论就是景观设计的本土化，作为中国的设计师，我们不能把我们那么好的遗产白白扔到一边，又去找所谓的新的一种。我们过去已经达到很高的水平。必须以中国传统的时空观为指导，立足于环境定位的艺术观，对以时间为主导的环境体验进行衡量，才能到达景观物象与情境之美理想境界的彼岸。

现场提问

提问：我是东华大学的硕士研究生，我的研究方向是产品系统设计，毕业设计是城市公交系统设计研究。我记得您去年讲的主题是从产品到环境的系统管理，两者我可以看得出来，无论是在产品设计还是在环境设计上，系统思想引入我们各个学科，这是我们达到的共识。但是我现在研究思考的是：中国的一个传统的系统观与西方的一个传统的系统观，两者之间有什么本质的差异，这两者之间的差异是互补共存的关系，还是相互排斥的关系？我们如何将东方和西方的传统系统观运用到我们的设计中？想知道您的看法。

郑曙旸：我觉得是这样，东方的这样一个系统观，它是源于农耕文明所产生的对自然现象的一些主观意识提升之后的一种经验的推导。它由于整个的社会并没有发展到今天这样一个状态，整个的时空相对比较舒缓，也比较田园。所以，那样一种状态，不足以使那种所谓的系统观为我们绝大部分人所理解。也就是说，它只是存在于非常高端的一部分人的思想当中。

于是，即使它有，也不被统治者或者人们所真正认识到，也就是说，我们所谓的文人雅士对那些东西只是在自我欣赏的范畴，并没有到社会的这样一个层面。包括大家知道的，中国传统都是"学而优则仕"，学一切都是为了当那个官的。我们整个中国传统的教育一切体系都是为了这一点。反过来，对待技艺这些层面，是非常蔑视的。所以，没有哪个以前的工匠的名字能够留下来。也就是说，虽然思想达到一个很高的境界，但是由于当时的社会形态和时代的制约，不可能把这种思想运行到整个社会。如果那样的话，如果我们传统的那个可以一直延续下来，也许我们今天不是这个样子。

西方的这个，我认为，关键点在于最后工业文明的这样一个关口。因为工业文明它也是付出了很惨痛的代价，就是大量的农民要进入城市、城市化的一个过程，然后包括资本积累的一个非常残酷的原始积累的阶段。这样就要讲究效率，要把产品达到一个非常极致的状态，为了得到利润等，它必须标准化，要通过一些设计。你不标准化，不出一个系统完整的东西，就能使你的产品达到那样一个高度。所以，实际上人类的思想在很多方面都是相通的，只不过西方有发展出来以后又能直接运用这样一个时间过程。而为什么中国到清代的时候，到康乾盛世那么极盛，忽然一下就衰落下来？就是理论上有，但不能转化成生产力，缺乏一种新的社会形态来转换。

所以，我个人觉得，在本质上，从人的这种本质，从人本身的这种社会生存来讲，东方和西方在系统论上并没有明显的差异和本质的区别。这个越来越被事实证明的只不过就是社会整个进化的过程。转换成生产力和没有转换成生产力，这是很关键的。就像我们很多东西理论上你已经有了，但是你没有可转化的实际。那么如果我们看达·芬奇的那幅画，你想想达·芬奇那个人就挺有意思。你说他是一个什么家？现在我们大家公认的他是一个画家。为什么？因为我们看到最清楚的就是"蒙娜丽莎"。但是你现在看到他可以说是建筑家，他也可以是景观设计师，他也甚至是医学家，居然解剖尸体达到那么高的水平，而且那么痴迷。我前些时候看了一个片子，如果说血管血栓是谁先发现的，应该是他。那你说他是一个什么家？为什么他那些东西发明以后在当时没有能够实现？他留给后人的恰恰是他的美术。你现在说达·芬奇是什么家？大家公认是画家。但实际上他到底是什么家？也就是说好多东西在理论上能够建立，但是当时的社会没有进化到那一步，那么他也就不可能那样产生。中国，包括现代设计也是一样。中国就是因为没有经历过工业文明这样一个洗礼，我们现在所做的一切还是为了补上这一课，当然我们的速度很快。那么反过头来，你说全世界设计师，现在实际上都把环境的问题推到一个很高的位置来认识，实际上也是时代进到这一步，我们才能认识到的。因此，系统论这个问题，我个人是这样理解的。

提问：刚才听了您这个以时间为主导的演讲，我也有很多的启发、共鸣和感想。我本身也是作景观方面研究的，按我的理解，您刚才也说到，为什么要把时间轴放到空间设计中去，城市给人的印象不是片段，而是一个片段的连续。那么造成这种连续的，是经过一系列时间以后，才会形成片段的连续，我是这么理解的。在很多的情况下，我们建筑师的一些城市设计，只是注目在静态的、单体的，而不是整体。使用者通过你的作品带来的景观体验，其实在设计工作中很少有去预测、分析，甚至是后续的评价，我是这么认为。郑教授如何把您的这种思想、这种理念在实践中达到，比如说如何评价，如何去虚拟这个空间，去再现，如何去记录人的心理感受，我个人感觉还是有很多的工作要做。郑教授，如何把这种理念变成一种方法？

郑曙旸：这个，关键在这儿。我们最近做一个课题，叫"环境设计系统与城市景观立项决策"。这个课题还没最后做完。之所以要做这件事，实际上就是你讲的方法论。目前，那我不知道国外是怎么样，至少中国是这样：一个东西要立项，先是有城市规划一个过程。但是城市规划这个过程，它中间少了一个环节，一下从规划跳到建筑设计，缺了一个什么过程？缺了一个景观规划。它只是，这个容量是多少？人去哪里工作？这是工作区，那是厂区，计算之间的流量、交通，等等。

但是，这个东西建起来之后会是什么形态？这个形态在时间的延续中，人会有什么感受？没有人进行这个串接的工作？那么这个工作它需要建立在我们今天上午谈到的景观整个系统的模拟系统，再有就是我们城市管理系统建立这样一个机制。就是说一定要在城市规划和建筑之间有一个过渡。那我觉得，这个就叫景观规划，或者我们未来的环境艺术设计，最主要的是干这个工作。

就像我印象中，新加坡政府养了一批建筑师，都是世界最优秀的。隶属于哪里？隶属于新加坡政府的规划局。他们干的工作（这个事情已经快 10 年了），我印象太深，恰恰干的就是这个景观规划工作。因为当时有一个例子引得我们有很大争议的，就是天安门广场隔壁那个国家大剧院。那个蛋生产以后，我们系当时还有幸去参加了一个景观评估。那是中国第一次为一个形象的事来进行景观测评，是由国家环保总局来组织的，当时我们是从艺术的角度也就是刚才讲的环境体验的角度，清华的紫光是从技术的角度。最后的评估，就是认为这个东西不像有人说的，拍脑袋说这个东西破坏了天安门广场整体环境的和谐，或者是冲突等等。而反而觉得它恰恰是最大限度地实现了我们刚才所讲的那个东西。最后建成以后，事实也是这样。真正能够看到它的地方其实不多，你只有到了跟前才看得到。在天安门广场，你看不到，包括在天安门城楼上也看不到。而恰恰在有一个地方它是破坏了，但这个地方一般人不去注意，在哪里呢？在北海原来那座桥上，透过中南海，能看到一个大蛋浮在水面上。那个是破坏了原来北京城的。如果不是那一点的话，实际上它并没有形成，它恰恰是在某种角度看上去甚至和天是融为一色的，它不是那种张扬的。

所以，环评成立以后，最后政府也下决定要建在这儿。并不说没有搞这些工作，只不过我个人认为它需要在我们的理念上提升一级。恐怕这个问题对中国尤其重要。就是说，在城市规划和建筑之间要加进一个景观规划，谢谢。

提问：郑教授，我刚才听了您的介绍：以时间因素为主导的，对于景观和环境设计的影响。上午美国的教授也就这个问题提供了一些关于时间因素的影响，比方说传统的中世纪城镇。时间因素实质上影响了人在空间中、时间中的感受。就是说我们今天好多涉及了景观设计的本土化，我觉得还有一些其他的因素影响了中国传统的景观设计。比方说，传统的城市，这些美丽的城市，中国传统的价值观，这个层面的追求美学和诗意，这个层面的追求，其他传统的城市都和自然相对和谐的状况。现在，作为我们景观设计师，如何提升我们在价值观层面上对本土文化的尊重？

郑曙旸：实际上，中国的本土文化有它特定的历史限定，我们注意到一个问题：中国是一个多民族的国家。由于是一个多民族的国家，我们在历史上曾经合合分分有过若干次，一会儿国土大到一个不能再大的地步，然后就分成若干个、几十个小国。就像《三国演义》一开始说的：天下大事，合久必分，分久必合。由于这样一种状态，具体到每个地方，并没有特定说中华民族整体的一种具体的具象的这个地方景观应该怎么做，那个地方景观应该怎么做。不存在这样一种可能，我至少现在是这样理解的。它一定是根据所处的自然环境和生存的状态，包括经济和文化积淀的基础，最后形成了所谓的地域和本土。但今天的情况又变了，我们今天受到国际化的大趋势的影响。就是说，我们要完完全全保存原来那样一种样式，已经没有这种基础了。这个冲击是很厉害的。我们现在如果说拼全力去保存，我们走过来的事实却是尽管大家觉得好多毁掉过，但还在那么毁，什么原因？

我有时候想想也许这是一种不可抗拒的历史潮流，没有办法。就像我们中国56个民族，你仔细去看一看，现在到底在日常生活中还有多少人是穿本民族的服装？因为我们东华大学有服装·艺术设计学院，恐怕这方面研究比我深得多。什么道理？我觉得就是生活方式变了，生存背景、自然环境包括人文环境都发生了很大的变化。那就比方，我们现在所谓男士正装大家都穿西装，什么道理？所以这个东西比较复杂，几分钟要说清楚是很难的。

总而言之，我们讲本土化，一定不能脱离我们的时代，尤其是景观，建筑和室内还有可能，你想我们现在很多是那样讲的。就是说，我们只保存它的外壳，内瓤全部都变掉了。那仔细想想你这个生活方式和这完整吗？只有一个外壳是那样，实际上和我们祖先生活的那种状态已经完全不是那么一回事了。

我不知道我们平时去不去看一些民居的遗址，或者参观的多不多，你如果去的话应该能深刻体会到。我印象最深的是那个张谷英，在湖南。这个村子，到今天为止它还保存着当时那种状态。于是，你就会发现，这个村子和我们以前看的一些其他的已经不是那种生活状态的完全是两回事。它是有了那种生活状态，才能维系它的那种外在形式。一定是这样的。你生活状态变了，你怎么能维持那种外在形式？不可能的。它只是一种符号，当然这个符号能唤起你对民族传统的某些印象。但是，它在本质上并不能改变。但是反过来讲，我指改变是我们设计层面的。反过来讲，中华民族的这种传统又是一种根深蒂固的，它会以另外一种形式在新的时代反映出来。你比方说，我们现在的酒店，你说它是欧陆风格，我说它就不是欧陆风格。那就是中国当代反映你社会生活现实的一种你所追求的美的形态。就像我们酒店，20世纪90年代，中国建了那么一大批冠以欧陆风格的酒店，你让真正懂建筑历史的人去看，笑掉大牙，哪是什么欧陆风格，那根本就不是。

所以说，它会以一种新的东西融会进来，又产生一种新的符号，特别典型。以室内设计为例，我们现在室内设计最出色的、最优秀的是什么？是餐馆。绝对没有超过它的。什么原因？因为中国人太能吃了，太会吃了！这个传统就一直延续下来。于是，在这个新时代的餐馆的设计上就达到了极致。假如我们从视觉来讲，恐怕这个早是世界一流水平了。谢谢！

景观设计本土化的研究

Research on Localization of Landscape Design

演 讲 人	唐纳德 / Grant Alexander Donald
演 讲 时 间	2008 年 5 月 22 日 16：45 — 18：00
演 讲 地 点	上海延安西路 1882 号　东华大学　逸夫楼二楼　演讲厅
演讲人简介	澳大利亚　景观建筑师学会会员，合欢国际有限公司的 CEO 和设计总监。

　　首先谈一下今天这个会的名称：中国环境艺术设计国际学术研讨会，我本身是一名景观设计师，我认为景观正好涵盖了环境、艺术、设计这几个方面。我不是一个学院派，这么多年主要从事的是景观设计的实践工作，希望通过今天的讲座能与同行们学习，也希望以后能在院校中找个工作。

　　现在我在迪拜工作，以前我也在中国上海、香港等地工作过，所以今天所列举的一些项目主要是这几个地方的一些作品（图 1～图 5）。我的题目是：景观本土化的研究。

　　谈到本土化我们不能不提到全球化，因为本土化就是从全球化中引申出来的，它们是两个相互需要平衡

图 1　相关景观作品

的概念。首先，我们来谈一谈作为一个景观设计师所充当的角色是什么，以前是什么角色，现在又扮演着什么样的角色。这里就是澳大利亚悉尼一个叫作邦达的海滩

图 2　相关景观作品

图 3　相关景观作品

图 4　相关景观作品　　　　图 5　相关景观作品　　　　图 6　邦达海滩图

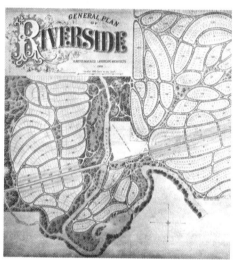

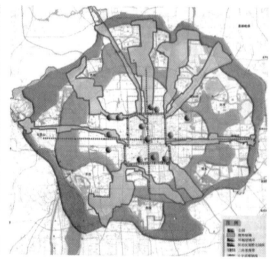

图 7　Olmstead 作品　　　　图 8　北京绿地规划图

（图 6），是我出生的地方，我在这里学习、工作、娱乐。作为一个个人，一个从业者，
我们都受到以下四个方面的影响：社会环境、经济环境、文化环境和自然环境的
影响。作为一个景观设计师也无时无刻不在受到这几个方面的影响。我们就是在这
样的蓝天、碧水、金色沙滩中生活。澳大利亚的政治环境也相对比较稳定，从而生
活环境也是非常好的。作为一个景观设计师，我总是带着这样一种概念在这种环境
中生活：在如此宽广的空间里，种植任何的植物都很容易成活，这是先决条件。这
就是我当时作为一个悉尼景观设计师的视角，但是不同地域的人们有着不同的观点。
这张图片大家都很熟悉（图 7），是奥姆斯特德（Olmstead）的一个作品。虽然时
间会变化、空间会变化，但是很多东西都是万变不离其宗。这是当年在北京做的一
个绿地系统的规划图（图 8、图 9），可以看出它们的差别实际上并不是非常大。

图9　北京绿地规划图

图10　巴林的景观项目

图11　巴林的景观项目

下面我们来谈一下在全球化的背景下，从业人员及教学领域都经历了一个怎样的变化。作为景观设计师，经过这几年的变化也有了飞跃的发展，世界性的开发量都是非常大的，包括在中国还有在中东地区的。下一个热点可能就会谈到印度或者前独联体的几个国家，都可能经历由经济崛起带来的开发热。作为一个从业人员，包括作为一个教授，我们在经历这样一个巨大变化的同时也要有一个长足的发展。在我当年上大学的时候还没有计算机辅助设计，也没有手机，而如今这些都有了很大的变化（我今年35岁）。下面这个是我在巴林参加的一个项目（图10～图13），大家可以看到，所有这些土地都是通过填海而造出来的。如果我们用 Google Earth 搜索巴林，通过卫星图片就可以看到这个项目。这仅仅是一个我们所说的"疯狂"的开始，之后我们可以看到在中东经历了一系列的变化。从个人经历来说，作为一个出生在悉尼的景观设计师，我所做的这些项目都远远超出了我的想象。这是松江新城（图14）。通过这两个项目我们可以看出，它们就是全球化和本

图12　巴林的景观项目

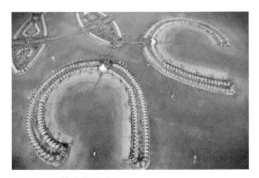

图13　巴林的景观项目

图 14　松江新城

图 15　土耳其的安卡拉

土化相结合的产物。这是一个很典型的项目，一个中国的社区，居住着中国人，但是它是由澳大利亚设计师设计出来的英国式的小镇，而且我们当时是在阿特金斯完成的，同时也是由来自世界各地、各种族的设计师共同完成的。

　　这里列出的这几个因素：城市化、通信·交流、自由流动、文化以及政府、市场和经济方面都对景观设计产生了深远的影响。

　　第一个问题：快速的城市化进程。这里是土耳其的安卡拉（图 15），50%的人口现在居住在城市里面。住房问题是一个世界性的问题，国家越大，这个问题就越

图 16　卡塔尔，联合国的一个项目

大。对于中国来说，大规模的人口、大规模的住房就是我们要面对的问题。正如早上彼得教授给我们展示的一个画面，通过一个比较概念化的方法展示了城市化的景象，我们不仅仅要关注方块中黑色的区域，更要关注那些白色的区域——那些没有受到城市化影响的地方。我们提供的不仅是住房，同时还有社区的问题。

　　第二个问题：交流通信。这也是一个很大的影响因素。如今的通信工具比几年前要方便很多。这是我当年在卡塔尔做的联合国的一个项目（图 16）。此项目是一个植物园，这个植物园有一个很强的主题（根据古兰经发展而来的）。这个项目是由一个联合国教科文组织的德国成员所领导的，在参加会议的 25 个人中有 14 个不同的国籍。交流就成为一个很大的问题，大家需要说一种都能够理解的语言，专业术语也需要统一。在这里交流就不仅仅局限于文字上，还包括了身体语言，以及我们如何待人接物，如何介绍人们，甚至一个小小的符号。

　　第三个问题：自由流动的人口。下面我们通过一些数字来说明，以阿联酋的人口增长来说，1965 年的时候只有 145091 人，如今已有 460 万人，在 33 年内增长了 31 倍。实际上阿联酋的当地人口也不过才 30 万人，而外派人员达到了 430 万人，有 280 万人都与建设行业有关，或者做设计，或者做工程。

　　第四个问题：文化。在全球化的影响下，今天的人们都经历了许多不同的文化。作为我个人来说，我是一个澳大利亚人，多年在海外工作，娶了一个中国的太太，现在在阿联酋的迪拜有了一个中澳混血儿（图 17）。虽然我们说了很多变化，但有些还是万变不离其宗。

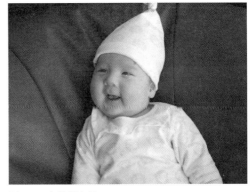

图 17　中澳混血儿

图 18　中国孩子　　　　图 19　阿联酋孩子　　　　图 20　重庆的风景　　　　图 21　安曼的风景

图22　沙特阿拉伯第三大城市平面图区域　图 23　黑框区域放大图

这里的图片，图 18 为中国的孩子，图 19 是阿联酋的孩子，他们都是孩子。上面的建筑也都代表了当地的文化及宗教对园林的影响。有两张图片，一张是在重庆拍的（图 20），一张是在安曼拍的（图 21）。如今宗教对中国不是一个有决定性影响力的因素，虽然以前宗教对于中国的景观或者园林有着非常大的影响，以后可能还会回归到这里来。而在中东，宗教对于人们的文化生活，对于我们的景观设计起着至关重要的影响。所以，作为一个设计师，首先要理解各地文化的差异。这是我在沙特阿拉伯，算是第三大城市，做的一个项目。黑框里的区域将要居住大约 30 万的人口（图 22）。右边是黑框区域的放大图（图 23），这里的各个圆圈表示了不同区域的功能。这里紫色代表了每一个清真寺的具体位置，这些圆形也表示出从一个清真寺到另一个清真寺的距离。虽然说这些在中国不能算是重要的因素，但是在中东做设计的时候这是首先要考虑的，因为有一个具体的要求：人们只要通过步行就可以到达清真寺。总的来说这个规划原则是沙特非常坚持的。设计人员首先就要理解这个原则会对自己以后的设计产生什么样的影响。

第五个问题：政府、市场及教育。在全球化和本土化中我们把政府和市场放在一起，实际上在发展中国家政府和市场之间是相互制衡的。不同的政府关注的方面会有所不同，另外作为一个自由市场，中国的市场驱动力与在中东的市场驱动力也是不同的。就中东的设计来说，文化上的影响例如宗教影响就非常的大。从自然的角度来说，我们做景观设计需要提供遮阴的地方。以下列出来的数字说明了现在在迪拜，还有在中东发生了那么大的变化，其投资是前所未有的。我们借用上午彼得教授的一句话："我们是仅有的几个专业，可以控制人们对时间的感受。"对于这句话我想说，"如果是这样的话，迪拜肯定是在一个快进的道路上。"我以前也在中国工作，当时就觉得中国所经历的大规模的建设是历史上前所未有的，以后可能也不会再建。如今我又在迪拜工作，在迪拜见到的更让我觉得那是空前绝后的。

图 24　迪拜的卫星图片

图 25　迪拜海岸

这是迪拜的卫星图片（图24），一会儿我们会介绍这里的两个像棕榈叶一样的项目。这是另外一个项目，也在迪拜。他们还想建造棕榈系列3，他们是一个比较大的国际开发商，还想建造一个宇宙城。大家可以看到图片中右边米色的就是沙漠了，实际上10年前这里都是沙漠，这条线以外都是填海造出的地。这张图上想让大家注意的是水流进去的一个地方，那是一个比较有代表性的项目。这张图片仅仅说的是迪拜，作为阿联酋的首都阿布扎比有迪拜的两三倍大。一会儿我们给大家放大的图片来看棕榈叶项目。这块水围绕的地方（图25），人们开发的叫作迪拜海岸。

图 26　迪拜海岸放大图

这是放大图（图26、图27），这里都是填海地，以前什么都没有。这就是项目

图 27　迪拜海岸放大图

图 28　棕榈系列工程

图 29　棕榈系列工程

图 30　棕榈系列工程

建成后的样子。这里水面就是大家刚才在平面图上看到的那个环绕整个区域的水系。大家在做这种项目之前通常已经没有了尺度感。像这样的高楼大厦可以安置在世界的任何一个地方，它没有任何迪拜的风格或者代表性。

这就是我们刚刚看到的棕榈系列工程（图 28、图 29）。大家可以看到，这里的每个房子都差不多，虽然这是一个大规模的开发，但并没有它所特有的个性。这里的房子大概每幢值 6000 万元人民币以上。进出的路只有一条，风景也都一样。但就是这样一个缺乏个性的项目，这里的房子却都卖掉了。在这个开发项目中，我们不禁要问，孩子们的活动空间在哪里，它是一种什么样的社区文化，是什么样的邻里连接，个性又在哪里。由于它缺乏规划，我们可以看到每幢建筑离得都很近（图 30），你甚至可以坐在自己家的卫生间里看到对面人的活动。这种画面，我以前在香港看到过，它的高楼鳞次栉比都非常的近，而不同的是，这里相距如此近的房子居然值 6000 万。可以看到这里虽然叫花园洋房或者别墅，但其后的花园也不过就是一小块草坪，每家的游泳池也都差不多。

在全球化的影响下，我们不禁要问，当地的政府包括一些私人发展商怎么样去应对在全球化影响下本土化所应该发挥的作用。在这种全球化影响下，我们各地的园林景观，以及文化、社会个性都可以说

图31 世界上最高的高楼下部　　　　图32 世界上最高的高楼上部

趋同了。如果说我是一个政府官员，能够请到一个国际级大师为我做设计的话，首先我要做的就是邀请他来中国至少生活半年，然后由他来告诉我，在中国生活的这半年里，他所了解的中国的特色和个性是什么，之后再开始为我做设计。下面我引用 Thomas Church c 所说的一句话："场所是为人所存在的场所。"不是为了车，不是为了建筑物。这里我想提一下早上鲍教授为我们展示的一个关于金鸡湖的图片，它就是忘记了那是为人所提供的场所，虽然很大，却并没有人。这是世界上最高的高楼，左边是下部（图31），右边是上部（图32）。在迪拜的市中心，现在大约已经建到了180多层。这个大楼是一个非常有名的国际开发商叫艾马建造的，另一个叫那奇欧的开发商还要在这旁边建一个更高的。这就成了两个开发商之间的竞争，"我的一定要做得比你的大"。右边的图片实际上没有办法说明任何问题，没有任何地方特征。而从左边的图中，我们可以提炼出一些中东的符号，就给我们传达一种信号，这一定是中东某个地方。这张图里有非常具有人性化尺度的东西（图33），从窗口、彩色瓷砖等细节上我们可以看出这些都具有穆斯林文化特征。虽然有些项目做得非常糟糕，但也有一些成功的，这张图片就是做得比较成功的一个（图34）。这里的左右两个建筑都是酒店，一个比较现代。但是从中我们都可以提炼出一些穆斯林地区的特征。建筑和当地环境融合得非常好（图35），植物也可以看出那是在热带的国家，这里才真的可以称作沙漠中的绿洲。

　　未来的发展趋势。实际上全球化就是一个市场的整合，与此伴随而来的是对审美的情趣和一个标准化的趋同，今天我们也看到了很多这样的例子。我们可以看到彼得教授今天穿的衬衣就是一件很有中国特色的衬衣，来自日本的佐佐木叶女士穿

图33 建筑与环境融合得非常好的景观

图34 建筑与环境融合得非常好的景观

图35 建筑与环境融合得非常好的景观

的是一套西装，这在多年之前也是不可接受的，还有可以讲一口流利德语的中国人，这些都是全球化给我们带来的影响。城市化的进程是不会停止的，而且会越来越多、越来越快，一些城市的基础设施建设对交通带来的影响是不可忽略的，对规划设计也有很高的要求。交流、通信的发达给我们的学科带来什么样的影响：以前我们都没有移动电话，现在我们可以通过移动电话或者网络互相联系，那么下一步又是什么，对我们这个行业又将带来什么样的影响？今天我们所看到的模拟系统，人们在其中感受不到微风，感受不到鸟叫，以后的模拟系统会更加发达，我们所有经历的感受都能够表达出来。还有就是人口的流动，我们刚刚也说了，在迪拜，33年内人口增长了31倍，不同的人们移进移出，这使我们要考虑多文化的影响。在迪拜我们也可以看到很多中国的设计师和一些中国的设计公司。政府和市场的博弈也会对我们设计行业带来影响。

美国的一位景观设计师协会的先生说过，在"9·11"之后美国的景观设计考虑的一个重点就是安全。安全这个因素，作为景观设计来说我们以前从没想过我们能发挥什么作用，但随着事情的发展，它又成了一个新的领域。他们第二个要关注的因素是人们的健康，在设计规划的时候需要考虑到，如何规划能给人们达到健身娱乐的目的。下面我们来说一说经济，实际上就是说钱。而钱不论是对于政府来说，还是对于开发商来说，还是对于我们设计师来说都是一个需要考虑的非常重要的因素。而在我们谈钱的同时还不容忽视的就是我们在文化以及社会上所担负的重要职责。文化方面，首先要谈一下中国。下面只是我个人对中国的理解，很多年前我觉得中国还只是一个没有开放的国家，只是关起门来做事。在经历了"文化大革命"之后，那么多年的改革开放，中国对外开放了，那么从时尚来说，从设计来说，从食品来说，其实对全球市场都是一方面是接纳一方面是输出。中国在开放的同时也希望给自己在全球的环境中有一个定位。一方面，中国邀请国际设计师来做项目，而作为一个设计师来说，我来这里做项目，但我是西方的观点，我接受的是西方的培训，包括学的一些步骤都是西方国家的，所以来这里与中国的工程师一起工作，是需要磨合的时间的。现在我拿阿联酋迪拜作一个例子，30年前它只有沙漠、海滩、骆驼和石油。中国城市与迪拜的不同在于，中国试图重新找回自己的特色，因为有着多年的文化底蕴，但是迪拜实际上是在建造自己的个性。所以有可能多少年以后迪斯尼乐园又被照搬到迪拜了。实际上接到这个本土化研究的邀请之后，我也有很多方面都想说，但由于时间的关系，这里就不一一说了。

最后我还是要重提这个观点：在思考的时候要从全球化视角来思考，而在做事的时候要像当地人一样去做事。所以我们在接受世界的新事物的同时也要想想怎样发挥当地的特色。作为个人来说虽然不能影响大的趋势，但是，我们可以影响到周围身边的事。

我的观点

My Standpoint

演 讲 人 | 鲍诗度 / Bao ShiDu
（东华大学环境艺术设计研究院，上海，邮编 200051）
（Environment Art Design Academy, Donghua University, Shanghai 200051）

演讲时间 | 2008 年 5 月 22 日 9：45 — 10：20
演讲地点 | 上海延安西路 1882 号 东华大学 逸夫楼二楼 演讲厅
演讲人简介 | 东华大学服装艺术设计学院教授，环境艺术学科学术带头人；东华大学环境艺术设计研究院院长；东华大学中国环境艺术设计学术年、第一二届中国环境艺术设计国际学术研讨会主持人

我代表我个人以及两个主办方，感谢各位嘉宾，尤其感谢从各个国家赶来的演讲嘉宾、各位专家以及听讲的朋友们，谢谢大家。

下面我开始我的演讲，主要是提出我的观点和主办国际学术研讨会目的，也说明一下我们这次研讨会定的会议主题的目的。在本次研讨会上我只点到一些问题，并不作过多的展开，留出更多的时间给美国加州大学伯克利分校彼得·博森曼教授，让他可以多作一些演讲。彼得·博森曼教授今年 3 月 21 日应邀来到东华大学，也是他第一次到中国。我们进行了一个交流，很想把他的景观模拟系统理论体系介绍到中国来。早稻田大学在景观模拟系统方面也做得很杰出。我的想法是如何把中国的城市景观问题做到更深层次的研究，尤其是从学科交叉的角度，目前世界各国景观模拟系统都是从工学的角度去探讨和研究，如果能从艺术学的角度与工学结合得到新的高度融合方向去研究，会是一个新的课题。我把我的想法与彼得·博森曼教授交流，引起了他的兴趣，包括与日本早稻田大学佐藤滋教授也进行了交流。美国加州大学伯克利分校彼得·博森曼教授接受了我们研讨会的邀请作为主要大会发言者，对他的到来我们再次表示感谢。

东华大学与清华大学等各大学在座的专家教授，共同把中国环境艺术设计学术研究向深层次推进，这是我和诸位的一个愿望。我相信这个愿望能在若干年后收获到一定的成果，目前我们做的还都是一些基础性的工作。做学术研究的前沿性探讨工作其实非常艰难，尤其是筹备这样的一个会议。我们在去年成功举办了东华大学中国环境艺术设计学术年活动，从 2007 年的 4 月 5 日至 12 月 20 日，我们进行了 25 次演讲，基本上是在环境艺术设计领域内的多学科交流，虽然有跨到其他领域的，但主要的问题都是在探讨环境艺术设计的问题。其实这些都是为了能把环境艺术设计研究向深层次开展做的基础性工作，在这个方面得到诸多同仁的支持，借此机会

表示感谢。

下面来谈谈我的观点和我们的目的。

我想在这里陈述的是三个问题：一、为什么要研讨"景观设计本土化"问题；二、为什么要请彼得·博森曼（Peter C. Bosselmann）教授等国外专家来参与研讨；三、为什么要举办中国环境艺术设计国际学术研讨会。

第一个问题：为什么要研讨"景观设计本土化"问题。

接下来我展示几张照片来说明第一个问题，这个是苏州的金鸡湖的景观设计（图1），做这个设计的单位是比较知名的。我们看这张照片，在这样一个空旷的地方，所有有设计思想的人，面对这样的场景、环境一定会有感想。我去了之后的感受是无论在什么季节你都无法停留下来，不管是春天或者秋天也好，或者不是太冷的冬天和炎热的夏天也好，一年四季，在这样的环境下，面对如此的空间，你能停留多久？又能做什么？再看下面这张照片（图2），这个空旷的广场从视觉上确实还很好看，但这一排排的柱子又有什么样的价值？是精神的价值、实用的价值、人文的价值，还是人本的价值？去了几次，在不同的时间、不同的季节、不同的情况下都几乎没有看到人，偶尔才能看到几个，你看这张照片，只在很远处有寥寥几个人（图3）。这样的设计，难以与市民生活融为一体，难以感动中国民众，难以体现本土精神内核，完全流于表面形式。这就是我刚才提出的第一个问题，景观设计这么表面化？是用来

图1　苏州金鸡湖景观设计一

图2　苏州金鸡湖景观设计二

图3　苏州金鸡湖景观设计三

观赏，还是用来让人参与之中？其实质为美而美，只单纯地满足视觉功能。这种景观设计现象很有普遍性。

"城市美化运动"发源于100年前的美国，给西方国家留下了一块城市的"伤疤"。而今，中国不少地方正在重蹈西方国家的覆辙，盲目追求气派，追求最大、最宽、最长，攀比之风盛行；强调几何图案、金碧辉煌等，单纯地满足视觉功能。它的根源在于思想上有误区，这个误区造成了后遗症。一座城市的广场往往不是以市民的休闲和活动为目的，不是为市民的参与而设计。而是把广场、广场上的雕塑或者广场上的市政府大楼作为主体突出而设计，为视觉形象而设计。我去了很多地方都是这样，前不久我到了江西南昌，在市政府大楼前，看到他们花了几个亿做的项目，江西的一大工程项目。我看了感觉就是个形象工程。广场设计抛弃地方特色，以空旷为美，以不准上人的大草坪为美，以花样翻新、繁复的几何图案为美，以大理石和抛光花岗石铺地为美，全然不考虑人的需要、人的安全。白天烈日之下是一块连蚂蚁都不敢光顾的"热锅"，无树荫庇护人，无安静场所供人休息。一斑见全貌，中国景观设计不能这样走下去。中国有很多的传统，也有很多非常好的精华，我们一味地照搬西方的内容，盲目地崇拜是否合适？很多的城市都是这样。不久前我去了安徽马鞍山市，政府花了几个亿做的工程，也是一个著名设计公司设计的。第一次朋友带我去，晚上看不清，去的时候没带相机，第二天带了相机再去那儿觉得淡然无味，一张照片都不想拍。这就是我们为什么要研讨"景观设计本土化"，这里作一个引子，不再多展开。

第二个问题：为什么要请彼得·博森曼教授等国外专家来参与研讨。

这是上海城市中一个景观（图4），这是上海人民广场的高楼群（图5），我们看它们之间有没有规律性？这是正在建设的上海城市（图6），在上海城市规划馆也可以看到。1992年以前上海18层以上的高楼只有50栋左右，现在已经超过5000多栋。十几年的时间，高楼像雨后春笋一样涌现出来。这些高楼林立的城市中，高楼之间有没有关系？城市空间视觉环境、空间审美环境、自然生态环境、人文精神环境等这些问题，我们来不及去思考，来不及准备，来不及解决一个又一个新问题，

图4　虹桥开发区高楼群　　　　　图5　上海人民广场的高楼群

图6　上海正在建设的城市　　　　　　　图7　日本东京街景

城市在迅速地膨胀、发展。中国各地城市发展都是这样。城市如此的发展速度，全世界古今中外几千年都没有遇到过。我们所面临发展所带来的一系列诸多城市环境设计问题，前人没有遇到过，今人更没有想到过，这方面的问题非常之多，也非常大。面对中国城市环境设计一系列诸多的新问题，需要一批国内专家学者来探讨，更需要一批国外专家学者利用已有研究成果和学识来参与研究探讨。

　　前不久到日本东京，在日本皇宫前面拍的照片（图7），从这张照片上可以看出，它城市建筑群的每一段线里面都有层面的关系，我们可以看到从樱花树这个层面过来是一层线，后面的绿树过来又是一道线，再后面的楼再是一道线，最后形成天际线，这是从一般规则上，将城市空间环境，城市天际线，形成一定的城市景观关系。就这一点上来说，从理工科的角度去考虑问题，美国加州伯克利分校彼得·博森曼教授是这方面的专家；日本早稻田大学都市地域计划研究所是这方面专门研究机构，包括今天即将发言的佐佐木叶教授等都是这方面的专家。我邀请这些理工科专家参与我们的研讨会，引入到我们中国环境艺术设计学术研究平台上来，是想拓展环境艺术设计文科领域研究深度和广度，文理学科交叉研究可发挥它最大的优势。这方面我是从深层次上去考虑的。之前，清华大学郑曙旸教授发言说，"环境"这个事业不是一代人事情，也不是十几代人能够完成的事情，是千秋万代人的事情，我同意这个观点。我认为也是国内外有志于环境艺术设计研究专家学者的事。理论研究是基础性工作，我们现在做的是铺垫性的工作，所以这是一个长期性的工作，但总要有一个起点，这就是我为什么要请这些专家来作这个话题的原因。而彼得·博森曼教授是城市景观模拟系统理论的研究者和开拓者，他对美国纽约城市的环境空间有过深入研究和实践，请他及相关国外专家学者来参与中国环境艺术设计学术研讨会，可以给我们带来新的学科研究思维、新的见解、新的启迪。引入国际上的专家学者参与中国环境艺术设计学术研讨，这种杂交式的学术行为，对学科格局、学科拓展、学科发展，无疑是非常有益的，是学科交叉发展研究的主要方向。

　　第三个问题：为什么要举办中国环境艺术设计国际学术研讨会。

从专业学科分类的角度来说，在世界范围内中国环境艺术设计可说是中国独有的一个专业，它是在中国独特的经济需求下产生的新兴学科。这个学科对中国的改革开放、经济建设起到一定的积极作用。环境艺术设计在中国之外没有直接这样的叫法，是中国独有的一种提法，之前我和清华大学郑曙旸教授有过这方面的探讨。郑曙旸教授是这方面的专家，是中国环境艺术设计早期开拓者之一。我们经常会遇到这样的问题，当国外的专家来，我们将专业翻译成环境艺术设计，没有办法向老外解读清楚这个词，说它是室内设计，太委屈了它，说它是景观设计也不能概括它的本义，因为它太有"地方性"了。在"环境艺术设计"前面加上"中国"这个词，可以把它圈定在"中国"范围内，这些都远不能解决问题。

我们再来看 1988 ~ 2008 年学术研究现状，1988 年是教育部正式成立这个学科专业目录开始，一直到今年，是 20 年。我们来看这个状况：中国学术界没有就中国环境艺术设计理论进行过深层次的研究，没有在专业理论上进行深层次梳理；中国没有出版过一本有关中国环境艺术设计史的著作；没有出版过一本中国环境艺术设计系统研究的理论著作，我是指深层次的理论著作，环境艺术存在的时间还很短，写史是不大可能的，但我只是在这里把它作为问题提出来，其实也可以写简史或者作一点史的研究，毕竟我们在这里是一个空白。理论体系研究学术论文也未见发表过，也是指深层次的理论体系；在世界学术研究范围内也未检索到这方面研究成果。中国环境艺术设计教育界没有就专业教育和专业教材达成理论共识，这种共识不是说一定要意见一致，有哪些相同意见，又有哪些不同意见，至少要有大家的见解。中国各类旗下的环境艺术设计专业委员会互相之间没有统一的专业名称思维定位，各有各的叫法，各有各的理解，理论观念至今不清。刚才郑曙旸教授发言就提到了概念不清这个问题。中国高等院校环境艺术设计专业有同一名称，不同解释；同一专业，不同学科范畴；同一学科，不同专业属性等诸多问题。建筑学有建筑学的解释，艺术学有艺术学的解释。在《中国环境艺术设计》年鉴第二集里面有对十几个院校教授的访谈，大家可以看看各位专家的见解。为什么有建筑学的理解，有艺术学的解释？在国务院学位办公布学科分类代码上，环境艺术是个方向，是属于文学学科门类（05），一级学科是艺术学（0504），二级学科是设计艺术学（050404），它和美术学（050403）又密切相关，但是它的教学内容和社会实践却在一级工学学科门类（08）上占有很大成分，尤其是一级学科建筑学（0813）等；这就是为什么环境艺术设计学科里面有很多建筑学专业的老师，有很多建筑学课程的原因。事实上，无论在教学和社会实践都涉及很多建筑学和建筑工程的知识。另外现有的学科设置也适应不了它，在国家标准《学科分类与代码（GB/T 13745—92）》上，环境艺术的一级学科为艺术学（760），二级学科为工艺美术（760.50），环境艺术属于三级学科（760.5030），工艺美术怎么可能包含了环境艺术？环境艺术设计是一个互相交叉的多元学科，各种单独又学科代替不了它。用建筑学代替不了它，用艺术学也代替不了它。

从 1988 ～ 2008 年，环境艺术设计专业贡献概括性的总结是：中国环境艺术设计对中国的室内设计、景观设计、展示设计、环境设施设计等发展起到了主要的推动作用；建筑设计、规划设计等有了环境艺术设计专业的参与更显风采，更趋完善；中国环境艺术设计对中国国民经济发展、城市建设、社会文明程度等都发挥了应有的作用。在第一届中国环境艺术设计国际学术研讨会上我们初步统计过，全国已经有 900 多所院校设置了环境艺术设计专业方向或相关专业。可想它的学科发展速度。2008 年 4 月 18 号，教育部全国环境艺术专业委员会在东华大学召开了全国高等院校环境艺术设计教材编写会议。当时教育部职能管理部门一位负责人发言，就他们的统计，现在全国高等院校中有艺术设计专业的一共 1200 多所。我问她有没有统计过环境艺术设计方向，她说至今还不清楚这个数字。对全国高等院校环境艺术设计专业设置情况全面摸底，搞清楚，对全国高等院校环境艺术设计学科发展研究会有一定的价值和意义。

目前，中国环境艺术设计这个学科存在很多问题和不足：专业理论体系不完善；学科发展与国民经济发展不协调；国家没有相应的注册师制度与之配套等，而建筑师是有注册师制度的。现在各个地方也都有各种注册师和相应的证书考核，但是景观注册师，尤其是环境艺术设计注册师是没有的，这个问题制约了这个专业的发展，这个问题的根源原因是多方面的。与国际接轨不相适应，各个国家都有相应的注册师，中国则没有，与学科发展不平衡，这些问题有社会层面的、有教育层面的、有学术层面的、有法规层面的等。由于这方面的研究滞后大大地影响了中国环境艺术设计专业的发展和学科建设，影响中国经济建设和中国环境可持续向高品质上发展。中国环境艺术设计学科发展被紧紧制约在社会发展的浅层次上。这些问题我不想过多展开，但现在的事实就是这样。环境艺术设计专业的就业情况非常好，但是社会地位是不高的，我指在法规这个层面上，因为很多东西被制约了。

20 世纪 80、90 年代中国社会急剧变革、经济建设发展迅猛，中国环境艺术设计专业定位时，思想上没有作好准备，理论上没有形成体系是根本原因。环境艺术设计专业最初是从室内设计里划分出的。刚才郑曙旸教授也提到了这一点。为什么是从室内设计划分出来，而不是从建筑设计划分出来？这是一个问题。为什么中国环境艺术设计会在中国产生，而且发展得十分迅猛？短短 20 年，中国高等院校"211"工程的一百多所大学中有 64 所都设置了这个专业，全国比较主流的院校有 399 所设置了这个专业，这是我们不完全的统计。但"211"大学我们是全部统计过的。中国环境艺术设计学科发展是非常迅猛的。它的深层次根源是什么？它的学科根源到底是什么？它的哲学理论基础是什么？一系列根源问题需要解决，理论需要弄清，概念需要弄明，很多的问题就可以找到解决的途径。解决这些问题需要大家能阐述自己的观点，有一个平台，有多个平台更好，我们在这儿就是推出这样的一个研究讨论的平台。还需要有一批又一批的精英来肩负历史的责任，来参与中国环境艺术设计学术研究和讨论，我们才能逐步地解决这些问题，这就是为什么我们要举办这个研讨会的基本原因。

中国环境艺术设计学科虽然在中国特定的历史条件下出现的，但是，学科是不可能孤立地发展和建设的。其一，中国环境艺术设计本身就带有很强的学科交叉性。没有其他学科的参与，尤其是工学学科这些相邻近学科参与，单靠环境艺术设计学科、设计艺术学或者艺术学学科甚至文学学科门类自身是很难进行学科建设发展的。更谈不上中国环境艺术设计学科向深度和广度发展。其二，现在的时代是全球化、国际化的时代，一个国家的经济发展没有国际化的背景支撑是很难想象的。学科研究是一个国家发展的前沿建设，是国家未来的前途方向；任何学科发展都可能影响他国，他国的学科发展会影响本国的发展；国际上其他发达国家成功和失败的经验，学科领域研究信息、学术研究成果是可以互相借鉴的和交流的，反过来可以相互促进各自学科发展；另外中国环境艺术设计有外来学者的参与，有世界上的著名大学、著名研究部门、著名专家的参与，对我们中国环境艺术设计自身的学科学术研究与发展会大大提升研究品质、发展速度和研究格局等。这是为什么要举办中国环境艺术设计国际学术研讨会的基本目的。

下面展示给大家的是我提纲性的观点。之一，中国环境艺术设计20年的发展过程是中国环境艺术设计逐步从点性思维向系统思维的哲学思想转变过程。之二，中国环境艺术设计是以环境的整体观进行系统设计方法的发展过程，我们可以一段段来回想：今天提出的概念和以前提出的概念，到再以前提出的概念，是逐步不同的。之三，中国环境艺术设计的学科根源归类是艺术学和工学交叉的新学科；首先这个学科把它定位在艺术学上就是有问题的，我们现在遇到问题都把它归结为艺术学的问题，事实上给解决问题设置了很多的障碍。之四，把中国环境艺术设计纳入到交叉学科门类上。中国环境艺术设计的专业问题与矛盾是社会学科与自然学科交叉而产生新问题、新矛盾，传统观念、传统方法、传统法规与政策等无法解决，而新法规、新政策、新理解也是无法解决这些新问题、新矛盾的。在我国国家学科分类上，总共有12个学科门类，有工科、医学、理学、哲学、文学等，我认为应该在这12个学科之外增加一个新型的"交叉性"学科，即第13个学科门类。把一些新发展起来、本学科门类又不能代表的交叉性学科归类在一起，那么这个新学科第一批参与者就是中国环境艺术设计学科。

这是我的一些粗浅的意见，谢谢诸位！

从"中国银行"看 Art Deco 风格对上海近代建筑的影响

From Bank of China building seeing the influence of Art Deco upon the modern architecture of Shanghai

夏 明

Xia Ming

（东华大学艺术设计学院，上海 200051）

(Art and Design Institute, Donghua University, Shanghai 200051)

摘要：通过对上海外滩中国银行建筑的研究，分析 Art Deco 风格对上海近代建筑所产生的影响，指出 Art Deco 风格在上海的复苏不仅仅是建筑范畴的一个现象，也是极有意义的一个文化现象。

关键词：Art Deco，上海近代建筑，城市特色

Abstract: By means of research of Bank of China building, the author analyses the influence of Art Deco upon the modern architecture of Shanghai, and point out the recovery of Art Deco has a wider significance.

Key words: art deco, modern architecture of shanghai, city characteristic

一、导语

中国银行大楼位于上海外滩中山东一路 23 号，其独特外观在外滩的城市轮廓线中独领风骚。该大楼由陆谦受[①]与公和洋行设计，1936 年竣工。

1912 年，南京临时政府改组清政府的国家银行大清银行后，设立了中国银行。1928 年，南京政府将中国银行总行由北京迁至上海，行址即在现址的原德国总会[②]

[①] 陆谦受（1904～1991） 广东新会人。自幼随父经商赴英，毕业于伦敦建筑学会建筑学校，为英国皇家建筑学会会员。1930 年回国，任上海中国银行建筑课课长。1931 年 1 月加入中国建筑师学会。1945 年与吴景奇、黄作桑、陈占祥等合组五联建筑事务所。1949 年去香港。其负责设计的建筑主要有：1932 年的上海中国银行虹口分行，1933 年的北苏州路中国银行堆栈和苏州中国银行，1934 年的汉口路华商证券交易所和中国银行职员宿舍，以及 1946 年的南京金城银行等。此外，还与英商公和洋行合作设计了上海中国银行大厦。主要著作有：与吴景奇合著的《我们的主张》以及《未来的建筑师》等

[②] 1917 年，中国对德国宣战后，外滩 23 号德国总会大楼作为敌产被没收，归中国银行使用。德国总会大楼是一幢供社团举行娱乐活动的建筑，在许多方面不适宜作为银行使用。因此，中国银行早就有将其拆除重建的打算，但迫于资金压力一直被搁置下来。直到 1934 年，资金充裕的中国银行才斥巨资拆除原德国总会大楼另建新楼。

图1　中国银行外观

大楼内。到了1934年，原德国总会旧楼被拆除另建新楼。新建的中国银行大楼前部作塔楼状，高17层，钢架结构；后部6层或8层，钢筋混凝土结构，另建有地下室保险库。

中国银行大楼外观明显受到当时Art Deco风格的影响，外墙以石材饰面，强调垂直线条和几何形图案装饰，顶部两侧呈台阶状。塔楼部分冠以蓝色四方攒尖屋顶，檐下有斗栱装饰，正面两侧配以镂空花格窗，是外滩惟一的一座具有中国传统装饰的早期现代高层建筑，也是当时上海外滩惟一的一座由中国建筑师设计并经外国建筑师参与工作的高层建筑，其自身价值不言而喻（图1）。

二、Art Deco 简介及中国银行大楼的特质

Art Deco（装饰艺术）一词起源于1925年在巴黎举办的"国际现代装饰与工业艺术博览会"。其艺术风格明显受到了埃及等古代装饰风格的影响，还受到原始艺术特别是来自非洲和南美部落艺术的影响。新艺术运动（Art Nouveau）也是Art Deco的重要源泉。此外，Art Deco还受到当时刚刚兴起的工业设计的影响，喜欢运用独特的色彩、简洁的几何造型，结合了新技术、新材料的使用，极富现代气息。Art Deco广泛运用于建筑、家具、雕刻、服饰珠宝等设计领域，成为当时的一种流行风格。

Art Deco建筑在外观上多运用几何线型及图案，线条明朗，装饰重点多在建筑的门窗线脚、檐口及腰线、顶角线等部位。装饰纹样大量运用了曲线、折线、鲨鱼纹、斑马纹、锯齿形、阶梯形等，多喜欢用放射状的阳光与喷泉形式，象征着新世纪的曙光。

Art Deco建筑重视几何体量的构成、重复线条及曲折线的表现，向上的整体感及动态的线条表现着力量和速度。其造型的基础是建立在机械时代上，反映当时快速发展的科技与机械美学。如果说爵士乐反映着新世纪的音乐精神、反映着工业文

明压力下的心灵状态，那么，Art Deco 建筑则反映着人类文明从农业社会进入工业社会的乐观向上的新精神，体现着理性与浪漫的结合。

Art Deco 建筑在色彩上倾向于运用鲜艳的纯色、对比色及金属色等，形成华美绚丽的视觉效果。浓郁又不失丰富感性的色彩元素是寄托和表达情感的重要手段，多彩的建筑表达着不同的情感，使建筑不再是一如既往的灰色，充满创意和联想。Art Deco 之所以受到人们推崇和喜爱的原因之一，很大程度上是由于它五彩斑斓的色彩塑造。

此外，结合了钢结构与钢筋混凝土等营建新技术的运用，使得 Art Deco 建筑的创新价值得以体现，让象征着资本主义兴盛的摩天大楼成为可能。由此，Art Deco 建筑深受新兴资产阶级的推崇，并在资本主义国家的大城市里得到了广泛实践。

1930 年前后，上海几乎和纽约同步出现了大量的 Art Deco 建筑。从沙逊大厦、国际饭店、中国银行，到福州大楼、上海大厦，再到国泰影院、百乐门、美琪大戏院，以及衡山路附近的一些高级公寓，Art Deco 建筑涉及当时上海多种功能类型的建筑。它们不同于其他的古典建筑风格，所呈现出的是现代建筑的简洁新颖，成为构成上海"万国建筑博览"的重要元素。

在当时的上海，除物质层面的影响外，Art Deco 还传播了一种新的生活方式、一种新的美学思维及价值观。在结合新的建筑类型方面，Art Deco 更多地与新型高层公寓、办公楼结合。而现代的生活设施、明亮宽敞的空间、摩天楼的高度无疑造就了一个梦幻世界。对普通市民来说，原有的观念受到巨大冲击，Art Deco 同"摩登"、"异域"、"高尚生活"等联系起来，成为人们向往的高尚场景。

作为上海近代建筑的主流，Art Deco 建筑构成了上海城市形象的重要组成部分。中国银行大楼的真正价值在于其 Art Deco 风格下的中国传统建筑气质的表达，体现了"国际性"与"地域性"的完美结合。大楼的整体外观讲求比例和体块关系，檐部及入口部分做了些几何图形的装饰，摒弃了繁琐的细部装饰，简洁大方，实用经济，不失为上海近代建筑的典范。其主要立面构成特征表现在：简洁的几何构图、顶部的跌落处理、竖向线条的运用、明快的色彩对比及简洁的装饰等（图 2 ~ 图 4）。

图 2　中国银行主立面

图3　中国银行大楼入口细部　　　　　图4　中国银行大楼外墙细部

三、Art Deco 的现代意义

　　需要指出的是，Art Deco 风格从城市空间蔓延至日常生活，对审美情趣、生活方式影响至深。在上海，作为都市文化重要发育时期的建筑风格，Art Deco 风格必然长期控制及影响到后来的城市形象。城市形象不仅仅是建筑形式的拼贴，更深藏着城市历史、审美趋向及价值观。城市形象不仅是空间的概念，更是文化的概念，体现着文化与形象的关联性。

　　对于今天的上海而言，在全球化的背景下，在高速发展的城市化进程中，Art Deco 作为表达地域特征的特定载体起到了越来越重要的作用。装饰也变得越来越不可或缺，已经不能再用附属品的概念来限定它了。在许多领域，Art Deco 的元素并没有从人们的视线中消失。在建筑领域，虽然不会再有类似沙逊大厦、中国银行这样的作品问世了，但是许多上海的新建筑，如金茂大厦、新世界大厦等就很好地延续了 Art Deco 风格的气质，层层退进的体量关系与现代材料和技术的结合，为 Art Deco 风格的再发展找到了很好的一条道路。虽然 Art Deco 风格只是上海近代建筑流派中的一支，但是它却和上海城市肌理的形成有着重大的关联。上海作为世界上现存 Art Deco 建筑总量第二位的城市（仅次于纽约），目前已经成为世界 Art Deco 建筑的"圣地"之一。所以，Art Deco 建筑的保护和再发展，不仅是建筑范畴内的一个现象，更是上海城市发展中极有意义的一个文化现象。

　　今天，我国城市正经历着旧貌换新颜的转变，"一年一个样，三年大变样"一度成为许多城市的建设目标。然而在城市"现代化"的同时，人们却发现关于自己居住城市的记忆出现了断层，因为过去熟悉的街道和区域已大面积地消失，场所从外在形式到内在精神都被置换。趋同的经济、文化环境和相互之间的模仿、移植使得各个城市变得越来越相似，毫无地域特征可言。

近代建筑根植于本土的自然生态、社会环境和文化土壤，是城市历史记忆真实的物质和空间场所遗存，天然地成为延续城市记忆、保持城市个性特征的有效依托，成为城市核心竞争力和可持续发展的重要方面。因此，近代建筑的保护并非是单向度的只是为自身寻找生存空间，它与现代城市更健康、更和谐的人居环境的目标之间有着良性的互动。近代建筑不是城市发展的负担，而是独一无二的、不可再生的宝贵资源。

上海的 Art Deco 建筑绝大多数采用钢筋水泥结构，建筑基础良好。这些优秀的近代建筑不但有奇巧华丽的外观、合理的功能分区，更有坚固的内部结构。保护这些优秀建筑遗产并加以利用，不但不会妨碍我们新城市的建设，相反它会丰富我们城市文化的氛围，而且能维护建设领域的生态效益，是一项非常有意义的研究课题。对于近代优秀建筑的保护，不能局限于单体本身的保护，还应重视周围环境。如今许多近代建筑外观上空调风机琳琅满目，各种电线穿越其间，装饰广告随意安放，周围建筑、道路拥挤不堪，这些虽未破坏建筑主体，但已使原有优秀近代建筑面目全非，环境意义大为逊色。

"当全世界千城一面的时候，惟有文化保存能给一个城市特色与个性。文化保存逐渐会变成——或者早已经是——一个城市最大的资产"（龙应台语）。而采取怎样的策略，以协调和引导各方利益、规范法制、建立科学有效的政策执行过程，使得优秀近代建筑能在新的城市文脉环境中焕发独特光彩，并使它们与新的城市元素编织、交叠成多元复合的新的城市文脉，是我们应该紧迫地思考和实践的。

参考文献

1. 沈福煦等.透视上海近代建筑 [M].上海古籍出版社，2004.

2. 郑时龄.上海近代建筑风格 [M].上海教育出版社，1999.

3. 罗小未.上海建筑指南 [M].上海人民美术出版社，1996.

4. 杨秉德等.中国近代建筑史话 [M].北京：机械工业出版社，2004.

5. 伍江.上海百年建筑史（1840～1949）[M].上海：同济大学出版社，1997.

6. 常青.大都会从这里开始——上海南京路外滩段研究 [M].上海：同济大学出版社，2005.

7. 李欧梵.上海摩登——一种都市文化在中国 1930～1945[M].北京大学出版社，2001.

8. 王绍周.上海近代城市建筑 [M].南京：江苏科学技术出版社，1989.

慕尼黑工业大学景观建筑
——景观规划学院 50 周年庆
The Fifty-year Anniversary Celebration of Landscape Architecture and Design Department of Technical University of Munich

张 蕊

Zhang Rui

（慕尼黑工业大学景观建筑—景观规划学院，慕尼黑 85354）

（School of Landscape Architecture and Design Department of Technical University of Munich, Munich 85354）

摘要：本文介绍了慕尼黑工业大学景观建筑—景观规划学院 50 周年庆典。通过生动有趣的 Workshop，以及各国教授不同方向的学术报告，使读者在这篇文章中读取的不再是抽象、冗长的概念，而是从另一个角度浅尝景观建筑—景观规划。

关键词：多义景观，景观设计

Abstract: This Fifty-year Anniversary Celebration of Landscape Architecture and Design Department of Technical University of Munich is composed of the active workshops and academic presentations by professors from different countries. By which, instead of boring and barren concept, readers will be able to understand landscape architecture and design intimately.

Key words: ambiguous landscapes, landscape architecture

一、导语

我既不是一个某方向的专家，也不是学识渊博的学者。在国内读完了环境艺术设计的我，还没有一个明确的未来方向。由于被包豪斯（Bauhaus）、魏玛 (Weimar)、沃尔特•格罗皮乌斯 (Walter Gropius) 这几个具有魔力的单词所吸引，我来到了德国。随着德语能力的提高和对德国文化的熟悉，我模糊的未来职业方向逐渐清晰化，于是选择了攻读景观建筑—景观规划这一学科。

国内的环境艺术设计、园林设计等学科并不能和国际上 Landscape Architecture（景观设计）相接轨。在俞孔坚、王向荣等留学归国教授带领下，景观设计这一概念被人们认知、熟悉。国际上每个学校在景观设计这一学科，都有自己的研究方向和课题，所以辗转反思之后，我决定写一写去年参加慕尼黑工业大学景观建筑—景观规划学院 50 周年庆后的体会。

二、50周年庆典的背景和动机

以"多义景观"这个概念为主题，2007年10月7日慕尼黑工业大学景观建筑—景观规划学院迎来了它的第50个生日。不同国家的教授和学者被邀请出席参加，并发表了学术报告。系里从事不同研究方向的教授总结了学科成果和教学经验。

这次庆典不只是学院对于过去50年在景观建筑—景观规划教学和研究的展示和总结，更是对未来学科建设和发展的一个展望。

活动主要包括三个部分：

第一部分，定义为Summer School，景观建筑方向的学生主要在不同国家的教授带领下，分组进行Workshop，景观规划方向的学生对于多义自然和景观概念进行了讨论。

第二部分，被邀请的从事不同研究方向的教授作学术报告。

第三部分，本学院教授的工作介绍和学术总结。

这里我主要介绍的是Workshop：弗赖辛 (Freising) 城市未来校区的景观空间发展和改造规划。

三、Workshop 校区的改造

弗赖辛 (Freising) 这座城市源于1021年的天主教修道院，是当时拜恩州的一个重要的宗教中心。今天它发展成为教育研究中心，也兼顾着慕尼黑机场这一职责。我们所改造的范围，包括位于威恩斯 (Weihenstephaner Berg) 山顶的由古老修道院所改建的专科学校和与它连成一片的山下慕尼黑工业大学弗赖辛分校区。威恩斯山顶上有一些建筑不再适合于当前发展需要，需要改建或移除。南面则是一个具有良好植被的山林和生态区。山顶上除了有作为专业学校教室的古老修道院，还坐落着一个酿造出世界上第一瓶啤酒的啤酒厂（图1）。

本次规划的主要目的是形成一个明确的、大范围的校区，加强校区与周边地区的信息交流。此外，具有历史价值的威恩斯山上的修道院将成为未来的旅游景点。借助此次Workshop，还希望能使城市和校区能更好地融合（图2）。

7天的Workshop，由来自于不同国家、不同学校、不同知识背景的42名学生组成，共分成7组团。在美国、法国、德国、瑞典不同国家的教授带领下，通过对

图1　威恩斯山

图2　鸟瞰弗赖辛

图3　Workshop 活动现场

威恩斯山的形成过程、历史背景、地质与植被的了解和山上酿酒厂与修道院历史及现状的参观，以及山下大学校区的考察之后，开始着手规划我们学院所在的城市弗赖辛校区未来景观空间（图3）。

第一组由瑞典教授带领。这组的规划保持了原有的修道院风貌，拆除近十几年新建的一些建筑，全面考虑了对啤酒厂新的利用。在未来，威恩斯山不仅将作为学习的场所，更是生活和闲暇时的好去处。建筑被明确划分了生活、工作、学习和文化历史四个功能分区；在北坡的山顶上开发观光区域，给游人提供宽敞舒适的场所，可以一览无余地观赏弗赖辛市全景；北坡将分区域种植用于科研用途的果树、小麦、忽布花等植物品种（图4）。

第二组以不同尺度来分析规划。从大的区域范围，由威恩斯山到慕尼黑，甚至考虑到阿尔卑斯山区域；从城市的尺度，威恩斯山不仅要适合于福来新这座具有浓郁宗教历史色彩的城市，还要考虑它是发展中的学术研究中心、大学校区和学术研究中心。此组规划主要针对北面斜坡结构，通过对坡地表面拉伸或缩窄的改造，划分出不同的功能区域。在这些区域建造相应的建筑物，为运动、再创造或科学农业试验提供良好的环境。将人行坡道与这些建筑物的屋顶连成一体，不仅很好地改善

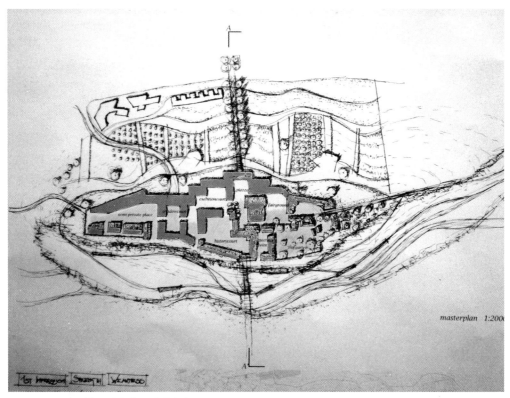

图 4　Workshop 第一小组校区改造方案

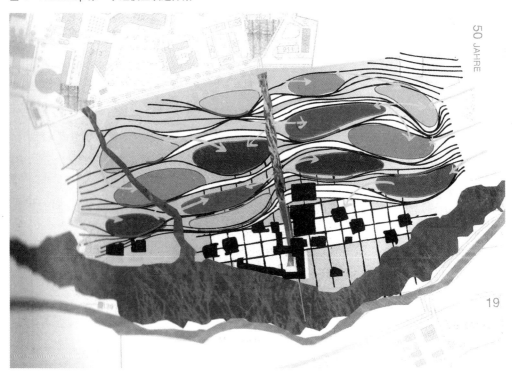

图 5　Workshop 第二小组校区改造方案

了从山脚到山顶交通问题，同时也使山上的专业学校和山下的大学形成了一个统一的、明确的校区（图 5）。夜晚，北坡那些不同功能用途的建筑物，在其屋檐灯光的

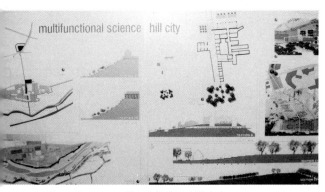

图 6　Workshop 第三小组校区改造方案

图 7　Workshop 第四小组校区改造方案

照射下，使原本寂静的山间增添了几道优美而闪亮的弧线。

第三规划组首先从威恩斯山的地形出发，分析最相邻两块区域、两个邻近校区和"不可触及"的巴伐利亚阿尔卑斯山之间的联系。在著名的彼得·拉茨教授带领下，在山的西面，由一条定义为"学习"的轴连接了山上和山下两个校区。东面的"文化"轴则连接着城市和校区。两条轴为两条主要的道路。在西面道路两侧的开放场地上种植本地物种的植被，以形成不同层次的景观。东面的道路从山脚一直通向山上的酿酒厂和修道院，在道路两侧人们可以欣赏到用于科学用途的农作物，还有不同种类的本土和非本土的植被。在修道院和酿酒厂的历史保护和规划方面，第三组别出心裁。他们开发了一条已有的地下建筑通道，连接修道院和酿酒厂的所有建筑物。为了让这条地下通道能延续当地的历史和文化，在地下通道里将建有博物馆，向游人展示这里古老而有特色的酿酒文化和具有历史纪念价值的修道院以及僧侣们生活的图片。同时，地下通道还将建有新型的购物中心，也提供给人们宽敞的购物停车场。在人们购物之后，还可以到台地领略南坡的自然风光。这组规划，加强了当地城市和校区之间联系，同时也给弗赖辛这座机场城市增添了旅游景点，以吸引国际游客（图6）。

第四组为了更深入地"读取"威恩斯山的地貌特征，规划者制作了一个由23片剖面木纸板组成的模型，使规划者抛开不必要的建筑、植被等外在因素的干扰，更好地观察分析山体的地貌（图7）。通过全面、仔细地分析现有人行道和主车辆路线，明确主路和其他周边地区关系后，这组合理地增添一些新的入口，并对已存在的小路进行改造，以加强学生、市民和旅游者之间的联系。改造的重点是北坡的主要道路、台地和挖掘的一个"洞穴"。此外，移去山顶高处那些遮挡着建筑物的植被，以唤起市民对新校区的关注，同时，也使视觉不论在山上还是山下都畅通无阻。水塔被考虑作为瞭望的最高点。新入口的设置可以使游人直接从隧道进入到已有的洞穴。一部升降机承载游人直接到达修道院的大厅，大厅可以作为诸如餐饮、聚会和集会的场所使用。不重要的坡面将建造新的台地来作为停车场。宽阔的台地可以用于不同功能，比如星期日的集市、停车场等。

第五组由赢得里姆公园规划一等奖的法国教授指导，从弗赖辛整个城市大范围入手，对整个城市的地理、结构、建筑物、自由空间及植被逐一分析比较。沿着从威恩斯山到山脚的大学校区，一直延伸到很远处的各个课系的研究试验园地，在这片区域规划者想寻找一条合适的纽带，将不明确的校园区、试验田地和城市统一起来。

此组规划将山上的专科学校迁移到山下，明确了威恩斯山只保留山顶啤酒厂和具有文化价值的修道院，并将它们开发成为旅游景点。山下环形以内的区域是校园区、教学区和研究区。靠近大学区大面积"绿弧带"两侧排列的树木，在空间上界定了这个区域。"绿弧带"为学生生活、休闲和娱乐提供了良好的场所，人们可以随意在附近的小树林下休息、闲聊，还可以沿着这个绿色区域散步、慢跑、骑车。学生宿舍和体育馆被规划在这个"绿弧带"中，合理地建造在学院和各个研究所附近，缩短了人们上下班、上下学时间。这条新规划的"绿弧带"，从市中心起贯穿了整个校园，完美地整合了校园区的范围，同时也改善小范围大学的生态环境，为大学增添一道美丽的绿弧风景线。此组对威恩斯山也进行了部分改造，改造后的威恩斯山增加了北坡台地的面积。在台地上人们可以晒太阳，欣赏远处的风景。高处台地的下部空间会建造旅馆，低处台地的下部空间可以作为停车场等多功能场所。同时，此组也将山顶高处的一些影响视线、遮挡建筑物的植被移除，使游人站在山顶也能对整个城市一览无余（图8）。

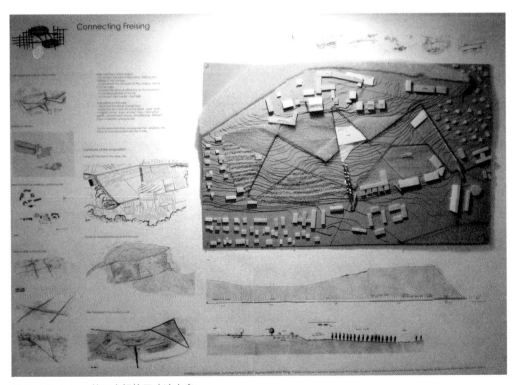

图8　Workshop 第五小组校区改造方案

图9 Workshop 第六小组校区改造方案

第六规划组在威恩斯山北面新建一个弗赖辛城市的中心公园。为使校园和市区更好地融合，将在北坡新建一些功能性建筑，如：运动设施、旅馆、会议厅、商店、信息中心、运动场和不同类型的花园。在增强对威恩斯山利用的同时，也改变了校园空间布局。为市民建造了不同类型花园，也能更好地促进校园和市区之间的沟通（图9）。

最后一组，分析了威恩斯山顶从原来可数的几个修道院建筑，发展到今天遍布山顶的建筑群，规划了将深入到原有建筑的下部，即山体内部的人们未来的使用和发展的空间。原有的修道院建筑，被用作教室、宿舍、住房、酒吧、餐厅和校园等。在一些建筑下部开发新的空间，作为实验室、多媒体室、停车场等功能用途。或在建筑与建筑之间下部的山体内部开发一些诸如出入通道、博物馆、酒吧、体育馆、游泳馆及攀岩练习室用的空间。修道院建筑围合成的院落，被改造成不同高度的空间，形成不同层次的外部公共空间、相通的走道、不同走向的平台，为人们的学习和生活提供了不同功能的外部空间和便利的通道。

Workshop 进行的同时，景观规划教授引导十几名这个方向的学生从生态学角度，对不同意思的自然和景观概念的进行讨论并发表了各自观点。

四、国际学术报告

50周年庆每天都会由不同大学的教授进行学术报告，从景观建筑—景观规划不同角度切入。如：

——多义景观

——人口密集区的景观

——自然保护的财富

——设计的形式和趋势

——自然的改变

使学生了解了不同大学对景观的研究方向和不同教授的设计风格和理念。

五、本系教授的工作介绍和学术总结

周年庆的最后一天，由本院的六位教授从六个不同方向进行了工作总结，并且通过近几年的项目介绍，清晰地向大家展示了教学研究的课题和成果，例如：后工业景观规划和改造、开放空间的景观规划、区域自由发展空间的景观、生态学、植物生态学、景观发展的策略和管理。

六、浅谈 50 周年庆典和学习景观设计感触的体会

慕尼黑工业大学景观建筑—景观规划学院 50 周年庆典，不仅对外展示了学院多年研究成果，加强了学校间的合作，还为学术交流提供良好的环境。特别是以 Workshop 这种活动形式，调动起学生的学习积极性和团队精神。在教授们不同风格、不同理念指导下，我们开阔了视野、了解了世界，更加热爱自己的专业。

在我们学院，学生不会像国内有很多的笔试，而是更加注重对知识的运用和实践，通过实际项目对所学知识进行巩固。但在慕尼黑工业大学景观建筑—景观规划学院的学习并不是一件轻松之事，那些自然科目学起来真的了无生趣。使我感触最深的是那些永远学不完的、生涩的专业单词，而且最主要的是对自然科学知识的缺乏。国内环境艺术设计学习，使我不太可能接触大量的化学、物理学、土壤学、生态学、植物学和植物生态学等知识。除了这些问题，夹着的英文、法文或拉丁文单词也使我头痛。

渐渐地我发觉这些自然知识真的有用。从土壤颜色和状态，我们能辨别土壤中有机物成分和类型，可以大概估计它的生成年代和过程；从周围的植被我们又可以大致估计出土壤的类型。这些正是认识景观最重要的工具。现在看来，这些学科之间真的彼此联系，学习它们不再是为眼前考试而学习，而是为以后的职业生涯作准备。

在德国学习，不只是精神上的磨炼，更是体格上的考验。教授和助教带领的考察课程，有时一半的夏天时间都在户外度过。不管是艳阳天还是雨天，教授们都身先士卒。植物生态学教授带领学生到森林、农田、高沼等不同环境讲解植被名称、特点。土壤学教授拿着铁锹、水桶、化学试剂等在不同地点挖取土壤，亲自跳到一米多深的土坑，刨取不同深度土壤并解释它们的成分。使我们亲身感受自然的性格和不同环境的景观。

当然，建筑、城市规划、工程制图、园林史等这些课程也是我们必修课程，主要是通过实际的项目来学习和融会贯通这些知识。

参考文献

AMBIGUOUS LANDSCAPES–VIELDEUTIGE LANDSCHAFTEN. BODE DRUCK GmbH，2008.

环境艺术设计运作初探

Research on Environment Art Design Operation

熊若蘅

Xiong Ruoheng

（同济大学建筑与城市规划学院，上海 200092）

(School of Architecture and Urban Planning, Tongji University, Shanghai 200092)

摘要：环境艺术设计随着社会的发展正被赋予新的意义，如何建立环境艺术设计自身的语境是一个需要解决的关键问题。本文提出了环境艺术设计运作的概念，以期借此对环境艺术设计及环境艺术设计学科的发展提供若干新思路。

关键词：环境艺术设计，语境，环境艺术设计运作

Abstract: Environment art design is being given a new meaning with the social development. How to create the context of environment art design is the key issue need to solve. In this paper, the concept of environment art design operation is be raised, with a view to the development of environment art design of a number of new ideas.

Key words: environment art design, context, environment art design operation

一、导语

环境艺术设计是中国独有的学科（鲍诗度，2008），这也就意味着，随着中国社会的发展，这门学科必然发生变化。事实上，环境艺术设计的 20 年发展史，正是社会变革的缩影。城市化为环境艺术设计开辟了更为广阔的天地，而近年来，世界范围的环境意识高涨、对地域性问题的关注以及国内城市设计的兴起，也都为这门尚属年轻的学科注入了源源生机和活力，以及新的发展契机。但随之而来的问题是，虽然环境艺术的边缘性与学科交叉性已被理论界普遍承认，但如何建立环境艺术设计自身的语境仍然是一个需要解决的问题，理论研究的水平也亟待提高。

从环境艺术设计实践目前的发展现状来看，大部分还是更多地偏重于"工程型"。重设计成果而轻设计前期的调研工作和设计后期的评价工作，使环境艺术设计长期徘徊于低水平，难以有实质性的提高。

在本文中，具体的调研和评价方法并不是要讨论的重点问题。本文的目的只是在于，通过提出环境艺术设计运作这个概念和对现有的环境艺术设计所被人忽视的问题进行强调，希望能对推动环境艺术的发展起到一些抛砖引玉的作用。

二、谋求多学科研究整合

城市作为一个复杂的开放性的时空系统，其发展几乎涉及人类社会的一切领域，因而城市是多学科的研究目标。过去，分门别类的单项和专业研究，产生了支离破碎的现象和混乱的局面。在理论研究上，各学科之间缺乏联系，更是造成了重复研究和研究的相互矛盾。在规划实践中，各种专业的条块分割使城市整体的空间发展处于一种无序的和矛盾的状态。因此，我们必须谋求多学科研究整合（integration of interdisciplinary studies），其中，交叉学科研究是其重要的形式之一。各种不同背景的学科与城市研究相结合已经形成了许多新兴的边缘学科，如城市地理学、城市生态学、城市社会学、城市经济学，以及新技术、信息化、数字化方法的运用等。

从另一个角度，可以这样阐述：城市空间的发展赋予了现代城市设计更多的意义和内容。其中，设计的整体性始终是应关注的焦点及应遵循的原则之一。这不仅表现在设计对象的范畴方面，也由设计过程的整体性决定。现代城市设计的对象是与社会、经济、审美或者技术等目标关联的城市空间形体与环境。因此，在城市发展与规划的不同阶段，都应针对不同的目标以及不同的问题和发展阶段，开展不同深度而有所侧重的、层次分明而兼顾全局的城市设计。城市设计的对象应该是全过程的，而不是仅存于城市规划与建筑设计的过渡阶段，更不是自己形成的一个独立的阶段。

设计过程的整体性则在于城市设计成果的阶段性，这种阶段性决定了必然存在着设计的延续与发展，这可以理解成整体性的另一层意义。

另外，从设计方法来看，现代城市设计已经摆脱了传统的"形体规划"为主的设计方法，而转向多层次、多维度的控制与设计方法。并从传统的注重艺术、功能和成果产品的传统设计方法，转向注重社会、行为、过程和控制的现代综合方法。这种设计方法的转向，也决定了城市设计理论体系的开放性与包容性。

具体到环境艺术设计上，如何谋求多学科研究整合？近年来，因为与城市研究的结合，环境艺术设计这门中国独有的学科，才得以彻底摆脱诞生之初"室内设计"的桎梏，而获得了新的、巨大的发展空间。我们谋求环境艺术设计与城市研究的结合，正是希望在对学科整合之中，理清环境艺术设计的自身定位。

三、环境艺术设计运作的提出

从以上的论述中，可以看出，环境艺术设计若想取得更大的发展，必然要更深层次地与城市设计进行整合，而不仅仅是套用城市设计现有的一些理论。环境艺术设计运作这一概念正是在这一过程中催生而出的。

"运作(Operation)"是人类进入后工业社会以来从"生产(Production)"概念发展出的新词汇。城市设计运作早在20世纪60年代，便在美国大规模地展开。美国城市设计正是因其实施运作和管理的成就而在世界上独树一帜（王建国，2006）。其主要依赖于城市设计导则的制订与审议、公共参与机制的完善以及对私人开发加以引导等一系列手段进行运作。

近年来，城市设计运作的概念逐渐引入国内，随着我国城市化进程的加速和经济体制改革的不断深入，处于社会转型期的城市建设中，出现了追求自身利益最大化的多方利益主体，现行的城市规划管理还普遍缺乏协调利益多元化机制。在规划设计与管理层面引入城市设计（控制）导则作为城市建设调控的手段，以平衡社会多方利益主体关系，达到公共资源的合理配置以及市民利益配给的公平、公正，实现城市建设从追求外显的速度与规模向追求内在的环境品质、文化内涵和社会和谐的转化。新的社会环境下，适应社会利益主体多元化的社会发展格局是城市设计导则实施、控制引导城市规划、建设活动的理念、方法和效果的核心。

另外，从城市设计实践过程的角度来看，城市设计运作可以理解为联系设计阶段与施工阶段的中间环节。城市设计不仅是一项设计活动，更是渗透了城市形态塑造、建设过程干预、城市管理经营等多种观念在内的"引导控制开发过程"。城市设计实践融合了形体环境设计、建设管理运作、生产营造施工三个相对独立而又前后衔接的阶段，是一项综合的活动。

因此，环境艺术设计运作在某种意义上，也可以看作是城市设计运作这项综合活动的一个过程及一个有机组成部分，可以沿用前述城市设计运作的手段。但作为一个相对独立的部分，它无疑有着自身的规律和特点，运作手段的实施方法也与城市设计运作不尽相同。

在导则的制订方面。环境艺术设计运作导则的重点应放在具体设计方法的规定及指引上，当然控制性与详细规划在这里也同样适用。但需要注意的是，导则的制订还需参考政府的积极作为。导则制订与实施必须以政府为主导，这也对政府的管理能力提出了很大的挑战。

在这一点上，日本的经验很值得我们借鉴。以标识系统设计的导则制订为例，日本的大城市，特别是东京等几个大都市圈，公交系统、地铁和城际列车的高度发达使公共标识系统具有极其重要的作用。日本由国土交通省主持制订出台公共交通旅客设施的标识系统指导手册以及相关各项法令，其所属的交通生态学及舒适性研究财团（交通エコロジー．モビリティー財団）更是从成立之日起便针对交通环境的改善、无障碍事业的推进和公交系统等公共事业开展了长期、深入的调研工作，并定期出版阶段性研究成果及相关导则。在这种运作之下，总体设计(total design)及通用设计（universal design）被大力提倡和运用，在工程建设之初就与土木、建筑设计结合起来同步进行，在实现最基本功能的基础上将无障碍设计、色彩设计、标识系统设计等要素融合成一个整体，且形成了一套行之有效的设计流程及方法。无论是从前期调研的深度来看，还是对市民参与整个设计过程的重视程度来看，都可以充分说明，日本的标识系统设计已经脱离了狭义的纯粹形式及功能的满足，进入到一个新的高度。可以看出，重前期调研、对人性化的关照以及对无障碍度的高度重视，是日本公共标识系统设计导则制订的基本原则与指导思想（图1～图4）。

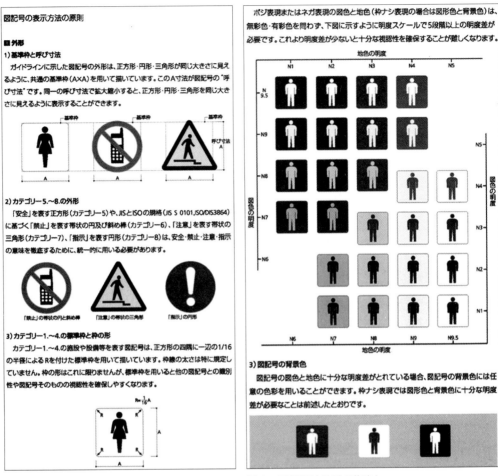

图1　国标设计导则（节选）

图2　国标设计导则（节选）

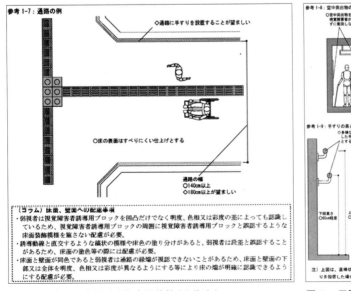

图3　无障碍设计导则（旅客设施篇）（节选）

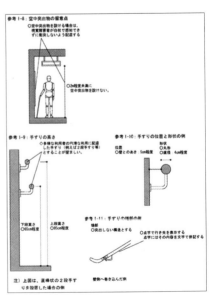

图4　无障碍设计导则（旅客设施篇）（节选）

相比之下，我国目前还没有十分成熟的以政府为主导制订的环境艺术设计导则，因此，政府必须加大投入，借鉴国际先进经验，运用更合理、有效的管理模式来促使环境艺术设计更有效地展开。当然，除了政府外，大型企业和一些社会团体也在其中扮演着重要角色。包括公众参与及对私人开发加以引导这些工作，都可以在不同层面上予以开展。

四、结语

在本文中，并未就环境艺术设计运作给出一个确切的定义，因为在一个概念的理论基础并未稳固的时候，提出任何定义，都是危险的。环境艺术设计运作这一概念，基本建立在城市设计运作的理论框架上，但突出了其不同于城市设计的、自身的特点，它终究属于艺术设计的范畴。同时，由于环境艺术设计自身范畴的可变性，如何针对具体设计内容提出运作方式，是一个值得思考的问题，也是构建环境艺术设计运作理论框架的难点所在。

总之，环境艺术设计运作是环境艺术设计与城市设计整合的产物，在城市发展的实践中，必然能够发挥出自身独特的作用，在可预见的将来，环境艺术设计运作应有广阔的前景。

参考文献

1. 鲍诗度.中国环境艺术设计 2.北京：中国建筑工业出版社，2008.
2. 高源.美国现代城市设计运作研究.南京：东南大学出版社，2006.
3. 段进.城市空间发展论.南京：江苏科学技术出版社，2006.
4. 陈天，郑国栋.市民利益平衡下的城市设计导则的运作机制.城市发展研究，2007，（2）：97.

景观设计中场所的隐喻性
Research of Metaphor in Landscape Design

黄 更
Huang Geng
（东华大学艺术设计学院，上海 200051）
(Art and Design Institute, Donghua University, Shanghai 200051)

摘要：隐喻作为一种极其普遍和重要的思想情感表达方式，在文学艺术中起到很大的作用。同样，在景观设计中也具有很大的优势。景观的隐喻是通过场所特征传递给人的。场所是人和环境情感交流的空间；是环境对人的生理和心理交互作用的场所。场所的隐喻也是人通过认识、解读环境本身，显示出的精神和心理、情感态度等认知关系。

文章着眼场所的隐喻这个角度上，通过剖析场所的隐喻特征和人的生理、心理需要，来发现与启示新的时代背景下环境景观设计所具有的丰富情感特性和人文特征。

关键词：场所，隐喻，景观，情感，人本主义

Abstract: Metaphor is widely used in literature as an effective way of expressing one's emotions. Similarly, it can highlight landscape design if used skillfully. The metaphor is conveyed to the inhabitant through the location, the bridge between the inhabitant and the environment.

My dissertation therefore focuses on the role of metaphor in landscape design. Analyzing the relationship between metaphor and psychology, one will find substantial elements of emotion and art that will enrich the traditional way of designing landscape and interpreting art.

Key words: location，metaphor，landscape，emotion, humanity

在环境景观设计中，对环境场所具有的精神功能与人文特质作细致地分析与探讨已受到更多的关注。有文章把景观比作对阅读的"文本"，体现出景观环境被作为丰富情感的文章去解读。注重环境的宜人性和情感、人文特征是现代景观设计的新特点，景观的场所空间能够反映作为人生存和向往的人文关怀。

隐喻，就是用源语言的一个概念去表达目标语中的一个概念，作为一种极其普遍和重要的思想情感表达方式，在文学艺术中起到很大的作用，同样在景观设计中也具有很大的优势。景观的隐喻是通过场所媒介传递给人的，场所是人和环境情感交流的空间。在这个特殊的空间中，人通过同环境的交流，显示出精神空间的人文特质。实际上，隐喻是人类文化的一部分，也是人类思维的重要的表现形式。在需要更多人文关怀的今天，隐喻在设计中的应用也显得重要和多样。很多设计师通过

对自身与环境的理解，把这种情感通过形态、材质、色彩、肌理等表达在特定的场所，赋予了景观更加丰富的内涵与形态。信息时代的科技发展给予了设计者更多地发挥场所隐喻的空间。

1. 场所具有隐喻的特征

1.1　场所的概念

在二维世界中，我们关注的是如何协调好平面中各要素的相互关系。为进一步深化设计的概念，要集中注意力向空间进行转化，每一个容积或空间要素要从尺度、形状、材料、色彩、质地和其他特征性上考虑，以便更好地调节和表达自身用途。当三维的空间形成了，属于设计领域的场所概念也就产生了。因此，场所是将人群吸引到一起进行静态或动态的城市空间形式。场所可以成为物体最佳的背景或成为特定用途的环境；场所可以支配物体，使事物融入它独特的空间特性中，也可以为事物所主宰，由物体获得某些自身的本质；场所可以设计用来激发既定的情感反应或产生一系列预期的反应。这是场所的特性。

在景观设计领域里，场所的概念在不断地得到扩展。场所是人同自身、人与人、人与环境相互关系所产生的新的关系设计。这些关系将成为景观设计者在创造活动中最重要的内容。

随着时代的发展，人和环境景观之间的场所特性也在随时代发展而发生着变化，高情感和高科技的今天，景观的场所设计也表现为以下几个特征：

（1）人与场所更表现为一种互动。随着人们的需求不断地提高，各种各样的信息进入人们的生活，作为人们身边的环境也正在以全新的方式改变着人们的生活方式。

（2）实现人和场所交流的手段多样性。人们可以通过视、听、嗅、触来使用各种感知能力达到情感交流的目的。

（3）更加注重情感的特性。在现代社会中，人和环境之间的关系从环境场所性角度中发生着根本的变化，人和环境之间的情感交流更重要的要从感性的角度来揭示。人们对环境的接受不仅要舒适自然，更要有趣、有个性，代表着时代的特征。

（4）体现时代的特征与回归。

注重场所的这些特征，在设计的再现表达时具有更重要的意义。环境景观的场所起着传递环境景观和人之间桥梁的作用，要取得人的感情共鸣，那么场所就应该具备丰富的感性内涵。现代人们需要的是情感的环境，而隐喻作为感性情感的一个重要特征，是情感环境的一个重要表现手法，在场所中具有很重要作用。

1.2　隐喻的概念

隐喻一词是属于语言学范畴的，隐喻最早是语言学的一种修辞手法。它来源于希腊语metaphora。从词的语言修辞上看，"隐喻"在希腊文中的意思是"意义的转换"，即赋予一个词它本来并不具有的意义；或者，用一个词表达它不能表达的意义。在语言学中，隐喻首先被看成是对语义、语法、逻辑正常规律的违反，目的在于产生新的意义。在设计领域，景观设计中场所的隐喻并非像语言范畴内讲的修辞意义，而应当纳入景观场所系统的分析中。景观设计有着自己的设计语言，景观的隐喻是建立在对场所的认识基础之上的，隐喻在景观中的意义必须依附于场所的概念。

1.3 环境景观的场所应具有隐喻的特征

作为环境景观与人感知反应之间的关系的场所，其提供的信息是多和复杂的，但可以分为功能性和隐喻性的两大类别（图1）。

功能性的一般常见于整个场所的各种标志或与整个景观使用功能联系起来的某些部件，这些单元具体而形象，没有什么意象可言，因为它就是要一下子把信息全部告诉给人们，毫无保留。有些带有指示性的也借助文字或抽象图形与其一道作用，使意义更加明确，更容易让人理解。如整个环境中导向系统和休息的座椅，简洁并容易让人接受。

图1　雕塑作品《色彩景观》

同时，环境场所在供人们使用时，给人们的启示不仅局限在对含义或参与方式的引导，它同时用隐喻的方式向参与其中的人暗示着设计师对美的诉求。这尊名为《色彩景观》的雕塑中，建筑和艺术合力创造了一个子宫状的场所，椭圆形的开口连接了近百个鲜艳的小室，在日光下形成一个色彩和空间的迷宫，更启发着人们对生命和美好的思考，这种有丰富隐喻的空间场所必会受到人们的喜爱。景观场所的暗示由环境的构成和参与的方式说明环境景观本身以外的东西，它所反映的通常是文化内涵、意象、心理感受、价值取向等较为高层次的信息，也就是所说的隐喻。在设计过程中隐喻作为一种设计手法，景观的灵魂由景观本身存留下来。设计师对世界的认识、人类思维的特性、价值取向以及行为方式，都会通过隐喻呈现在设计作品中。

美好的生活是因为由人们身边美好的事物的集成让人们获得体验，让人们愉快地接受和欣赏到设计师的思想，参与到景观中来本身就是一种美的享受，这些场所有着丰富的隐喻特征将会成为人们美好生活的一部分。当然这些都需要设计师对场所认知作出充分和适当的表达。

2. 人对景观场所的基本心理需要

2.1 人的心理需要

隐喻的作用是引起人们的一种心理活动，如果单纯谈场所是没有意义的，必然流于空洞，对场所的研究必须做到以人为本。设计的目的在于满足人的自身生理和心理需要，需要成为人类设计的原动力。人有感觉和情感，人的精神世界是十分丰富的，人的心理和精神需要是变化和永无止境的。人的各种需要不断地产生，同时

图 2　Showe Memorial 公园中的环境景观

图 3　Showe Memorial 公园中的环境景观

也应当不断得到满足，新的生理和心理需要也不断地出现。

心理学家马斯洛在 20 世纪 40 年代就提出人的"需要层次"说，这一学说对行为学以及心理学等方面的研究具有很大的影响。他认为人有生理、安全、交往、尊重以及自我实现等需求，这种需求是有层次的。最下面的需求是最基本的，而最上面的需求是最有个性和最高级的。不同情况下，人的需求不同，这种需求是会发展变化的。当低层次没有得到满足的时候，不得不放弃对高一层次的需要。虽然人因本身所具有的复杂性而常常同时出现各种需求，但也并不是绝对按照层次的先后去满足需求的。但这种学说对我们认识人的心理需要仍然具有一定的普遍性。

环境景观的参与者在不同阶段对环境场所有着不同的接受状态和需要。对景观来说，首先起码是人在场所的物质功能上得到需求和满足，然后从整个场所的精神层面上得到审美、心理上的人文关怀。景观是研究人与自身、人与人和人与自然之间关系的艺术，因此，满足人的需要是设计的原动力。

在 Showe Memorial 公园中（图 2、图 3），大部分的区域是为儿童设计的，可见地面上是一个复杂的迷宫图案，孩子们可以发挥自己的想象力自由的玩耍，这是个为儿童精心设计的原始空间，有些地方像一个洞穴，孩子们可以在这里捉迷藏或玩耍，我们可以看到这个场所是符合儿童的心理特征的空间。

2.2　人和环境场所之间是一个满足与平衡的过程

满足人的心理平衡是人类最基本的精神需求。随时代的不断进步，不仅物质技术得到了很大的发展，社会文化、人的精神世界等上层建筑的发展也是与其同步的。在现代社会，技术越进步，这种平衡的愿望越强烈。人是需要高情感的，我们的社会高新技术越多，我们就越希望创造高情感的环境，创造更多的人文关怀，这种满足和平衡作为引导人类生活环境的设计来说，更是责无旁贷了。

如何在设计作品中体现人文感，随时代发展，设计师也用不同的方式诠释着。事实上，当科技刚给人带来巨大生产力的时候，人们对科技无比的崇尚，高技派以夸张的隐喻来表现高科技的魅力。但随生产力的进步，人们更喜欢一种创造诗意的场所。未来的社会环境景观的发展必然是高科技和高情感并重，高情感的体现也同

图 4　设计大师 David Stevens 设计的金字塔形雕塑

时体现了设计师对参与者生理、心理需求的全方位关怀。设计大师 David Stevens 设计的金字塔形雕塑，将不锈钢、水和郁金香有机地结合在一起。水流过金字塔的表面，与纤细的花朵形成鲜明的对比，并给不锈钢的硬边及高强度的反光表面赋予了生机（图 4）。

虽然人类对高级的精神需要的满足不一定通过自身环境来实现，但作为人生活环境的主要载体——场所，它在满足人类高级的精神需要、协调、平衡情感等方面的作用是毋庸置疑的。而隐喻作为一种场所人文化的手段，在社会发展的今天也充当着环境和人之间的平衡剂。

3. 隐喻的特征

设计应该超出纯粹的形式和色彩的表达，表现的更应该是环境场所中对生命和灵魂的揭示。设计应该成为连接技术和人文文化的桥梁，诗意情感的表达是优秀作品中共有的特征。在景观设计中应该追求的是"具有生命力的，应该是人性化的，有生机与温暖，反映人文特质的"这样一种境界。而这样的景观设计应当具有丰富的隐喻特征。Shunmyo Masuno 设计了位于 Tsukuba 市的国家金属、科学及技术研究所的广场。这本是科学家聚会的地方，但 Shunmyo Masuno 设计景观的用意远不止于此。这是一个能激发工作灵感的地方。凸显该广场精髓的是那些散落在白垩纪景观上的大石头，并对这些石头进行重新的布局，这处景观成为传统禅宗的现代揭示，但这里的多层大岩石蕴涵的并非日式景观，而是喻意了个人的生命。设计师认为每块岩石都"坚固而锋利"，这代表着研究者的精神与鉴定的意志，并让所有的岩石指向建筑。该景观的主旋律是纯洁的。石头经雨打风吹，逐渐地被"净化"。这种变化过程要经过一段时间，暗示着艰苦环境可以净化人的精神。该景观的主色调白色在佛教文化中是纯洁的象征。在佛教哲学中，自然的力量使旧的思想重新焕发生机并恢复精神的纯洁，暗示着研究者能在这里实现精神上的更新（图 5 ~ 图 7）。

图5　Shunmyo Masuno 设计的位于 Tsukuba 市的国家金属、科学及技术研究所的广场

图6　Shunmyo Masuno 设计的位于 Tsukuba 市的国家金属、科学及技术研究所的广场

图7　Shunmyo Masuno 设计的位于 Tsukuba 市的国家金属、科学及技术研究所的广场

　　优秀的景观设计应该是富有意义的，这种意义又是具有隐喻的设计存在的必然。有意义的设计是通过人们的使用和感受，并富有表现手段才能达到艺术的目的。这些表现又通常表现为形体、空间形象及其所处的场所，在人们使用和活动中给人们特定的感觉和氛围。我们只有了解设计的这些具体意义，并把创作的内容支持达到功能的使用合理、技术的可行，我们的设计才能和参与者产生共鸣。

　　在设计中，探求形象和表达方式以求得意义，意义是我们追求创作表达所要求达到的境界，古语中"象生于意，立象求意"是很形象的表达，我国传统的园林景观无不反映着立意的精髓。中国古典园林艺术中的"写意"手法，摹仿自然山水创造出"庐中天地"的超然意境；日本枯山水平庭，简到极致，庭院中平沙、数石象征高山大川，点画之笔营造出无穷意境。

　　具体的形象是设计者从事创作和研究的主要对象，是在具体中创造一个什么样造型的问题。对于景观设计来说，这种形象也是场所的概念，造型虽然受到很多条件的制约，如环境、材料、技术等，但总会含有本质的东西，即设计品的内涵。意义是我们追求创作具体造型的最终表达，是设计的外延，意义和造型是相互辨证的关系，如"象生于意"即立意为先，形体为最后的表达。"立象求意"，不管具体形象是什么，最终都是为意义服务的。在文学作品中，优秀的作品无论你怎么去探究它都是探究不到底的，我想它同样适用于设计领域。

4. 场所的隐喻性

4.1 场所隐喻的经验性

隐喻是从日常生活中取出的。除了用已经知道的东西当作蓝本外，没有其他方法想象不知道的事物。

场所的对象是人，所以隐喻的产生全赖于人的感受的作用，也只有人能够感受到。人能够理解产品的隐喻，必然存在一定的理论基础。当场所的参与者遇到某个有着丰富意境的场所时，自己本能地会构成一幅直觉的画面，隐喻的意境在表面上会直接而轻松地表现出来，但是在它背后却隐藏着观察者全部的生活体验，包括他的信仰、偏见、记忆、爱好，从而不可避免地产生情感、理解、想象。日本设计师长谷川逸子在京都文化中心设计的遮阳造型，是对树和人的全新诠释。给人一种新奇而美好的回忆，能给人一种舒适轻松的感觉，是优秀的设计作品（图8、图9）。

人从诞生开始，就生活在丰富多彩的世界中，并通过自己的感受，不断地达到对这个世界的认识。人的六大感觉为视觉、听觉、触觉、嗅觉、味觉和神经感觉。景观的场所是如何传达信息，人们又是怎样接受这些信息的？这些完全依赖人们的感知经验。这些感知受外界映象以及听觉等影响，引起人们的大脑达到不同程度的记忆，成为一种潜意识，并会不断的积累，有一天会成为判断审美的标准。当一个人的感知经验得到扩展，具备了一定审美知觉时，从环境中的视觉形式中所得到的就越来越多，他才可能理解场所形式的内涵和意义，才可能感知到环境场所中的隐喻。可见隐喻是更深层次的表达方式，直接与人的内心相连，所以也成为"旨在能够唤起诗意"设计的主要手法。到目前为止已经出现了许多带有隐喻的作品，有人也称这些为真正的艺术品，因为它能够唤起人的二度思考。19世纪的建筑师勒杜很可能是"隐喻风格"和"表现主义"的先驱，他开创了"会说话的建筑"的先例，他设计的妓院平面图隐喻着男性生殖器。而最形象的作品可以说是科拉尼的生态隐喻，让人感到强盛的生命律动，引起高尚的情感共鸣。

图8　日本设计师长谷川逸子在京都文化中心设计的遮阳造型，是对树和人的全新诠释

图9　日本设计师长谷川逸子在京都文化中心设计的遮阳造型，是对树和人的全新诠释

人的感知中不但包括以上场所的这些信息，而且也有人们生活中过去的经验。对于某些人来说，面对设计师精心设计的这些隐喻造型，也许只能看到表面的形式而根本不懂它隐喻的意义。所以作为方法论的研究，就要求我们要把握参与其中的人们的认知水平，把握能为人们理解的尺度，使自己设计的这些隐喻形式真正起到传达信息的作用。在现代的信息社会中，人们的经验不光体现在实体的经验上，在讲究功利和功能的现代社会中，一些美好的生活经验，经常会受到忽视，因此对于设计师来说，我们必须保持一种观察美好的意识，在设计中把人们美好的经验看成是对功能性的超越。

4.2　场所的隐喻的文化性

隐喻的文化性是对景观场所人文特质的重新解释，它给予人们一种全新的生活方式，并是对原有文化的一种延续。被称作"20世纪最彻底反理性作品之一"的法国拉·维莱特公园（伯纳德·屈米设计），在总体设计上背离了传统的公园布局，但它又是同巴黎的文化与区域特征联系在一起的（图10）。由美国景观设计师丹·凯利设计的喷泉广场，其布局模仿了17世纪法国庭院的形式，由于该设计融入了现代派建筑的细节，因此它在形式上不折不扣地拥有20世纪的风格（图11）。

对于设计师来说，带有某种主观或客观的能动的感觉和意识，以及个人思维的背景，自然会在设计作品中流露出多种的表现形式。我们可以通过对环境景观场的设计来印证自己有限的价值、观念等。用隐喻来强调参与者个人的文化要求，通过这种方式使景观成为意义深远的设计。好的设计能带给我们许多思考和梦想，它应给人心灵的震撼和美好的情感回忆。这些都说明隐喻是有一定的文化环境为基础才能发挥作用的。隐喻具有这种文化属性，它和其他文化艺术一样具有传承民族文脉的特性。因此我们应该了解更多的表现语言，将自己的设计作品纳入特定的文脉中

图10　伯纳德·屈米设计的法国拉·维莱特公园　　图11　美国景观设计师丹·凯利设计的喷泉广场

去考虑，对各种表现语言了解得越深入和全面，对形式的应用才会得心应手。这样的使用隐喻才能被接受，意义的作用才能发挥。

从壮美大地的自然风景、迪斯尼乐园的幻想王国，到日本禅林寺院中的枯山水、德国莱因河畔丛林中的古堡，不同地域的文化在景观环境中得到极大的体现。现代景观设计，深刻反映出人们的自然观念和生存状态，对自然的各种不同的认识理解和文化的差异，导致了完全不同的景观的产生。日本过去一直深受博大，精深的中国文化的影响，但其悠久的历史和深厚的文化积淀，也孕育了大和民族独特的文化。从传统的城市格局定式到市民的生活场景的多样，都反映了他们对自然的感悟，纯净与禅宗和茶道有着一种契合。敏感与细腻自然景观的相对单一，造就了日本人对自然的敏感和细腻的表现，把平凡的自然景观的变幻投射到精心组织的园林景观中，使景观的艺术得以升华。

景观设计只有扎根于人类根本的传脉和各种传统文化当中，才能产生丰富的内涵和深刻的意义。我们发现，不管社会怎么发展，人们都有一种追求美好的情感。真和善都是为了美，人们对美的追求从未停止过，所以人们才渐渐明白了高尚和完美的含义。这种感觉和感情构成了人类的传脉。我们所说的"天人合一"的思想，就是把人的有限的认识投射到更广泛的范围中，自然的"天"和人造的"物"就被赋予了肯定的价值和意义，也包含了人的道德和丰富的情感。这种思想是我国文化传统的精髓在环境景观中的体现。

在当今瞬息万变的社会里，信息语言、网络文化已经成为我们社会生活中不可缺少的一部分。设计如何反映文化，如何引导文化，如何延续文脉都是我们需要思考的问题。环境景观是人们生活中重要的一部分，更应该需要的是人性化和情感的表达，"以人为本"的环境景观必然要渗入更多的民族风格和人文特色，蕴涵人类文化传统的理念和价值观。因此将文化传统重新诠释于现代社会的景观设计中将有利于国内景观设计形成自己的独特风格。

4.3 隐喻在景观场所设计中的理解

每一种视觉样式，如一幅绘画、一座建筑或者一个茶杯，都可以说是一种表述。它们在不同的程度上对人类存在的本质作出说明。景观设计的场所形式也是一种视觉样式或一种使用方式，也是一种表述，有着丰富意义的作品本身是有性格的、让人感受到它的意境的。但并不是每一个人都能够领略到这种意境。每个人的感受都基于个人性格、情趣以及生活经验，而每个人的这些又是不同的，所以对场所的隐喻具有多种的理解，也会造成不同参与者对隐喻所产生的意境的不同认识。

5. 隐喻在景观场所设计中的应用

场所中的隐喻是对设计思想的增强。

隐喻作为一种观念必然应当作用于具体的景观设计中才具有意义。把隐喻体现在景观设计的场所中本身就是一种实践过程。将设计前的立意最终在整个场所中体

图 12　新幸桥广场中的雕塑环境　图 13　新幸桥广场中的雕塑环境

现，是我们设计的精彩之处。设计者的想象、实际作品中的意象和参与者的最终感受是设计的三种不同形态。做好设计对象的隐喻是对设计思想的增强。在新幸桥广场中，参观者在体会生命时，更领略到设计者深厚的设计底蕴。象征生命的雕塑环境，是设计师精通设计手法的体现（图12、图13）。

6. 结语

通过上面的论述，反映人们对理想生活的向往有着一个共同的标准。隐喻是连接环境与人情感之间的桥梁。通过对人心理满足的分析，得出环境和人之间是一个平衡过程，需要隐喻这种情感表达方式来平衡。

参考文献

1.（德国）维勒格.德国景观设计.苏柳梅，邓哲译.沈阳：辽宁科学技术出版社，2001.

2.（意大利）克劳迪奥·杰默克，莫里齐奥 G·梅兹，阿戈斯蒂·德·菲拉里.场所与设计.谭建华，贺冰译.大连理工大学出版社，2001.

3.（美国）柯尔.物理与头脑相遇的地方.丘宏义译.长春出版社出版，2002.

4. 徐洁，龚华.美、日、德景观设计比较.时代建筑，2003.

5. 朱宁嘉.隐喻与设计，2001.

6. 汪晓春.界面的隐喻，2002.

7.（美国）西蒙兹.景观设计学：场地规划与设计手册.第三版.俞孔坚等译.北京：中国建筑工业出版社，2000.

8.（美国）普莱曾特.景观设计.姚崇怀，王彩云译.北京：中国建筑工业出版社，2001.

9. 王立山，陈娟.建筑艺术的隐喻.广州：广东人民出版社，1998.

10. 刘玉杰.现代景观规划设计诠释——由西蒙兹的《景观设计学》谈起.中国园林，2002.

11. 张达利.寻找隐喻的设计师.石家庄：河北美术出版社出版，2002.

高速城市化进程中的新城区环境塑造初探
——以芜湖市三山新城行政中心区域为例

Exploring of the Environmental Design in New Urban Area in the Progress of High Speed Urbanization
——For the Example of the Administrative Area of Sanshan New Town, Wuhu

程雪松

Cheng Xuesong

（上海大学美术学院，上海 200444）

(Art College of Shanghai University, Shanghai 200444)

摘要：本文描述和梳理了三山新城行政中心区的设计要点，通过规划、建筑、景观的一体化设计探索，通过设计中对步行系统、节约土地、地理文脉的关注，试图揭示当下我国高速城市化进程中新城区设计的规律。

关键词：尺度宜人，交通矛盾，环境行为，公共空间

Abstract: This article narrates and sorts out the main design points of administration district in the New Sanshan Area. Not only through the integrative design research on urban planning, architecture and landscape design, but also through the attention to the walking system, land saving and geographical context in the design, the author tries to discover the regular pattem of new urban area in the progress of high speed urbanization in the present time.

Key words: dimension，transportation contradiction，environmental behavior，public space

一、引言

21 世纪以来，我国城市空间的刷新速度在世界上首屈一指，农业人口向城镇、近郊迁移的速度也无可比拟。无数介于城市中心区和偏僻郊区之间的模糊城市空间在我国现阶段城市化率以每年 1% 速度递增的大背景下不断产生，冲破 40% 关口。每年有超过 1000 万农业人口完成向非农业人口的转变。新城市空间产生于草原耕地的清新文脉中，飞跃着迈向国际化的未来。物质空间形态改变的背后，是农业人口对新生活方式的向往，是新的环境形态与固有的社会心理、文化习俗砰然断裂的迷惘。

城市化的大趋势无法阻挡，快速城市化过程中出现的环境问题需要政府、开发

商、规划和建筑学者们共同来解决。城市和建筑的聚集和扩张，是追求紧凑布局下的适当疏散，还是疏离前提下的必要集中，则是我们今天需要确立的标杆和准绳。尤其是在类似城市新区和新农村的建设当中，如何把握好城乡、城郊和谐发展的节奏，兼顾各个层面的协调发展，创造具有现代化水准而不失地方特点的新城市空间，是今天的设计师们需要认真思考的问题。

二、规划

芜湖市位于安徽省东南部，毗邻马鞍山、巢湖、铜陵，规划人口 101 万，交通便利。芜湖市濒临长江，是非常典型的沿江发展起来的带形城市。它位于马（鞍山）、芜（湖）、铜（陵）皖江经济带的核心位置，大江在此折行向北。芜湖市汽车制造、水泥、医药加工工业发展迅猛，同时由于得天独厚的地理位置和自然资源优势，商贾云集，贸易和旅游业发达，产业结构比较均衡，消费型城市的特征明显，是安徽省内一颗冉冉升起的经济明星。

三山区位于芜湖市区西南部，依托原有市辖繁昌县的三山、峨桥两镇发展起来，是芜湖市沿长江拓展的一个新区。2005 年经国务院批准，新区成立，5 年规划人口 25 万（目前人口约 10 万），是中国迅速城市化的产物。根据最新编制的芜湖市总体规划，三山区位于市中心门户型城区与次中心级城市——繁阳镇的连接轴上，它的规划目标是"绿色三山，生态三山"。它依托长江丰沛的水资源，努力打造芜湖新兴的造船工业基地和华东区发电枢纽，它依托原来郊县富饶的森林和景观资源，兴建城市的旅游度假、观光农业和生态居住区，它的建设，弥补了原来芜湖市作为省级经济中心城市产业结构上的薄弱环节，也极大地带动了周边郊县的快速城镇化，对芜湖周边的新农村建设具有至关重要的战略意义（图 1）。

三山区中心新城位于芜湖市中心区西南大约 15 公里，北面隔芜铜公路（现名峨山路），与长江蓄水库——龙窝湖相望，西面和南面距离现在的三山镇、峨桥镇中心大约都是 8 公里，同时毗邻西边的三华山。从位置上看，三山新城适合人口迁移，与中心区联动发展的优势并不明显，它在地理上是比较典型的近郊概念（到市中心 15 公里）。从基础条件上看，三山区依托原繁昌县三山镇、峨桥镇发展起来，经济基础和人口条件并无明显优势，它的发展亟须周边城区的支持和推动。在交通上，峨山路是连接三山区和芜湖市以及铜陵市的主要交通枢纽，原来的省级 205 道路目前已经成为城市干道，双向 4 车道，道路质量一般。长期以来，芜湖市非常依赖长江资源，沿江带形发展的态势明显，长向交通压力比较大，三山区又位于带形的西南端，因此，三山区要谋自身发展，与中心城区产生互动，首先必须克服交通上的矛盾（图 2）。

城市学家马塔 1882 年提出"带形城市"的理想，即城市沿着一条高速度、高能量的轴线发展和推进，同时他指出交通干线应作为城市布局的骨骼和脊髓。在实际情况下，中国大部分带形城市的发展由两个原因决定：一是自然条件的局限，比

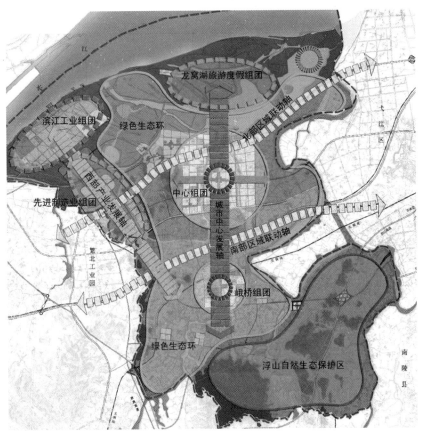

图1　三山新城原控制规划概念（引用自三山新城控规文件）

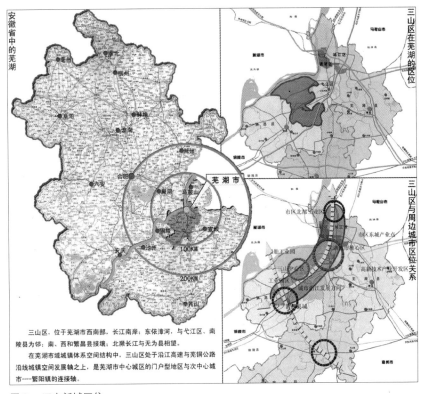

图2　三山新城区位

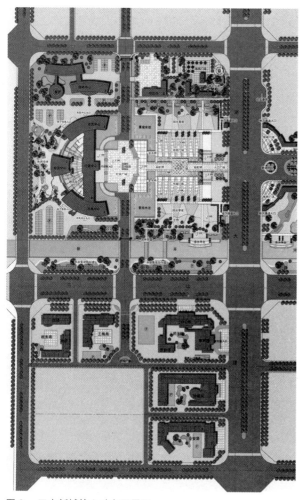

图3　三山新城核心政务区平面

如大山大河形成的地理屏障；二是交通的原因，很多城市特别是中小城镇都是沿高速公路发展起来，人口和资源的快速流动带动了沿线经济发展。毋庸置疑的是，带形城市发展到一定阶段，早期推动其发展的交通动脉，会成为制约其发展的交通瓶颈。三山新城作为芜湖带形发展的端部节点，交通障碍是亟待克服的核心问题。可以预见，三山区的发展将依托于沿江高速与芜铜公路（峨山路）的双轴结构拓展。然而我们在调研中发现，已经成为城市新区的峨山路通往三山的路口仍然设置着省道收费站，向外地号牌的车辆双向收费；这里通向市中心区的公交线路也仅为有限的几班，且班次密集度较低。这样的交通基础条件，严重阻碍城市蔓延所需的物质和能量传输。我们认为新区的崛起依赖交通轴线的建设，建议在可能情况下采用城市轨道交通（带形城市通常只需长向布置单线往返轨交线路就可以完成节点间快速到达，非常节约成本）或者城市快速公交系统，可以大大加快新区建设和发展速度。交通节点处的城市空间可以通过综合布置商业、办公、文化、娱乐、居住等功能，来有效聚集人气，从形态上可以把城市带形空间局部做厚，为下一步宽度发展进行物质准备。也有效避免纯粹行政化新城建设的种种弊端（图3）。

三山新城的核心区面积大约2.5平方公里，原先的农业用地已在规划中被迅速置换为行政办公、文化、居住用地以及广场绿地等。浩浩荡荡的城市化过程即将把无数像这样广袤的乡村土地改变为新城市空间。

在三山新城的规划和建筑设计中，我们作为城市建筑研究和设计的团队，确立了"节约土地，控制尺度，营造特色，倡导步行，创造立体丰富的城市公共空间"这一核心原则。我们希望极力避免大马路、大建筑、大广场的生硬设计模式，在可操控的、生态的、造价不高的范围内，创造出承载新城记忆的、和新城人民共同成长的新城市公共空间。

龙湖大道和三山大道分别是新城中心的交通主干道，也是最主要的车行公共空间。它们分别以三山区的著名景物命名，搭建起新城中心的道路骨架。龙湖大道南北向，道路红线距离 60 米，规划双向 6 车道，是规划中的"生态大道"，北通龙窝湖，南接繁昌县；三山大道东西向，道路红线距离 50 米，规划双向 4 车道，西接三华山，东指弋江区。在城市设计的层面，我们意识到，这样的道路宽度从意象上虽然可以寄托政府和市民对于城市发展的某种期待，可是从实际使用上却只能提供小汽车的交通温床，而无法营造宜人的步行空间尺度，真正为普通百姓服务。汽车繁忙的城市道路就像城市中的河流，只能带来两岸的期盼，人行横道节点区域的拥堵和上桥过隧的空间体验，破坏了城市空间天然的步行可达性。双向 6 车道的道路，在地方上的区县级城区，如果没有红绿灯的有效控制，汽车时速几乎可达 80 公里/小时，能赶上大都市里的高架桥。我们还感觉到分区规划中的地块划分显得过于宏大（大部分地块面积为 8～16 公顷），这样用于行政、商业、居住的大中型地块，必然造成后续工作中建筑尺度过大、用地浪费、街道空间没有亲和力等问题，创造出来的新城肌理必然是雄壮而粗暴的，也是完全背离宜人的、亲切的、公共空间和私有领地交织的山水城市规划目标的。因此，我们利用乔木绿化对宽大的道路进行偏柔性的分割，以控制道路空间尺度。又在前期控制规划确定的道路体系中，加入了进一步细分的次路和支路系统，大部分为双向二车道（甚至为单向车道或步行街），造成地块比较细密的分割，从而控制住下一阶段的土地使用精度，也为大地块内部的顺畅步行创造出比较好的空间格局（图 4）。我国的土地资源是最为紧缺的公共资源，我们作为规划和建筑师需要在设计之初就担当起节约土地、控制滥用的责任。根据我们的判断，7～15 米的道路剖面和比例相当的 2～4 层建筑高度，应当是最适合市民步行的公共空间尺度。在亚太乃至欧洲的城市经验中，不宽的街道、适当的车行速度、尺度近人的人行道和建筑骑楼、一定量的临街出入口，是最具活力的城市空间模式。上海的长乐路、新天地，

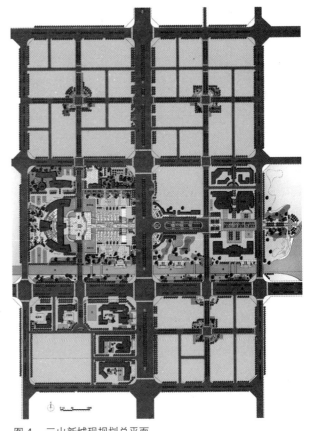

图 4　三山新城现规划总平面

北京的秀水街，东京的涩谷，香港的兰桂坊，巴黎的左岸，都有这种街道的范例。与之相反，宽广的马路、大尺度的建筑退界，造成的都市感觉是疏离的、行政化的，甚至是郊区化的，过去无数新城和开发区建设已经给我们留下了活生生的教训。传统城市空间中的街、巷、里弄、胡同的生命力，正在于线性基础上的尺度控制，这是催生交流氛围和场所价值的真正温床。中国的新城不应当都设计成私人小汽车至上的城市。我们相信，城市最终是满足人的交通、游憩、工作、居住等功能的，只有为普通人和步行者的城市，才会得到百姓的喜爱。大而无当的城市肌理造成的失败的城市空间体验，必须要在今后的新城设计当中尽量避免。

在对较大地块细密分割的基础上，我们选取地块中心和道路交叉口，控制了一定面积和数量的地块集中公共绿地。事实证明，有相当数量公共绿地的地块经济价值会得到显著提升，而且公共绿地的设置也对防止次级地块被过度开发起到一定的控制作用。今天很多城市的规划部门在审批用地方案时，开始把集中绿化率作为重要的参考指标，说明大家已经意识到相当面积集中绿化对地块开发有不错的制约作用，对城市环境有积极的促进作用。在公共绿地布点完成以后，我们希望把地块内的某些次要道路开辟成步行走廊，联系各个公共绿地。这样控制的意义在于严格保证市民步行的合法性和合理性，而且疏通了视线的走廊（图5）。

图5　三山新城核心政务区鸟瞰

今天汽车工业因为它的高附加值和相关产业带动作用被作为很多城市的支柱产业大力发展，有领导提出"要让城市成为驾车者的乐园"。但是我们更应该看到，西方很多发达国家在限制小汽车，美国的绿色建筑评定体系把小汽车车位控制在规范允许的最低限度；韩国首尔拆除了高架路；每年9月22日被定为世界无车日；很多城市（如深圳）开始征收道路拥堵费；北京面对日益增加的堵车成本，开始实行地铁2元一票制，鼓励公共交通。这些都从一些侧面说明世界城市发展的某种趋势。而我们的大部分新城建设都是以机动车交通为先导的，道路的尺度和土地的使用都是首先考虑小汽车的需要。从城市的本质来说，步行和自行车交通必须受到鼓励。一些地区出台政策严格规定建筑物中为骑车的上班族提供更衣室和淋浴房，骑车和步行上班的人可以得到政府的交通津贴，机动车道和自行车道之间设置更为严格的绿化隔离带。对于中国新城区里刚刚离开耕地投身城市的新市民，在享受现代化机动车交通的同时，我们希望他们对土地和徒步的情感能够被充分考虑。

三、建筑

在对城区交通体系和用地作了一些梳理以后，我们深入到局部地块的建筑群体运作当中。城市规划和设计的理念最终落实还是体现在具体的建筑和景观层面。行政中心是新区启动的第一栋建筑，也是最重要的行政建筑。它的选址位于新城中央约14公顷的地块中，西靠三华山，东面龙湖大道，南临三山大道。市民广场的选址与它东面紧邻。行政中心和市民广场以南新开河对岸的地块，在规划中被定位为行政金融办公区，主要建筑包括法院、检察院、公安局、工商局、税务局、银行等。公、检、法作为最主要单体建筑沿三山大道排列，与行政中心隔河相望。市民广场以东则规划为主要的文化、娱乐、商业等公共活动区（图6）。大部分地块被作为待开发地块保留下来，以保证城区自然生长的需要和土地可持续的使用可能。

作为最重要的公共办公建筑，在任务书中，三山新区政府要求这个新城区行政中心应具备行政办公、市民办事、会

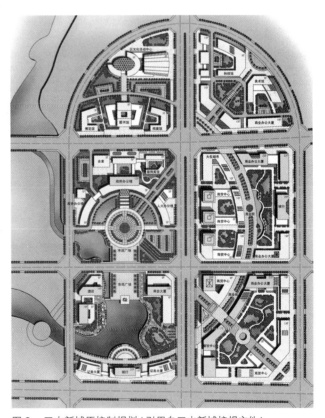

图6　三山新城原控制规划（引用自三山新城控规文件）

图7　三山新城市民中心东向透视

务接待、地下停车和人防等功能，希望各部分功能都可以独立运作，互不干扰。这些建筑又应该具有整体性，看上去是一个聚落整体，而不是一组散落的建筑群，这样可以比较好地控制行政流线长度，提高行政办事效能。方案设计之初，我们认为，需要解决的重要问题是行政中心的主立面和主入口问题，其实也就是公共立面和市民广场的位置问题。按照通常的思路（包括前期分区规划的建议），政府建筑多为面南背北，主广场和主入口应朝南面三山大道，由此带来的结果是建筑朝龙湖大道立面成为侧立面。从建筑与三华山景观以及城区主干道龙湖大道的关系来看，建筑主体应当比较完整地面朝龙湖大道，背靠三华山，以获得好的自然山体背景，东向沿龙湖大道也能够形成坐西朝东的市民公共广场，与龙湖景观大道相呼应（图7）。在风土调研中我们了解到，三华山是当地重要的山体，曾经以山上三华庙得名。三华庙过去曾是人们登九华山朝拜的前奏和序曲，有"先上三华，再登九华"之说。与芜湖市中心赭山的"小九华"广济寺遥相呼应，有较好的人文和宗教传统。通过和当地干部群众的交流，我们感到三华山已经从单纯的地理空间意象上升为重要的心理意象，作为新区启动的第一组建筑和广场，它的精神功能大于物质功能，从某种意义上说，单体设计的成败就在于能否较好地处理建筑与山水景观、城市公共空间的位置关系，以强化整个新城区的山水城市意象。

　　如果说新城区建设是过剩资本寻求新的利润增长点、实现利润最大化的体现，那么新城最重要的建筑设计往往也能够在解决功能、美学等问题的基本前提下，体现资本的扩张和膨胀属性。建筑在精神层面是阶段性总结过去城市的经济发展，为未来空间描绘蓝图，因此，在设计中，我们不单单把行政中心建筑看成一幢房子，而是更趋向于把它看成一个纪念、一场仪式、一种对未来的信心和期盼。一个东向的广场有助于在城市设计层面为新城的第一栋建筑寻找到与自然地理脉络的结合点，加强这种仪式感，一个东向完整的建筑主立面在广场的衬托下，也强化了新城脊柱——龙湖大道的视觉和政治意义，同时对于新城来说，还包含吐故纳新、紫气东来之意。以紫禁城为代表的、中国人广泛接受的南向广场模式，在这个新城广场特殊地理条件下，被我们否决了。取而代之的是一个更具活力的东方广场，它代表的是第一缕阳光照到的地方。

在一个行政中心建筑主体确定以后，市民中心和会议中心在布局上自然而然地环绕在主体周围，成为主体建筑与市民广场、周围街道之间的过渡体量和尺度衔接。市民中心以二层裙房的形式分布在行政中心南北两侧，平面呈外凸的弧形展开，拱围着主楼。造型上部收分。它的表皮材料以大玻璃面为主，有列柱撑起顶部的钢结构屋顶。这样的手法处理是为了加强市民中心的轻盈感、亲切感和透明感，低层的空间布局也方便老百姓来办事，因为这个区域的使用主体是广大市民，建筑处理的目标与行政服务的目标应当是对称的。会议中心作为建筑平面弧形轮廓上的一个端部节点被放大放置在主楼的西侧象限点中央位置，遥望三华山（图8）。作为行政会议可容纳500人开会的重要办公场所，会议中心需要便捷的交通、快速的疏散、开阔的场地和比较宁静的环境氛围。显然，这里偏居西部一隅，位置是最合适的。为了避免会议中心巨大敦实的体量堵塞视野，我们把它架高到两层，从而把地面层空间解放出来。这样，走进行政中心底层门厅的人和在休息厅里喝茶的人直接就可以看到远处的三华山。我们试图体现的是城市设计另一个关键词——疏朗，同时，伟大的地理图腾也再一次在新城市空间中被设计从视线中唤起。

中国新城行政核心区的大多建筑设计，在平面布局上往往是对称和仪式性的，也更多地体现出行政主体的价值观，庄重、对称、向心感。党委、人大、政协、政府的严格次序空间排布，也是很多政府建筑用来标识身份的重要参考，往往确定了这些建筑的造型基调。四套班子在空间上的关联，与其说体现功能的内在逻辑性，不

图8　三山新城市民中心西向透视

如说是人事规则和权力游戏的空间演化。过去，这些足以唤起观看者的荣誉感和使用者的崇高感，但是在今天的市民社会中，在民主和草根呼声日益强烈的时代，仅仅用简单的气派十足的平面构成语言和流于形式的造型方法并不能获得大家都期待的更为简约质朴、平和动人的城市公共空间，职能部门所需要的教堂一般的庄严感和私密性正在被新的建筑观取代。曾经我们脑海中习惯浮现的大广场、高柱廊、罗马柱和山花雕饰如今渐渐淡出人们的视野，尺度被分割了，历史纹样被消解了，我们今天更需要属于这个时代的环境形象和"非权力空间"。从经济变革来看，中国正在经历由投资型社会向消费型社会过渡的关键时期，消费的主体是人，或者确切地说是老百姓，过去片面依靠投资拉动 GDP 的增长方式今天被认为是片面的和不可持续的，只有真正确立起依靠消费主体评判和欣赏的环境价值观，城市空间才更能持久和具有生命力。这里，在基本对称的平面布局基础上，我们尽量控制建筑主体的简洁性和纯粹性。新江南水乡的建筑语言以不同方式加以诠释：轻盈的面构成风格，黑白灰的立面色调、清晰的体量特征、细部构件的精致化，都形成这种语言的轻松表达。服务型办公空间的形象得到确立，民族化和地方性的建筑风格重新被构建起来（图 9）。

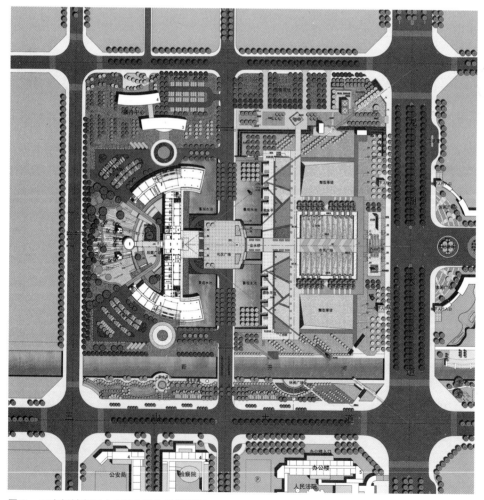

图9　三山新城市民中心暨市民广场总平面

四、景观

对一个脱胎于农村的新城区来说，它的主要人口构成是由农民转变而来的城市居民、为数众多的建设者和外来人员。这些人很少有传统的血缘和地缘关系维系，主要靠劳动关系产生交流，流动性强，对新城区缺乏归属感。新城区物质空间环境建设的另一个重要任务就是帮助新市民建立起新的场所精神，为他们重塑公共生活形态。这种生活形态不应当是假想的城市人的生活，也不能是冷漠、消极的边缘郊区状态，而是立足于原有地域血脉，积极主动追逐新城市理想，同时不乏自然、质朴本色的新鲜生活状态。因此，我们在规划和设计中并不刻意追求所谓的设计感，而是把关注的目光投向新区市民生活本身。这些人平时生活比较简单，经历着由体力劳动者向脑力劳动者转变的过程，爱好聚居生活，精神文化活动较少。我们把设计的着力点放在公共空间的营造上，因为公共空间可以产生公共活动，演绎城市故事，加强新城市居民对场所的认同感，提高他们对新城市环境的依赖性，促进他们作为新市民的自信力（图10）。他们的精神气质反过来也会影响公共活动的内容，催生出新的、更具活力的空间可能性。这才是我们憧憬的美好的城市化未来。

通过努力，我们逐渐和政府、市民达成共识，空间和环境的装饰风格并不是评价的主要标准，关键在于新塑造的情境能否容纳特定的行为，并且创造新的活动乃至生活方式。于是我们把行政中心东面的市民广场尺度作了进一步分割，严格控制硬地面积，中心硬地广场各方向宽度不超过80米，以应对通常人流的活动尺度。周围环绕绿地草坡，通过草坡局部的微微抬起，调整三度的地形关系，使局部地形呈现相对多样化的姿态，也避免一马平川的单调感。环绕建筑物正面设

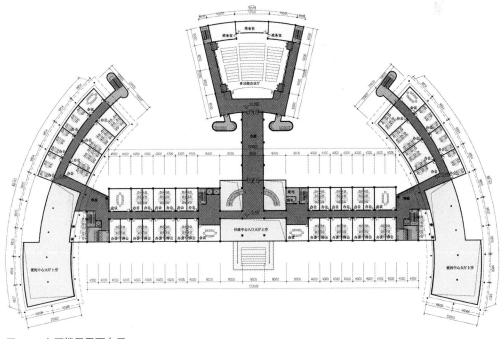

图10　主要楼层平面布置

图11 建筑及广场模型透视

计水环境，赋予建筑一个极为轻盈纯净的承托面，有效地丰富了广场的质感。微微抬起的草坡和20米宽的水面，在地景上自然分割了行政区域和市民活动区域，手法力求清新流畅，简洁自然。建筑物西侧结合消防车道和登高面设计了尺度宜人的小型园林，形成建筑群落环抱的绿化腔体，调节这里的微气候，也符合前朝后寝的传统空间习俗（图11）。在广场设计过程中，我们尽量避免过去市政广场枯燥、单调、生硬的工程性做法，努力把它看成是一个城市公共艺术品的空间再现，

图 12　景观模型透视

让点状小品雕塑、线状街道和面状绿地、硬地、水面交织衬托，以体积感和空间感的营造为核心手法，突出体现三山新城中心区的质感和量感。广场的北侧预留了一部分用地，用于今后建造接待中心和小型商业走廊，控制了土地使用，也促成了景观广场使用的多样性。广场南侧沿新开河道设计滨河步道，和一部分公共停车场，丰富三山大道的沿路景观，方便市民出行。市民广场的中心景观沿轴线自东向西延伸，从东侧入口的标志性雕塑——三华夕照、龙湖印象开始，经过聚会广场、金水桥和升旗广场，穿过行政中心建筑主入口，上升到中央的绿色中庭，立体景观的概念再次得到渲染（图 12）。这一中央景观轴线的存在和强化也提升了龙湖大道作为物质能量交通主轴的意义，符合新区东向拓展的目标。建筑中没有采用上下通高的中庭，而是两层共用一个小中庭，这样既可以得到适宜的相互交流的尺度，也丰富了标准层内部的公共空间变化，更加利于建筑节能。中庭自下而上层层放大，形成的折线形表皮空间与外部广场以及建筑前方的景观水池建立起了独特的对峙空间，每一个在中庭俯瞰广场和城市新区的人，都会感到景观就在自己的脚下和周围，而不受到其他中庭的干扰，从而产生独特的公共空间效果。与市民广场一样，政务楼内部的公共空间处理关键在于控制其尺度，每个交流中庭的面积大约为 150 平方米，逐层放大，高 7.8 米，在布置有室内绿化的条件下，这是一个最适宜交流和休息的尺度（相对于 1700 平方米的标准层面积）。主楼和裙房以及会议厅自然围合成一个小庭院，成为景观轴线的收头（图 13）。我们结合消防车道和登高面的设置让小庭院在宁静内向的基础上与西面的风土景观发生联系，从而营造起自省却又不乏流动的东方情境。

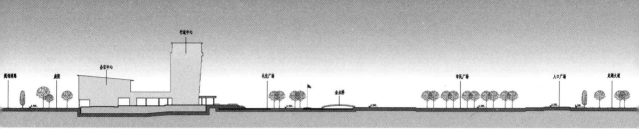

图13　沿景观中轴线剖面空间形态

五、尾声

无数经验案例告诉我们，在文脉匮乏的场所，新建作品常常流于形式，成为手法主义和细部堆砌的牺牲品。在业主限制和商业利益的压力下，建筑师往往无法正视自身角色，把握设计本身的艺术个性及其与规划机制、风格样式的关系。三山新城的设计经验启示我们，只有综合考量整体空间环境的过去、现在和未来，深入拓展空间理念的细部才真正能够体现永恒，而新城设计的文脉正存在于公共空间的营造中，惟有仔细探究公共空间存在的现实性，用前瞻的眼光将其实现，并为其创造足够丰富的公共活动内容，才能够确立起业主满意、百姓喜爱的城市环境，才能不断补充中国新城区物质空间的精神内涵。

浅析中国城市高密度居住区景观设计方法

Analysis on the Landscape Design of City High Density Inhabitancies in China

王 锋

Wang Feng

（华东师范大学设计学院，上海 200062）

(East China Normal University, Shanghai 200062)

摘要：高密度居住区作为中国城市居住区建设的主要目标，具有城市居住区域中最高值的建筑密度与人口密度。这种高度密集型特征给城市居住区景观设计带来了较多的难题。如何确保高密度居住区的环境品质并促进其健康发展便成为景观设计专业的重要课题。本文通过对高密度居住区景观的主要使用者进行分析，在此基础上提出一系列有效促进高密度居住区良性发展的景观设计手法。

关键词：高密度，居住区，景观设计

Abstract: As the major object of China's city inhabitancy construction, the high density inhabitancies have the highest density of architecture and population. This high denseness feature brings problems to the landscape design of city inhabitancies. Thus how to insure the quality and the healthy development of environment becomes essential task in landscape design.

This article takes the necessity of analysis on the main use of landscape of city high density inhabitancies. Based on these, the article brings forward a series of efficient approaches of landscape design that facilitate the positive development of high density inhabitancies.

Key words: high density, inhabitancy, landscape design

1. 引言

城市高密度居住区的景观品质对于城市居住区乃至整个城市的景观面貌与生态发展都是具有重要意义的，正是由于空间形态的高度密集性，其景观设计面临的诸多极端化的问题也是不可避免的。这就对城市高密度居住区的决策管理者、景观设计者与开发建设者提出了明确的要求，即仅从外在形态的设计建设手段已经不能确保高密度居住区的景观设计有"质"的飞跃，根本解决方法在于深入探索景观使用主体的需求，以促进景观设计的实用性与有效性。

本文对于城市高密度居住区景观设计的分析与研究是作为一个专业设计者试图

对景观设计问题的阶段性思考，希望通过对高密度居住区景观设计的思维引导与设计手法等方面的分析，探讨一种有机的设计方法，使目前中国城市高密度居住区景观设计的现状有所改观。以下是对城市高密度居住区景观设计的主要建议。

2. 注重创造高密度居住区景观空间的适度私密性与相对开放性

城市高密度居住区景观设计由于在城市紧张的用地条件下，还要满足不同年龄层群体的同时使用，因此在其空间公共性的创造上也要根据不同活动内容与不同群体需求进行适当的处理。同时，家庭化行为模式的普遍出现，也使高密度居住区景观空间必须具备适度的私密性与相对的开放性，其私密性的表现主要源于使用主体在户外空间中的活动大多是其与家庭成员在一起，而很少单独利用，即老年人是老伴同行，中年人则初期相伴儿童，后期相伴老人。因此，居住区户外空间就成为除室内以外的第二个家庭交流的场所。这些家庭化行为模式的普遍出现也要求高密度居住区景观空间内的设施和场地的设置以复合形式出现，满足诸如老年人与儿童、中年人与儿童、中年人与老年人以及青年人与老年人一同活动的需求。而这样的活动场所在满足其他居住者（邻居）交往开放性的同时，也保证了其与家庭内部交流的适度私密性（图1）。

图1　模糊性设计满足景观空间的适度私密性与相对开放性

相对于低密度居住区景观设计而言，这种家庭化行为模式所带来的"私密性"要求便能通过自家的前庭后院空间很好地得到解决，在利用居住区公共空间进行社会交往之外，其家庭内部交流所需的户外空间也能得到足够的保障。因此在景观空间设计的私密性问题上就没有高密度居住区所表现出较为突出的矛盾与强烈需求。

3. 城市高密度居住区景观设计的几种基本手法

城市高密度居住区在户外空间的面积上远不足以与低密度居住区相比，因此也很难做到低密度居住区景观布置得疏朗与稀松，其更多的是在有限的土地范围内加大景观建设的强度与密度，在整体布局上更加紧凑，空间变化与设计手法的运用更加多样与丰富，以期营造出更多交往空间与私密性空间的可能性。将具体的设计要素与方法归纳起来主要有六方面。

3.1 功能——注重硬质场地设置以适应景观空间功能的模糊性设计

城市高密度居住区的使用者经常是不同群体的混合体，这种复杂的邻里居民之间存在着潜在场地使用不足的冲突，在户外空间的设计中除专属老人与儿童的活动场地外，其他区域的设计应模糊空间的使用功能，使居住区户外空间对于时间和人口变化保持最大弹性，同时为那些能够使用的场地提供足够的硬质铺装和休闲设施。这些对于低密度居住区来讲，便不需要过多的硬质铺装来解决活动场地的不足问题，加之居住在低密度居住区的人群通常是一些收入中等偏高的群体，这些人有许多的休闲机会，如健身俱乐部、登山、徒步旅行等，因此他们不像那些休闲较少的人需要更多地依靠居住区开放空间进行锻炼和娱乐。

3.2 交通——创造高密度下人车分流的交通系统

对于高密度居住区而言，人车分流的交通系统确保了居民在景观空间使用高峰时段内的交通安全，从而为营造邻里交往空间与气氛提供必要的条件。具体设计的手法可通过采用地下停车的方式，建立立体分离式步行系统或完全的步行街道的形式，在确保解决使用时段内的安全问题时，也为各类活动的开展赢得宝贵的户外场地。同时，各种项目的运动场地都会因其设置的内容适应的层面不同而限制一部分人的使用。设置多样化的散步路也是调节高密度居住区活动空间不足所带来的各种矛盾的有效方法之一。散步路的特点就在于它的老少皆宜，能适宜各种人群的使用。散步路的设置简单易行，又符合中国人的生活休闲习惯，所以在景观设计中应尽量加大其在各种环境下的利用（图2）。另外，在步行环境中需要注重对细节的考虑与设计，设置具有庇护性的景观设施及坐憩设施来增加步行者的驻足、休憩或观望，甚至激发出更多活动的可能与人群的参与。与之相比，低密度居住区便可通过地上交通解决基本的停车问题，而其相对小的人口密度与专属的活动场地也将其突发的交通安全问题降至最低。

3.3 绿化与水景观——注重种植的点位设计与水景面积的控制

在高密度居住区内，为了获得较好的视觉效果与心理感受，柔化住宅建筑所围

图 2   以多样化的散步路来调节居住区内活动空间的不足

合的较高界面，缓冲和减少其对宅间活动的人群所造成的压抑感和冷漠感，设计时将植物种植在场地较为中心的位置，从视线的距离上拉近与人的关系，减少人的视点停留在建筑上的部分，从而突出绿化植被对高密度居住区自然环境的营造与亲切的空间尺度。对于低密度居住区而言，由于其建筑所围合的界面较低并且能够在建筑与人群之间形成较好的尺度关系，因此在植物的种植设计上就不必采取中心种植的形式，可以通过采取场地边缘种植或围绕建筑周边种植的方式达到人对建筑的视觉舒缓度。另外，在种植的数量上也存在明显的不同。高密度居住区的植物种植需要采用丛植和群植的方式，而低密度的居住区的种植通常采用点植方式。

对于高密度居住区而言，由于土地的经济原因，户外空间中的水景观创造未能像低密度居住区那样出现大面积的水面来形成空旷幽深的空间效果，但可以采用喷泉、跳泉或小瀑布的形式来形成居住区的亲水空间，同时，喷泉、小瀑布的落水声也有助于掩盖城市的嘈杂与喧闹，创造宁静的居住区外环境。当然，水景观的创造也要根据南北方城市不同的地理气候特点而定，对于北方城市的高密度居住区而言，可以采用旱喷式或混气式喷泉的形式，以避免寒冷的冬季造成水景观枯竭而无法使用的状况出现，进而使原本宝贵的活动场地变得更加紧张。

3.4   节点的选择——注重高视点的居住区景观节点的视觉效果

高密度居住区具有居住区域内最高的人口密度和建筑密度，而其有限的户外活动空间往往不能满足所有人的休闲要求，例如一些行动不便的老人和一些寻求宁静的使用者，他们会选择避开户外环境的使用高峰时段，而此时从住宅向外观望风景和人群成为他们休闲或与外界间接交流的方式之一。因此，高密度的居住区景观设计除要考虑地面空间的节点处理外，还须注重高视点的居住区景观节点处理，考虑整个场地俯视的平面效果。例如采用植被、水体、铺装等设计诸要素的质感、色彩、形态的变化来形成具象或抽象的图案化构图效果，从而满足高层居民从上往下观望的视觉与心理需求，同时由于景观空间中所采用的设计要素不同而形成上中下多层的空间效果，这对于地面使用的人群而言也满足了他们对场地使用时的部分私密性需求。

3.5　高程——注重地形的起伏设计

在各设计要素的基地条件地形上也应分别对待，地形作为整个场地的基本骨架和依托，其起伏变化不仅有利于高密度居住区的植物造景，在景观空间的私密性营造上也可以起到重要的围合作用，形成独立的交流区域；同时，地形的开合有致也可减少在户外空间使用峰值最高的时段内，对底层住户的生活造成干扰。与之相比，低密度居住区的地形设计可以更加缓和，设计时考虑其与建筑的高度的比例关系来设定地形起伏的程度，以形成开阔舒缓的视觉效果，例如英国自然风景园的地形处理手法便是低密度居住区景观设计中常用的方式。

3.6　借景——充分发挥高密度居住区周边景观资源

在提高场地内部植物造景、地形和水景观的建设密度外，高密度居住区景观设计还应考虑红线之外的那些不属于设计范围的周边环境情况，充分利用周边的景观资源，需要借景部分应在朝向和设计要素的使用上给予足够的考虑和避让，需要对景的位置应留出足够的空间并在高程上作出特殊的处理，把外部较好的景色引入到居住区内部，从而扩大景观空间，以弥补高密度居住区自身景观建设用地的不足。

4. 结语

总之，在运用具体的设计手法之外，城市高密度居住区景观设计与建设还必须注重因地制宜。所有可借鉴的手法都是建立在对所设计区域的深入调查、分析与展望的基础上。因此，中国的地方城市在建设和发展自己的居住区景观系统时，一定要制定切实合理的目标，建立适当的设计体系，采取科学可行的手段，从而创造出具有特色的城市高密度居住区景观环境。

参考文献

1. 李道增. 环境行为学概论. 北京：清华大学出版社，1999.

2.（丹麦）扬·盖尔. 交往与空间 何人可译. 北京：中国建筑工业出版社，1999.

城市景观桥及其周边环境协调机制研究

A Research into the Coordination Mechanism on Urban-Bridgescape and the Surrounding Environment

金 凯　马 晖　靳 琛

Jin Kai　Ma Hui　Jin Chen

（哈尔滨工业大学，哈尔滨 150006）

（Harbin Institute of Technology, Harbin 150006）

摘要：本文主要针对城市景观桥及其周边环境关系问题展开讨论，将其看作城市空间中一个有机完整的基本元素，探索城市景观桥及其周边环境保护控制之间的适宜性途径。分别从功能、环境、美学三方面对城市景观中的桥进行了研究，文章通过对上海五角场立交桥与其周边环境分析，从而突出论述了城市景观桥的美学规律以及人的视觉特性。

关键词：城市景观桥，城市印象，协调机制

Abstract: This paper mainly for the relation between urban-bridgescape and the surrounding environment, regards it as a basic element of an organic integrity of city space, explores the suitability way between the urban-bridgescape and its surrounding Environmental Protection control. From the function, the environment, aesthetics constituents in the face of the urban landscape, the bridges were studied. The article analysises Shanghai Wujiaochang overpass and its surrounding environment, thus emphasizing on the aesthetics of the urban-bridgescape, as well as the human's visual characteristics.

Key words: urban-bridgescape, city impression, coordination mechanism

1. 概述

随着经济的发展与城市建设的推进，城市景观桥被越来越多的人所重视，人们希望用其来装点现代都市。桥的功能范围早已不再仅仅局限于跨越和交通，桥的观赏功能越来越受到人们的重视，甚至有些桥的设计目的将景观设计摆在了很重要的地位上。这些桥与传统的桥相比有了新的特点，是时代发展的产物 (图 1)。

1.1　城市发展的需要

随着城市化的发展、生活居住条件的提高、城市市政公用事业的改善，城市规模不断扩大，从而决定了一些城市由于城市形态的演变而造成了对桥梁建筑需求的增大，人们对于所生活的城市关于美的需求也不断加强。城市中心区的建立与其辐

图1 上海五角场桥上景观

射面的扩大，使得人们对交通的要求越来越高，城市中立交桥、高架桥和更多的跨河水桥应运而生。而一些城市商业中心的建立使得人行天桥、过街廊道更加符合人们的通行要求。城市立体化、一体化成为城市发展的必然趋势，城市中桥的发展必然满足其发展的需求。

1.2　经济导向的需要

早期受经济条件和认识水平的制约，我国桥梁建设大多停留在实用阶段，但当社会整体水平提高的今天，人们对城市中桥的需求，已不再仅仅满足于通行，更多的审美需要融入其中。经济的发展是推动城市发展的原动力。景观桥的发展要获得城市经济的支持，城市要建造类似的跨越型的建筑，就必须一次性增加一笔巨大的投资以克服城市发展所遇到的限制，所以，如果没有强大的经济支撑，城市景观桥的发展是无法完成的。城市景观桥的存在、发展，取决于城市经济的增长与繁荣，而其发展的动力，归根结底也是由于经济发展的驱动。

1.3　社会互动的需要

社会的发展，城市的进步，使人们对周边生活的环境也越来越注重。因为桥的巨大、永久、固定和可视，令人不能漠视其在人们生活环境中所产生的精神作用和美学价值，所以就希望它看起来要美。而我们这里所谈的美绝不是被人工后期装饰的那种美，而必须是桥本身给予观赏者以感动的美。西班牙大师 Fduaudo Torroja 曾经说过："结构物的美存在于构造的形态，其强度上的特征显示了结构物自身的表现力。"不仅如此，桥还应该与其建造周围的环境协调一致，具有能够反映出不同地域、不同国家的文化及传统的特质，进而最终成为独特的景观桥。

2. 相关概念

2.1　景观（Landscape）

景观通常指能够给人自然美、人工美和生活舒适的物质环境，它含有"景"与

"观"两个独立而统一的概念。从狭义上讲，风景是指大自然的风光美景，称得上"景"的只有那些能唤起人们美感的那部分自然景物和人工景物。"观"是一种视觉印象与心理活动的综合过程，它不仅指观看，而且还常有观感的意思。景观就是我们视力所及范围内的一切东西，自然的、人造的，同时还包括观看者的心灵感受和浮现的联想。这是一个非常复合的概念，包括了地理学、生态学、社会学的很多方面。景观应该是能够带给人愉悦，提高人生活质量的环境。马丁·海德格尔说："没有人就没有空间。"景观应是可以亲近，可以触摸，可以倾听，可以用各种感官感受的。所以，景观设计的目的是创造适宜人类停留的空间。

2.2 环境（Environment）

环境是指人所置身的与人相对应的活动场所，是对人的生存和生活有着联系的外部世界。广义的环境可分为无形和有形两类。前者是指来自政治的、经济的和社会的影响，是一个复杂的问题，涉及上层建筑的各个领域，非本文所能及，在这里不予探讨。后者是环境的有形因素，它包含着自然环境和人工环境。景观桥属于人工环境，是为了满足人们的物质和精神生活的需要而修建的，桥的存在与自然环境是息息相关的。

2.3 城市景观桥（Urban-Bridgescape）

桥是指架在水面上或空中以便行人、车辆等通行的建筑物。城市景观桥是指在保证基本通行功能的基础上，城市中能够与所在地区自然景观、人文环境等相协调，且造型美观，有一定个性的桥构造物。可以说，景观桥对桥的景观功能提出了更高的要求，是技术与艺术的结合。艺术价值高的桥本身是非常协调的，在均衡稳定、比例、韵律等方面都有其独特的魅力，桥与环境和谐统一，有些还能表现出一定的文化内涵。通俗地讲，景观桥是具有较高艺术观赏性的桥，可观（"宏观构景、中观造势、近观显巧"）、可游。景观桥既能是唤起人们美感、具有良好视觉效果和审美价值、与周边环境共同构成景观的桥，可以成为一定环境的主体，也是可成为景观环境的载体。

一般来说，城市景观桥具有以下三个特点：

（1）符合桥造型功能美、形式美法则；

（2）遵循桥与环境协调的规律；

（3）体现自然景观、人文景观、历史文化景观的内涵或具有象征作用。

3. 分析

3.1 研究区域简介

五角场位于上海的东北部，是上海总体规划中确定的四个城市副中心之一。功能定位以知识创新区公共活动为特色，融商业、金融、办公、文化、体育、高科技研发及居住为一体的综合型市级公共活动中心，以科教为特征的现代服务业的集聚区（图2）。五角场交叉口位于上海市区东北部，是上海目前惟一采用环岛交通通行

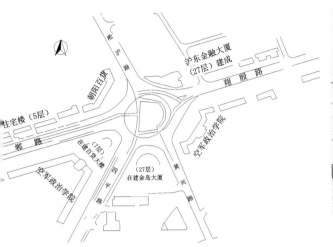

图2 上海五角场景观桥区位分析

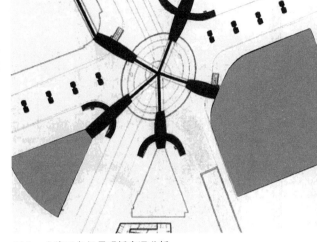

图3 上海五角场景观桥交通分析

的路段。现状交通为机非混行环岛状，向邯郸路、四平路、黄兴路、翔殷路和淞沪路五个方向辐射。是杨浦区最大的交通集散地、中转站，沿线共有公交线路32条，高峰时段流量为3414辆/小时。立交桥西接邯郸路地道，东连翔殷路快速干道；北起淞沪路政通路，规划红线60米，南至黄兴路，规划红线50米，全长887米，新建淞沪路—黄兴路车行地道，地道宽为21米，设"二来二去"4个车道；西南至四平路，全长为440米，规划红线为60米。

五角场副中心交通组织呈环形放射状，汇聚五条城市道路，中环线在此穿越，形成"一环五射"干路网结构（图3）。在五角场环岛处分为立体五层，最下面一层为轨道交通线；第二层为黄兴路—淞沪路直行交通，采用地下通道形式穿越交叉口；第三层为下沉式广场，人流通过广场21部电梯和地下通道进入，可到达五角场任何一条道路；第四层是地面交通；第五层是下沉式广场上方的中环五角场跨线桥，其西接邯郸路地道工程，东跨国和路口后接翔殷路快速系统。在立交桥上建有五角场副中心极具视觉效果的地标性建筑——立交钢结构构筑物"彩蛋"。

3.2 建成环境评价方法

建成环境评价（SEBE）是以使用者需求为基础，从人与环境相互作用的角度，依托物质要素和社会要素这两大系统，以人们的主观感受的平均趋势作为评价标准的一种环境评价（图4）。它是一种在真实生活情景中的环境设计研究，具有工具性，是一门应用性的技术学科，可以为环境设计、管理和建成环境的改进提供客观的依据（图5）。

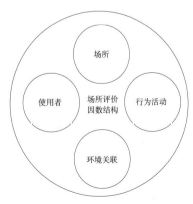

图4 场所评价因数结构图

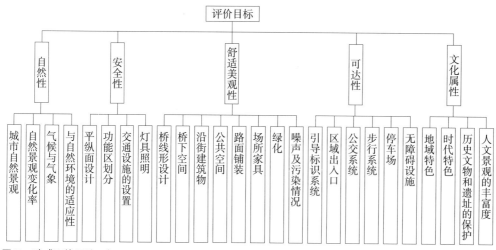

图5　建成环境评价目标

3.3　城市景观桥与其周边环境关系分析

3.3.1　视觉景观形态因素

环境相当于一个"场"，在这个"场"里的任何实体的视觉要素总是综合起来共同作用的，每一实体都具有"内力"。我们从中看到的仅仅是视觉形状向某些方向上的集聚和倾斜，它们传递的是一种情态，而不是一种存在，所包含的是一种"具有倾向性的张力"，其合力是平衡的，如将其分解，可分为向内凝缩的内压力和向外的扩张力，它们二者统一在一个形中，向心的倾向给我们造成了视觉上的重量感，向外的力影响和支配着一个区域的环境形成自己的"力场"。每一实体周围的"力场"属于它自己"控制"的范围，当其他的物体与它的距离近到一定程度时，二者的"力场"就发生关系。它们相互干扰，也相互协调，进而造成了矛盾与和谐，这就像物理上的"磁场"，实体好比磁铁，几块磁铁放在一起时或吸引或排斥。实体越大，力场范围也就越大，相互之间的影响也就越大，人的心理感受也更强烈。桥因其巨大的体量、厚重的材料，因而具有的"力场"范围就更具沉稳、凝重的气质，这是桥和自然环境突出的地方。因此提高景观桥本身的功能素质及其精神素质就必然成为环境质量的重要构成因素（表1）。

为了使最具景观效应的下沉式广场上空不受遮挡，设计时特意将立交桥向北侧偏移了稍许，创造了一个与环境自然和谐一致的空间环境，在气氛上追求一种粗犷、返璞归真的氛围，别出心裁地将广场划分成4个区域。中心广场区：圆形的中心广场中心为直径6米的五角场地图圈，彩色磨砂玻璃构成一幅杨浦区区域图，底下是五彩的灯光，夜幕下，华灯初上形成了绚丽多姿的光带。整个中心广场区的大部分均采用轴对称的方式，通过不同色泽的地饰砖将中心区分成里外两圈，里圈由22个地面泛光灯照明点缀，外圈则由11个高3米的灯柱来修饰。阶梯式花坛营造了极富韵律的绿化休闲区。水景观赏区：随着音乐的节奏而起伏的喷泉，使喷水广场成为游人嬉戏的场所。交通功能区：不仅提供了行人的通行便利，而且还在人行道

观景人与相应景观对象的关系　　　　　　　　　　　　　表1

景观位置			观景人	景观类型	景观中的桥体部分	景观中的配景
A	桥面	机动车道	司机	移动速度很快的活动景观	桥面、桥栏杆内侧	街边建筑物、路灯、绿地
		人行道	行人	移动速度较慢的活动景观		
B	桥侧	机动车道	司机	移动速度适中的桥立面景观	栏杆外侧、桥身侧面、桥柱侧面	街边建筑物、路灯、街道公共设施、绿地
	辅路	人行道	行人	移动速度较慢的桥立面景观		
C	穿桥方向的路面	机动车道	司机	尺度逐渐放大、细节逐渐清晰的桥身景观	栏杆外侧、桥身、桥柱	路两侧及桥前后的建筑物、路灯、树木
		人行道	行人			
D	远处的高层建筑上		静止的观景人	俯瞰立交桥全貌的景观画面	栏杆内外侧、桥面、桥身侧面、桥柱局部	周边建筑、绿地、放射式道路
E	桥附近的开阔区域		休闲的观景人	低视点位置上获取的桥身侧立面的整体画面	栏杆外侧、桥身侧面、桥底面、桥柱	街边建筑物、路灯、街道公共设施
F	桥下	机动车道 人行道	司机 行人	桥体与桥柱的局部画面	桥柱、桥底面	桥下路面、桥外侧的建筑物

靠挡土墙一侧设置了书报亭、饮水台、售货亭、问询处、公共厕所等设施，彰显下沉式广场作为地区中心的作用。

3.3.2　环境生态绿化因素

由于五角场地区交通较为集中，大气污染及交通噪声较大，设计师在绿化布置时充分考虑了乔、灌、草的科学搭配，在不影响交通实现的前提下增加绿量，采取复层混交，疏密有致，香樟、广玉兰、枫香、珍珠梅、锦熟黄杨、含笑、金银花等植物绿意盎然，为广场频添美景。整个工程的长轴为100米，短轴为80米，呈椭圆形，以5条地下通道、9个地面出入口与周边道路及商业广场相连。广场由内到外依次布置中心地图、中央广场、绿化、水池、水幕及环廊。整个建筑以清水混凝土为基调，简洁、大气，极具现代感和艺术气息。环形水幕落差4米，伴随音乐变幻不同形态，扭动"身体"。在灯光映衬下亮丽、轻盈，使广场更添活力和灵性，近300米长自上而下喷射的倒挂音乐水幕在国内外属首例作品。

由于五角场交叉口是由两条城市快速路和三条城市主干路交会而成的交通重要节点，并且它又处于城市副中心和市级商业中心的龙头地位，因此设计时特别"照顾"了

图6　上海五角场景观桥下沉广场

五角场地区的商业气息不受新建设施的影响，利用下沉式广场，使地下空间得到充分的应用（图6）。在保证立交基本交通功能的前提下，设计师将高架立交的"身高"降低了不少，13.55米的"矮个"的高架立交减少了对周边环境、景观、建筑的影响。由于拓展了地下空间，将立交的形式设计成极其简单的样式，从而避免了城市高架立交司空见惯的"柱林"。

3.3.3 大众环境心理因素

五角场是杨浦区的重要交通枢纽，五条重要道路的交叉点，也是杨浦区的中心。之所以要将其设计成自然流畅的正椭球形的"蛋状"，主要是考虑到"线条"比较硬朗的高架道路以及在上面飞驰而过的汽车可能会破坏五角场周边的商业氛围，需要有一定的"缓冲"。同时，"彩蛋"的"蛋壳"几乎覆盖整个下沉式广场，这一半包围结构能够阻隔一定的噪声，使得从蛋身下走过的行人不受高架路上汽车轰鸣的影响。

根据五角场所处的地理位置、周边路网等要素，将五角场立交布置成跨线桥，地道结合地面环形立交，下沉式广场将不再引入非机动车了。原五角场环岛将被保留，新五角场环岛采用长轴为100米、短轴为80米的椭圆环岛，地面设置4条环行车道。利用椭圆环岛地下空间形成的下沉广场，同时设置5个人行地道，人流被导入地道，地面不再有行人穿越。车在上面驶，人在下面走，立体交通将解决五角场地区多年的人车混行的、机非混行的矛盾。采用下沉式广场而非步行地道过街，主要是希望通过引入阳光，使过街市民克服地下空间封闭的感觉，同时还可减少通风、换气、照明等设施的能耗。另外，在下沉式广场的内侧，有一道长约百米的环廊，上面还安放数十台电视屏，为使用者提供了很好的休闲空间。

4. 城市景观桥的协调设计原则

城市景观桥是一种以人为本、以人为中心的空间区域。总的来说，是为了创造满足基本功能需要又富有内涵、充满生气的城市中心环境。本文通过对上海五角场的景观桥进行建成环境评价研究，总结归纳城市景观桥应具有以下五种原则。

4.1 吸引力 (Attraction)

吸引性是信息、文化、餐饮、娱乐的中心。景物光怪陆离，绚丽多彩。功能辐射整个城市甚至更远，该区域应享有较高的知名度，具有超广域效应。它应是一个城市开放的窗口，是现代化的点睛之笔，也是城市经济和商业发展的中枢。其辐射力不仅应传达到城市各个区域，也对不同地区、不同文化的人群具有吸引力。

4.2 可达性 (Accessibility)

可达性就是影响着人们能去哪里，不能去哪里的一种特性。只有使用者能够到达的场所才能提供给他们选择性，则可达性区即为穿越一个空间的可选择路线的数量，步行、乘自行车或公共汽车均可安全到达，避免汽车拥塞与事故的烦恼，因此这也成为能否使场所具有生命力的中心问题。可达性区应位于城市黄金区位，那里地价和土地利用率最高，交通极其便捷，人流、车流量大，有标志性建筑和商业设施，有高度现代化的市政、信息环境。

4.3　舒适性（Amenity）

舒适性则表现为环境安谧，景观优美，给人以舒畅感。在这样的公共空间中应该满足人们许多日常活动，如：基本必需的活动，行走、工作、购物或等车；可选择的活动，闲逛、静坐、晒太阳，这种活动只在环境亲切时发生；社会性活动，对话、观看别人、参与公众活动等，它决定于其他人的表现情况。人们对其要求不单是购买、选择活动的连续性，还包括进行社会交往活动的可能性。设计和塑造所提供的活动空间应具有的"性格"，使之成为人们可以自由地休息、玩耍、表演和进行一切社会交往活动的充满城市生活情趣的空间场所（图7）。

4.4　标志性（Signify）

它应当是城市重要的标志性区域，应包含区域文化，其空间质量和景观风貌代表着城市文明发展的水平。我们对一个环境的感知通过两个因素：一个因素是它的形态，也就是视觉的外在的元素；另一个因素是它的意义。空间历史文脉是历史发展过程在城市空间环境中留下的印记，它会引起人们对过去历史时期的回顾。

另外，在其环境的创造中延续特定的社会历史文化脉络，是使新环境具有意义的一个关键。设计中对城市居民文化追求和民俗性、地区环境气氛和建筑风格的尊重，能够提高人们对城市中心区的认知感及归属感。而这种文脉的保护，则更深层次地成为某一特定区域，城市、环境、街道的标志。

4.5　灵活性（Flexibility）

灵活性影响着人们可能的使用范围，其服务对象广泛，包括各年龄层市民及海内外游客，因此要求其更具灵活性。商业竞争、信息变化、古今文化传播、餐饮多样等，经常有新颖奇特、灵活多变的新气象。零售业

图7　上海五角场景观桥内部环境

和服务业发达，这里的服务业应包括金融、贸易、信息、会展、娱乐、房地产等及其配套的文化、市政、交通服务等设施，是一个现代立体化、一体化概念。

5. 结语

城市景观桥是新近提出的桥梁建筑内的一大分支，并且近年来桥梁建设中景观桥建设的需求也越来越大，尤其是位于城市重要位置和有特殊意义的桥梁。人们不仅希望能建成令人赏心悦目的景观桥，而且希望建成的城市景观桥能与众不同，体现城市的风情和韵味。景观桥已不纯粹以满足功能为目的，桥梁巨大的跨度、强烈的形体表现力、超大的尺度均对城市或大地景观产生影响。景观桥设计既要保持对功能、构造技术、形态美学、材料肌理研究的传统，还应针对随社会发展而产生的新景观问题保持敏锐的跟踪，这样才能与环境品质的高要求相适应。城市中的桥作为一种公共交通的重要组成部分，具有安全、舒适、便捷的优点，同时作为一种大型人工构筑物，它也在很大程度上深刻改变着城市面貌。每一个新的建设行为必须有一种基本职责：它必须创建一种连续的自身完整的结构，与周边环境达到和谐统一（图8）。

从空间的角度，景观桥是城市设计中重要的一部分，必须从如何与城市的各方面达到协调而考虑。对于城市意象中物质形态研究的内容，可以归纳为五种元素：道路、边界、区域、节点和标志物。不同的元素组之间可能会互相强化、互相呼应，从而提高各自的影响力；也有可能互相矛盾，甚至互相破坏。作为一种大型人工构

图8　上海五角场景观桥鸟瞰

筑物，景观桥既是道路也是边界；又是一个重要节点也可能是标志物；其沿线又营造出一种特殊的区域。以上这些，使它正在以一种无可替代的角色对城市肌理产生影响。

人们越来越重视这样的空间给城市景观带来的重要影响，它将极大地提升城市形象。所以，研究景观桥与其周边环境的协调性问题对于现阶段城市中桥的建设具有很重要的意义。

参考文献

1.（美）鲁道夫·阿恩海姆.艺术与视知觉.滕守尧，朱疆源译.成都：四川人民出版社，1998，(3).

2. 成砚.读城：艺术经验与城市空间.北京：中国建筑工业出版社，2004.

3.（法）罗兰·巴特.符号学美学.董学文，王葵译.沈阳：辽宁人民出版社，1987，(9).

4.（意）卡尔维诺.看不见的城市.张宓译.南京：译林出版社，2006，(8).

5. 陆锡明.大都市一体化交通.上海：上海科学技术出版社，2003.

6. 弗里茨·莱昂哈特.桥梁建筑艺术与造型.北京：人民交通出版社，1988.

7.（苏）М·С·费舍里松.城市交通.任福田，钱治国译.北京：中国建筑工业出版社，1984.

8.（英）加莫里，坦南特.城市开放空间设计.张倩译.北京：中国建筑工业出版社，2007.

9. 刘滨谊.城市道路景观规划设计.南京：东南大学出版社，2004.

10.（美）凯文林奇.城市建筑文化系列：城市意象.方益萍，何晓军译.北京：华夏出版社，2003，(1).

11. 优化上海城市空间环境形象研究.上海市科协高级顾问委员会、上海市城市科学研究会，2000，(10).

12. 上海主要公共活动中心和地带的功能改善和形象塑造.上海市城市科学研究会，2002，(9).

13.“中环线”环境景观规划对策研究.上海市城市规划管理局、上海市市政工程管理局，2003，(7).

14. 江湾——五角场城市副中心控制性详细规划.上海市杨浦区规划局，2003，(9).

15.（丹麦）扬·盖尔，拉尔斯·基姆松.公共空间·公共生活.汤羽扬，王兵，戚军译.北京：中国建筑工业出版社，2003，(4).

16. Matthew wells. 30 Bridges. Laurence King，2002.

17. Chuan Do, Chung-Chi Chu, Scott Hudgins, Jacob Chan. Lotus Pond Bridge. Taipei：The Arup Journal，2002(1).

18. Tony Fitzpartrick. Linking London: the Millennium Bridge. the Royal Academy of Engineering, UK，2001.

上海市街道家具设计浅析

Study on the Design of Street Furniture in Shanghai

宋树德

Song Shude

（东华大学环境艺术设计研究院，上海 200051）

(Donghua University Institute of Environmental Art & Design, Shanghai 200051)

摘要：街道家具作为城市景观的构成元素，协调着人与城市环境的关系。与上海的快速发展相比，其街道家具却体现出整体散乱、缺乏特色、欠缺维护等诸多问题。本文通过对上述问题的分析，总结出上海市街道家具设计的原则，为管理和调控上海的城市形象提供参考。

关键词：街道家具，环境设施

Abstract: Street furniture is a part of the urban landscape and performs to harmonize the relationship between the city and the people living there. In contrast to the rapid development of Shanghai, the street furniture of Shanghai shows signs of disarray, lack of uniqueness and maintenance. Therefore, street furniture with unique characteristics and in harmony with the surroundings has been an exigent issue for the elevation of the city's taste and improvement of the city's looking.

Key words: street furniture

1. 引言

19 世纪 60 年代，公共艺术萌芽的英国产生了词条 "Street Furniture"，直译为 "街道的家具"。巴黎第四大学历史学教授卡蒙纳曾经为 "街道的家具" 提出一个简单、直观的说明：所有置备于街道的家具设施，所有在城市或聚落里，所有设立在道路的边缘、人行道上，甚至就在道路上的公共设施。如此说来，作为公共设施的重要组成部分，城市景观中的公共 "生活道具"，街道家具指称的范围就十分广泛，像垃圾筒、邮筒、电话亭、城市指示系统、灯具、公共座椅、公交候车站等都是 "街道家具" 的范畴。同样的意思在德文称为 "街道设施"；法文里名为 "都市家具"，有时也称为 "都市组件"；在日本被理解为 "步行者道路的家具" 或者 "道的装置"，也称 "街具"；在我国，也称之为 "环境设施"。

目前，我国正处于城市环境改造的建设阶段，街道景观扮演着城市的重要角色，越来越受到社会的普遍关注及城市管理者的重视，现在弥漫于上海的街道外立面改造就是实证。作为城市街道景观的重要构成元素，街道家具协调着人与城市环境的关系，它除了具备功能性特征之外还体现着一个城市的时代精神和文化状态，体现着社会的面貌和人民的生活方式。街道家具的有无、数量的多少、品质的优劣以及配置的适合程度等，均会对整个城市的街道景观造成影响，进而影响整个城市的综合景观。

20 世纪 90 年代以后，上海的城市建设进入了快车道，城市面貌取得了翻天覆地的变化，并且在某些方面达到了国际先进水平，出现了如浦东新区这样新生的现代化城市规划和建设项目。然而，上海的街道家具存在着整体散乱、缺乏特色、欠缺维护等诸多问题，既不利于市民的使用，亦破坏了城市综合景观形象。

2. 街道家具的特性

2.1 公共性

街道家具处于开放性的、与环境交流密切的城市街道之中，因而它首先具有与公众产生亲和而积极对话的品性。也正是由于街道家具所具有的公共性，决定了其内容、形式是为大众服务的，与人的生活关系密切并具有一定的互动关系。街道家具的本质是亲民的，为大众而做，谋求的是公众之利，从物质上和精神上都是以人（公众）为本、以人（公众）为核心、以人（公众）为归宿。街道家具属于大众文化，它应该体现公共精神，适应大众审美需求，为大众体验而创作。基于此，便不难看出亲和互动、公众参与 (Art Participation) 正是街道家具设计成败的关键之一（图 1）。

图 1 布拉格街头雕塑

2.2 功能性

功能性的原则是街道家具设计的基本要求，它能让使用者在与街道家具进行全方位的接触中得到精神和物质的多重享受。要明确街道家具的功能，就必须对各种城市街道中人的活动形态进行调查，来确定街道家具类型的选项。在城市街道家具使用功能的界定上，要尽可能满足人机工学的要求，体现其功能的科学性。如公共汽车站牌的设计，应该清晰美观便于浏览，并且同时能提供多种乘车信息等（图 2）。

图2　欧洲城市的公共汽车站牌　　　　图3　日本的盲道及盲人交通指示设施

2.3　耐用性

街道家具的耐用性是依据产品各元素在工业加工技术和生产能力以及后期管理维护方面提出的一种特性。由于设计出的一些街道家具,低效率的功能、不当的材料、粗糙工艺及不当的使用,使得其维护保养的成本增高。这些因素都造成街道家具在使用时无法经久耐用的问题。

2.4　人性化设计

人是城市环境的主体,因而设计应以人为本,街道家具设计应该从研究人的需求开始。人性化的街道家具的设计应该充分考虑使用人群的需要。在使用人群中老人、儿童、青年、残障人士有着不同的行为方式与心理状况,必须对他们的活动特性加以研究调查后,才能在设施的物质性功能中给予充分满足,以体现"人性化"的设计。如在人行道上开辟盲道以及盲人交通指示设施(图3),在楼梯两侧开辟轮椅通道或专用电梯,这些都是考虑到残障人士需求的人性化设计。如何兼顾不同使用人群的需求,如何使他们在使用设施时感到方便、安全、舒适、快捷,是设计师进行人性化设计时应该考虑的因素。

2.5　艺术性

街道家具的艺术性属于环境艺术的实用美学范畴,不能简单地解释为环境艺术观感和美观问题。如前所述,因为环境是我们居住、工作、游览的物质环境,同时又以其艺术形象给人以精神上的感受,所以环境艺术的设计行为和作用必须具备一定的实用特征和精神特征。绘画通过颜色和线条表现形象,音乐通过音阶和旋律表现形象，环境艺术的形象的生成则是在材料和空间之中，具有它自身的形式美规律。

街道家具的制作，必须遵循形式美的规律，在造型风格、色彩基调、材料质感、对比尺度等方面都应该符合统一和富有个性的原则。其中色彩是街道家具最容易创造气氛和情感的要素，色彩应结合街道家具的使用性质、功能、所处的环境以及本身材料的特点进行整体设计。街道家具不仅给人们带来生活的便捷，更让人们在使用中下意识地感受到一种舒适与自在，并在体味生活的愉悦中产生对美的永恒追求。

3. 上海街道家具的现状

当法国人惬意地在街头品茗着咖啡，我们却只能不停地走下去，不知道什么时候才有休憩点；当威尼斯人在圣马可广场悠闲地散步时，我们却不得不在拥挤的人潮中加快步伐，怎么也享受不到闲庭信步的惬意。不仅如此，有路牌却找不到正确的方向，有盲道却时断时续、蜿蜒曲折，这都是在上海常常遇到的尴尬。这与上海国际大都市的城市定位不匹配，不仅降低了市民的生活质量，也影响了上海整体景观环境的塑造。上海市街道家具主要存在如下五个方面的问题。

3.1 欠缺整体性

上海城市街道家具的设计与安置因涉及城建、交通、邮政、电信、环保等诸多部门，其结果造成了街道家具在系统内的形式统一和单调，使得上海市中心城区的街道家具系统整体上呈现出散乱和不协调感（图4）。同时，整体性的欠缺造成了街道形象的不明确，进而影响了上海市整体景观形象的塑造。以南京路步行街为例，散布于步行街内10余处服务商亭的设计采用了不同的元素、形态与色彩（图5），致使南京路步行街的街道家具系统十分混乱，降低了南京路步行街的整体景观形象。

图4　各自为政的城市街道家具，造成了上海市中心城区整体景观形象的混乱

图 5 上海南京路步行街内的服务商亭

3.2 欠缺对所处环境的考虑

上海市中心城区的街道家具设计欠缺对所处环境的考虑，没有先考虑上海市本地区的自然环境和人文环境，从城市的传统样式、地方风格、材料特征、城市色彩等城市"原型"中寻找根源。同时，环境设施的体量、形式、轮廓和材料的色彩、质感及内涵等与本地环境的地域性文化结合还不够，缺乏上海特色。

3.3 欠缺专业设计

由于街道家具设计专业人才的缺乏，加之建筑师常视这一类设计为"雕虫小技"而不够重视，故而现有街道家具多为工厂成品，缺乏应有的视觉美

图 6 上海人民广场的垃圾箱

感。缺乏设计的街道家具忽视了文化内涵，仅能满足基本的使用功能，这与上海国际大都市的整体形象格格不入，显得平庸而乏味 (图 6)。

3.4 欠缺对人性化需求的满足

根据观察分析，上海市中心城区街道家具的设计在很大程度上并未真正从人的需求上考虑。时有因设计的错位导致人们不文明行为的发生，以及人们使用的不便。如在人流量大的场所缺少必需的垃圾箱；部分公交车站牌设计过高，给老年人及儿童的使用带来了极大的不便 (图 7)；不考虑使用人群的行为特征，阻碍了人们对街道家具的使用；无障碍设施的设置不健全 (图 8)；重交通轻人情等等。

图 7   不合理的站牌设计   图 8   缺乏残障人士使用功能的公共厕所

3.5   欠缺管理维护

上海市中心城区街道家具由于缺乏规范的管理制度与长效管理机制，加上人们的整体素质有待提高，街道家具常常被恶意损坏，并长期得不到应有的维护和更新。

4. 上海市街道家具设计的原则

街道家具不可避免地要与城市景观、建筑、城市规划等密切地联系在一起，它们是属于城市并融于城市之中的。为了创造出既有地域特色又具时代性的高水准的街道家具，从而改善城市的视觉环境，提高人们的户外生活质量，上海市街道家具设计应遵循下述原则。

4.1   "多效"原则

城市街道家具既具有实用价值，又具有精神功能。城市街道家具的存在不只是为了满足人类的行为与活动要求，更在视觉上形成许多节点与记忆。特定地域中环境与视觉节点的结合，经常可以形成一个信息交换、意见沟通及休憩的中心。城市街道家具作为城市景观设计的重要元素，具有提供空间界定、转换、点景，甚至成为城市地标的作用（图 9）。良好的街道家具设计与布局还是公共空间中富有吸引力的许多活动的前提，是触发人们积极使用公共环境的重要因素。

在上海，大多数街道家具的设计初衷还局限于满足功能性的需求，这不利

图 9   东方之光——上海世纪大道雕塑

于上海综合景观的塑造与城市形象的提升。因此，上海市中心城区的街道家具设计应本着"多效"原则，不应局限于"室内家具外移"的功能性意义，仅满足人们各种活动的基本需求，还应影响人们的生活方式和行为模式，成为足以凝聚能量、释放活力的区域象征。

4.2 "和谐"原则

构建社会主义和谐社会，是我国立足现实，面向长远，为国家和社会长治久安提出的重大战略举措。和谐的城市景观环境亦是构建和谐社会的重要一环。上海作为我国的经济中心，构建社会主义和谐社会有着更充分的前提条件。上海市中心城区街道家具设计的"和谐"性原则体现在以下几个方面。

1. 传统与现代相"和谐"

城市街道家具设计应该是传统与现代的巧妙结合。每个城市都有自己独特的传统和特色的文化，它是历史的积淀和人们创造的结晶。城市街道家具完全可以作为城市文化的一种载体，把富有特色的文化符号应用在设计中。当人们欣赏或使用富有民族和传统文化特色的街道家具时，一定会更加了解人们生活的城市，从而更加尊重它们，更加热爱它们。上海一千多年的传统文化以及曾经"远东第一城市"的辉煌历史为城市街道家具的设计留下了许多可利用的元素：飞檐斗栱、水榭亭台的城隍庙（图10），融会东西方文化的石库门（图11），多姿多彩的人文故事……传统与现代相"和谐"，将这些传统文化的精髓所在与现代设计方法相结合，必将创造出极具海派风情的街道家具。

图10　与城隍庙风格相契合的街道家具

图11　与石库门风格相契合的街道家具

2. 与城市风格相"和谐"

城市街道家具的细节与城市风格的吻合，务求达到整个城市景观环境的和谐统一。城市街道家具要做到与城市风格相"和谐"，应该在城市主色调——城市色彩的大方向要求的基础上，结合周边已存在的城市建筑以及自然环境的基调作相应的调整，如上海的城隍庙街区、外滩街区及浦东街区的街道家具应各具特色。城市是人类集中居住地，所谓城市色彩，就是指城市公共空间中所有裸露物体外部被感知的色彩总和。城市色彩是一种系统存在，完整的城市色彩规划设计，应对所有的城市色彩构成因素统一进行分析规划，确定主色系统及辅色系统。在城市街道家具的设计中也应该考虑其存在空间的城市色彩，使其与城市风格相"和谐"。2007年3月，广州市城市规划勘测设计研究院和中山大学通过一年多的准备和研究，明确了广州城市色彩体系；而上海至今仍没有总体的色调规划，致使上海中心城区街道家具设计的混乱，这不利于上海提升城市的整体形象和感观。

3. 与城市的生态环境相"和谐"

城市街道家具设计必须考虑其存在空间生态环境。有的城市四季如春、气候湿润，在城市街道家具设计之初就要考虑到街道两旁种的是什么花，栽的是什么绿化植物，这些植被的开花期、花的颜色等等。只有这样，所设计的城市街道家具才能与周围的生态环境很好地融合，使街景更美丽。上海城市四季分明，温和湿润，阴雨天气较多，因此在设计街道家具时就要把通风、防雨以及材料的耐腐性等一些因素考虑进去。否则，设计师千辛万苦设计出来的街道家具再美，经不起人们的使用，就已经寿终正寝了。这样看来，城市街道家具的设计的确要与城市的生态环境很好地"和谐"才行。

4. 与人的需求相"和谐"

城市街道家具的设计还应该针对主要使用人群的不同，作出相应的改变，与不同街区的人的需求相"和谐"，从人的需求、人的感知和感情出发，从而造就出具有人情味的场所。在进行街道家具设计时应首先了解其主要使用人群的行为特点及心理需要，坚持以人为本，创造出符合大众感官特征、满足人体尺度和人的行为特点的作品来服务于大众。例如陆家嘴地区，街道家具的主要使用群体为上班族，其设计的关键因素是便捷性；城隍庙地区，街道家具的主要使用群体为游客，其设计的关键因素是文化性；如新华路、安顺路等生活性街道，街道家具的主要使用群体为老年人及儿童，其设计的关键因素是舒适性及趣味性。

4.3 "整体"原则

"整体"原则是指街道家具设计系统的总价值。部分的设计价值是整体设计价值的局部，它依附于整体而存在，构成了系统的街道家具设计。首先，建立城市整体环境的观念。街道家具与城市公共空间环境的关系，随人类生活和观念的改变而变得越来越密切。与环境和谐、协调是街道家具设计的基本要求。目前上海的城市景观环境中，街道家具和街道环境冲突的例子随处可见，这主要是由于来自某一方面的个人意志或设计师过分强调自我，使街道家具同整体景观环境格格不入，无法成为城市景观环境的有机组成部分，未能体现参与构成景观环境的作用。即使一件或者一套街道家具本身整体性、和谐性比较强，但当把它放置于城市街道中却无法很好地与之融合时，这仍然是一件失败的作品。整体环境观念的缺失，再和谐的设施也只能游离于城市公共环境之外，这也就失去了作为城市街道家具的意义。

其次，在街道景观的营造过程中，为了强调街区乃至城市的个性，要对街道家具系统内部的共性加以强化，进行整体化设计，从而避免或尽量减轻行业割据所带来的负面影响。诚如评论家柏涅克所言："凡意图使设计独立于现实而存在的人，必须先了解设计本身就是生活条件的交集。"在整体环境观念下的城市公共空间中的街道家具，经系统处理，将对城市公共空间的性质加以诠释，对景观环境意象加以突出刻画，对整体环境功能加以安排。

5. 小结

街道家具作为城市景观构成中的重要元素，其设计和处理，能体现城市的文明程度和文化品质。成功的城市街道家具设计可以创造出一个城市的强烈地域感和可认知感，培育城市知名度和影响力，成为拉动城市发展的一个重要增长点。目前上海的街道家具还存在许多问题，包括欠缺整体性、欠缺对所处环境的考虑、欠缺专业设计、欠缺对人性化需求的满足、欠缺管理维护等等。因此，创造与环境和谐统一、具有鲜明特色的街道家具已成为提高上海市民生活质量、提升上海城市形象和品位的迫切问题。

本文对上海市街道家具设计进行了浅析，总结出上海市中心城区街道家具系统设计的"多效"原则、"和谐"原则、"整体"原则，希望能够为上海市街道家具的更新与建设提供相关研究成果，为管理和调控上海的城市形象提供参考。

参考文献

1. 王昀，王菁菁. 城市环境设施设计 [M]. 上海人民美术出版社，2006.

2. 杨子葆. 街道家具与城市美学 [M]. 台北：艺术家出版社，2005.

3. 翁剑青. 城市公共艺术：一种与公众社会互动的艺术及其文化的阐释 [M]. 南京：东南大学出版社，2004.

4. 黄锦香，杨岚，郭景立. 城市道路绿化景观设计 [J]. 林业勘查设计，1999，(3)：30-32.

5. 陈勇. 城市环境中的街具设计 [J]. 重庆建筑大学学报，1997，(2)：58-59.

6. 徐运. 为城市整体"着色"，上海暂不考虑 [N]. 新闻晨报，2007-03-21.

7. 过伟敏，周方旻. 户外家具设计探微 [J]. 无锡轻工大学学报（社会科学版），2006，2(2)：184.

8. 诸葛雨阳. 公共艺术设计 [M]. 北京：中国电力出版社，2007.

9. 孙明华等. 城市家具系统设计 [M]. 北京：中国建筑工业出版社，2006.

10. 吕正华，马青. 街道环境景观设计 [M]. 沈阳：辽宁科学技术出版社，2000.

从传统商业会馆建筑看城市
建筑独特的地域文化表现

Viewing the Peculiar Regional Culture of City Constructions from the Perspective of Traditional Guild Halls

王东辉　于　鹏

Wang Donghui　Yu Peng

（山东轻工业学院艺术设计学院，济南 250353）

(Art and Design Institute, Shandong College of Light Industry, Jinan 250353)

摘要：本文针对目前国内许多发达城市出现很多似曾相识的建筑设计现象，结合中国传统商业会馆建筑的独特地域文化表现，对城市建筑的地域文化性进行简要论述，并倡导设计师将现代建筑艺术与地域文脉相结合，创造出具有地域文化特色的现代建筑景观。

关键词：会馆建筑，地域文化，城市建筑

Abstract: Facing the phenomenon that a large number of constructions of similar style have emerged in different developed cities in our country, and combining the performance of the peculiar regional cultural characteristics of traditional guild halls in China, this paper is to state the regional culture of city constructions, then to propose designers to combine modern construction art with regional cultures to create modern constructions with strong regional cultural characteristics.

Key words: guild halls construction, region culture, contemporary construction

自 20 世纪末开始，随着建筑业和地产业的兴起，我国的大多数城市经历了翻天覆地的变化。很多城市开始走上了旧城改造和城市扩建的发展道路，城市面貌焕然一新。表面上看，城市中高楼大厦鳞次栉比，确有繁荣昌盛的表现，这似乎标志着一个国家跃入了发达国家的行列。其实，忽略了文化建设的单一的社会经济发展和社会物质财富增加，并非完善的"发展"。国内很多经济发达城市的密集区建筑物让人看起来并没感到是属于自己城市的，一座座建筑，材料相似、表情木讷，没有注入地域文化的血液，缺乏地域文脉的传承，使城市建筑景观失去特色。这就让我们联想到堪称中国明清商业建筑典范之作的河南境内的一些山陕会馆，它们独特的地域文化表现和丰富的建筑形态语言，应该给我们目前仍在继续复制建筑的设计师们一点启发吧。

1. 对传统商业会馆建筑的简要分析

1.1 各具特点而又一脉相承的山陕会馆

明朝中期商品经济的高度发展，全国范围内长距离贸易的兴盛，造就了秦晋商帮。为了便于贸易的更好开展，为同籍商贾提供便利的修葺、屯储条件，秦晋商人在各地广建会馆。河南因地处中国腹地，位居重要的地理位置，具有发达的水路、陆路条件，以及拥有当时重要的商业条件，成为商人汇聚的重要商业区域，因而秦晋商人在这里兴建了大量会馆，称之为"山陕会馆"。

河南境内的山陕会馆主要兴建在码头及陆路枢纽地区，如开封的山陕甘会馆、洛阳的山陕会馆、南阳社旗县的山陕会馆、唐河县山陕会馆、淅川荆紫关镇山陕会馆等。这些会馆大都规模庞大，耗资不菲。各个会馆在建筑艺术方面均具有非凡的成就，尽管规模和具体建筑形制存在一定差异，却有着一定的内在关联。如从总体规划方面看，开封山陕甘会馆、洛阳山陕会馆、社旗县山陕会馆都是典型的对称式中国北方传统建筑规划模式，规划思想同出一辙，建筑群体组团明确、疏密有致。建筑单体的组织，院落的分割，建筑的形式，院落的面积等无不根据使用功能进行定位，而且均利用一定的组织手段使不同功能的建筑和院落呈现出各自的感情色彩，增强了其功能性。

1.2 继承本土建筑文化的精髓，丰富地方建筑技术

清代时期，以山西晋中地区为中心的民间雕刻艺术在全国处于领先地位，是中国北方地区建筑雕刻艺术的集中代表。明清商品经济的发展，使得秦晋地区经商者颇多，具有一定的经济条件。也正是因为外出经商风雨不时、欠丰难料的不确定因素，促使秦晋人崇祀神灵，讲求公忠、仁爱，因而塑造了众多装饰题材。技术、思想与资金力量的结合，形成了秦晋民居占地广阔、楼高院深、基宽墙厚、装饰丰富等特点。其中以山西太谷、平遥、祁县、榆次、阳泉、沁水，陕西平坝城、西安、三原、韩城等地的深宅大院最为典型。

将建筑构架的功能性与装饰性相结合是明清山陕民居重视装饰的一个重要体现，几乎所有建筑中，都按一定的主次关系及功能性质对建筑构件进行不同形式的装饰处理。以社旗山陕会馆为例，无论其柱子、檐口、屋脊都兼有结构作用与装饰功能，各种雀替、斗栱、额枋、柱础、抱鼓石等建筑构件更是在起到受力作用的同时，又成为重点装饰部位。社旗山陕会馆照壁为青石须弥座，须弥座之上的壁面用476块彩釉琉璃通体装饰，图案以"寿"字和蝙蝠图案为主，以行龙、牡丹图案为辅，富有"福寿双全"的寓意，另配有竹子、仰覆莲等其他琉璃雕刻图案，形成主次明确、内容丰富的整体画面。照壁顶部是硬山顶，覆以琉璃装饰；正脊中间设有琉璃饰件"狮托宝瓶"、"狮子双吻"，其两侧配以"仙人"、"狎鱼"、"海马"等琉璃件，既体现了人们对美好事物的思想寄托，又装饰了建筑。再如社旗山陕会馆的悬鉴楼，整个建筑以24根柱子为着力点，按使用部位的不同，各柱子形态各异，却皆使用上圆下方的复式柱础。

柱础都经过雕刻装饰，图案寓意深刻，雕工精湛。其他建筑单体中，也同样运用了大量的装饰手法，不多言表。建筑中将各种精湛的雕刻艺术、绘画艺术等结合在一起，赋予寓意深刻的装饰题材，展现出浓厚的民间艺术气息。这些做法表现出秦晋商人对家乡建筑艺术的崇尚和对故乡的眷恋，从而在客地重塑乡土建筑之韵。

山陕会馆对本土建筑文化精髓的继承还表现在其建筑材料的使用方面。瓦是传统民居建筑中用量较大的建筑材料，记录最早的瓦是陕西岐山县凤雏村西周建筑遗址出土的陶瓦。随着技术的发展和人们审美的提高，南北朝时期琉璃瓦已经产生，因其具有色泽鲜丽、抗水性好等优点，被广泛应用，尤其是用于皇家建筑。明清时期，山西地区的琉璃瓦和琉璃脊饰在全国享有盛名，大量建筑用琉璃制品运往全国各地销售，同时更是宫殿建筑中琉璃饰品的供应基地。河南的山陕会馆的建造者大量采用故乡的琉璃瓦饰技术，将晋地的琉璃饰品大量运用到屋顶、屋脊和照壁等部位的装饰上。而琉璃制品的使用也为河南局部地区的建筑面貌带来一定的积极影响。

1.3 积极汲取当地建筑建造手法，加强建筑文化的融合

清朝时期，清工部颁布的《工程做法则例》在《营造法式》的基础上进一步规范了官式建筑，对民居建筑做法也作了一定的限制。而河南民居依然延续着传统做法，在《工程做法则例》颁布后的一定时期内，呈现出古今之法交织并行的现象，形成独特的地方建筑手法。例如平面形制中的"减柱造"，这种做法在同期的其他地区并不多见，唯河南民居中使用较为普遍。而社旗山陕会馆的大座殿将明间金柱删减，以加长大柁承重的做法就是对地方建筑做法的采纳。

清代官式建筑中大式带斗栱的建筑柱径与柱高比例一律为1∶10，柱身比例变得细长，河南民居用柱则不拘泥于此标准，多数民居中柱径达不到上述标准。河南的山陕会馆柱身比例与河南民居中情况相同，多数大于官式建筑的规定，如南阳社旗的柱径与柱高比均在1∶10以上，其中马王殿与药王殿柱子自身比例达到1∶17.85。

河南民居中斗栱做法突破《工程做法则例》中对斗栱做法的禁锢，很多民居建筑未遵守《则例》中限制民居斗栱应用的规定。河南的山陕会馆建筑的大斗，不但有沿袭前代的圆形和瓜楞形斗，还有很多气势非凡的讹角大斗，而且还雕饰各种花卉，这与清代以方形斗为主的官式建筑的大斗做法很不相同。如开封的山陕甘会馆中大量使用了讹角大斗，南阳社旗山陕会馆则既有方形大斗，又有讹角大斗等很多形式。而讹角大斗的使用就连山西乔家大院的建筑中都并不多见，在河南民居中却不足为鲜，如河南商水县的叶氏民居大门上，也有此类讹角大斗。

当然，山陕会馆对河南当地建筑做法的运用远不止此，垂柱、耍头、雀替等构件中也有不少地方做法的应用。

通过上述对河南的山陕会馆建筑部分构建方式及装饰艺术的分析，很容易发现其形成依托着两种建筑文化，这才使得山陕会馆既保留着山陕地区合院建筑规划严谨、装饰华丽、精工细作的特点，让客居者身处异地却能感受乡土的气息，又使建筑与地方建筑相映相衬，相互融合，可谓文化交融的成功之作。

2. 由山陕会馆体现的地域建筑文化所引发的几点思考

信息化的高速发展，是一把双刃剑，优点是我们足不出户便可以接收到来自世界任何一个地方的信息，这为设计师们了解新的设计理念、新型的建筑装饰材料、新兴的施工工艺提供了便利。同时，信息媒体的极端扩张造成了转型时期城市建筑的模仿泛滥行为，建筑的地域文化和建筑本身的民族生活方式的功能内容以及独特的建筑形式语言被严重吞没，尤其是我们经历了信息封闭的"十年文革"岁月，突然间窗户打开，设计师们在建筑中大量参考发达国家的建筑形态和现代化建筑材料。这种做法，除了造成各建筑的体量和一定的形态差别之外，似乎建筑内流淌的全部是同样的汁液，致使我们置身不同的城市内，却几乎没有身处异地的差别之感。"大一统"的局面带给我们的只有城市共同的时代特征的表现，而感受不到任何特定城市的文化气息。像山陕会馆既保留着山陕地区合院建筑规划的形态特点，又使建筑空间的形式符合地区生活方式，同时又与当地建筑材质肌理相互映衬与融合的成功之作，今天看到的较少了。这里我们不得不对著名建筑师贝聿铭在中国所做的几处建筑，如香山饭店、苏州博物馆等的既固守民族建筑文化语言又有现代建筑表现形式而大加赞赏了。

要走出现代就不能进入传统的建筑设计误区。建筑可以是高科技现代化的象征，但是它的表现语言也同时可以是传统文化和地域文化的体现者，二者是可以融合的。比如日本奈良的商业与居住街区建筑，既保持了日本"和、精、巧"的传统地域文化的建筑形态特点，又吸收了现代建筑钢材与玻璃材质的构成形式，二者和谐地体现出建筑的完整气质和民族特色。所以说，一座建筑同时可以表现出既是现代的又是很传统的，这是个观念和认识问题。

提倡发展地域文化，一不是盲目反对吸收国外先进的建筑科技发展成果，二不是倡导简单的复古做法。实际上，对建筑地域性文化的保护和发展，不仅要在建筑外观上下工夫，更重要的是在建筑内容上做文章。应当在建筑的整体内容中充分地阐释地方的文化精神、生活方式、生活观念、人与人的关系、风俗习惯等问题。也就是说，建筑最终是给一个国家的人民提供生活、工作、消费等内容的充满活力的生存空间，这一点，从明清时期秦晋商人修建的山陕会馆所起到的繁荣商业、满足交流的功能作用中，就可以清晰地体现出来。因此，我们当前应该深刻地发掘城市文脉，从其间提取典型的地域文化特征，在融会建筑的功能特性的基础上，结合现代建筑语言和现代表现手法，创作出传统地域文脉与当代建筑艺术表现手段完美结合的建筑作品。

参考文献

1. 左满常，白宪臣著. 河南民居. 第一版. 北京：中国建筑工业出版社，2007.
2. 黄续. 社旗山陕会馆建筑考略. 装饰，2006，(4).

创造诗意的景观
Creating Poetic Landscape

吕在利　闫国艳

Lü Zaili　Yan Guoyan

（山东轻工业学院艺术设计学院，济南 250353）

（Art and Design academy, Shandong institute of Light Industry, Jinan 250353）

摘要：现代社会面临着日益严峻的环境问题和人地关系问题，诗意的景观难以再现，景观设计作为协调人地关系的一种手段，已发挥出越来越重要的作用。本文由海德格尔的诗展开论述，从三个方面来阐述创造诗意景观的主题。首先，提出了景观及景观设计的概念，景观设计作为人类的创造性活动，与人类生存及生活关系非常密切；其次，描述了什么是"诗意"的景观设计，中国传统哲学对其产生有着重要的影响；最后，笔者提出四个观点来论证如何创造诗意的景观。由此得出本文的结论，创造诗意的景观需要每一个设计师都要有历史责任感，对中西方设计渊源要有着清晰的思路，以继承、创新和发展的思想来重现中国的"桃花源"地。

关键词：景观，诗意，创造

Abstract: Modern society is facing with the increasingly serious environmental problems and the problems of the relationship between people and land. It is difficult to reproduce poetic landscape. As a means to coordinate the relationship between people and land, landscape design has been playing an increasingly important role. Starting from Heidegger's poetry, this article is trying to explain a poetic landscape on the subject from the three areas. First, give out the concept of landscape and landscape design. As the creative activities of mankind, landscape design has a very close relationship with mankind's survival and living. Second, narrate something about what is poetic landscape design. The traditional Chinese philosophy has an important impact on it. Finally I made out four points to prove how to create a poetic landscape then get such conclusions that creating poetic landscape needs designers to have a sense of historical responsibility and a clear idea of the inheritance and development of design origins both in the West and East. With such innovative thinking we can reproduce China's "Land of Peach Blossoms".

Key words: landscape, poetic, creating

海德格尔说："人，诗意地栖居在大地上。"大地是人类生存的依托，诗意的栖居是一种生活状态。我们创造诗意的景观，寄居于感情的体验和意境的追求，从而得到自身的精神慰藉，诗意的栖居环境是人类恒久的梦想。

人类社会的改良与发展是在不断利用、改造周围环境的过程中完成的。自然环境和人工环境反映了人与自然相互作用的结果。景观设计作为人类的创造性活动，与人类生存、生活关系非常密切，它记录着人类的活动足迹。

一、景观及景观设计

景观（Landscape）一词最早的记载出现于旧约圣经之中，其含义是指城市的景象或指大自然的风景。15世纪欧洲风景画的兴起，使"景观"成为绘画专用术语，其本质等同于"风景"、"景色"。18世纪"景观"的含义发生了改变，它与"园艺"比较紧密地联系在一起。19世纪下半叶，景观设计学的诞生，使景观与设计结合得更加紧密，并以学科的形式得以广泛的推广。不同的历史时期、不同领域的学者对景观内容的理解都有不同的认知。地理学家把景观定义为地表景象，是一个科学名词；建筑师把景观看作是建筑的背景；艺术家则把景观赋予诗境，当作自己创作表现的风景。

景观可以分为自然景观和人文景观，人文景观包含了更多人类创造行为的概念。景观设计是伴随着人类改造自然的活动而发展起来的。按照规划设计对象的更迭，从历史的来龙去脉，从传统的风景园林到当代的景观建筑学，经历了这样一种演变过程：荒野—景物—囿—苑—花园—园林—城市绿地—公园—风景名胜区—自然保护区—大地景观。现代景观设计学已经远远超出了传统园林景观设计的内涵，从"精英化"即小型空间设计和为少数人服务，转向大空间和为大众群体服务，并且充分考虑到使用者个体的特殊性。随着全球经济一体化进程的加速，社会的环境意识也逐步增强，生态化的设计理念和环境保护的具体措施也不断被提出。美国景观设计师协会（ASLA）对景观设计学的定义："景观设计是一种包括自然及建筑环境的分析、规划、设计、管理和维护的学科，属于景观设计学范围的活动包括公共空间、商业及居住用地的规划、景观改造、城镇设计和历史保护等。"现代景观设计是关于人居环境系统的设计，它所关注的是人类整体的生存状态和生活环境品质的改善。所以说，景观设计学是与人类生存、生活及发展关系最为密切的一门学科。

二、"诗意"的景观

回到海德格尔的诗："人，诗意地栖居在大地上。""诗意"一词在《现代汉语词典》中解释为"像诗里表达的那样给人以美感的意境"。诗意是一种文学上的概念，它是一种对生活的感悟，是诗人个人情感与环境交融的升华与表达。在这里，诗意的景观，其中的"诗"所具有的内涵已经不是普通意义上的文学之"诗"了，它指的是重回土地、回归自然，它既是一种审美上的感受，又是一种生活状态的描述。诗意来自于人们对生活的热爱和体验。"诗意"的景观，或许应该如陶渊明"忽逢桃花林，夹岸数百步，中无杂树，芳草鲜美，落英缤纷……"般情景的写意；诗意的景观，或许应该如江南民居那般"粉墙黛瓦"、"小桥流水"的意境；诗意的景观，又或如乡村景观中的那般"粗糙"、朴实和生动，没有夹杂任何人工修饰做作的成分在其中。"栖居"的过程实际上是人与自然相互作用的过程，并最终取得和谐的过程。景观是人类为了生存和生活而对自然的适应、改造和创造的结果。

"诗意"在中国有着深厚的文化根源，如何来认识这种社会文化积淀以及整个民族心理结构的形成，追本溯源是非常有必要的。中国传统哲学对于中国的景观设计有着决定性的指导作用。我国传统思想的主流是儒教、道教和佛教。儒家强调"中庸之道"，强调秩序的作用与存在，对传统的社会生活有着实际的指导作用。道家则倡导"师法自然"，源于自然而高于自然，这种思想对于中国传统的人文思想和生活态度及环境氛围的营造有着绝对的影响。而佛家追求的是"空"，追求的是感悟，从而超出肉体的感性认识达到精神上的顿悟，把自身融于广阔的大自然中。这三种思想及其结合成为中国历史上的主流思想。基于这种思想文化的影响，中国人对于景观设计有独特的认识，讲求物境、情境、意境的表达。诗意与意境有相通之处，都是指对一种情感的升华。然而，诗意更多是强调回归土地，回到广阔的自然境界之中，它更具有朴素因素在其中，更多地体现了人们精神上的放松和回归自然从而得到身心的满足。

民族以及民俗的不同会导致文化认知上的隔阂，但人类的情感是相通的。英国的自然风景式园林对诗意的景观设计有较好较全面的诠释。早在18世纪下半叶，英国画意风景学派就认识到，那些被人工修饰过的景观，如修剪整齐的人工草坪、花卉、光滑的河岸是没有诗情画意的，或者说是不能入画的，而只有那些丰富的、"粗糙"的自然形态的植被和水际景观才有画意和诗意，才能为人类提供富有诗情画意的感知与体验空间。所以，无论东方国家还是西方国家，无论是从哲学的高度来理解，还是从景观的构成和细部的具体设计，在追求诗意的景观设计上，都是将人带回拥有传统文化的土壤，回到人对于自然环境的真实感受和认同中去。

三、创造诗意的景观

随着现代社会的发展，信息化时代的到来，人们的生活节奏变得日益加快。每天匆忙地往返于我们的家和工作地点，忙于工作的人们希望能欣赏或体验到具有"诗意"的环境与景观，以解脱工作的压力和放松自己的精神，而现在的景观形象在我们眼中则变成了一片片工业化的视觉图片，匆匆而过，留给我们视觉和内心的是陌生、空虚与茫然。景观设计仿佛变成了"视觉工程展示"和"纹样展示"。那没有本土文化和诗意的虚假造景，使我们失去了对土地的亲近与归属感，因而使我们的栖居失去了诗意。鉴于以上认识，我们应该从以下几个方面来挽救我们的文化，重归诗意的景观设计：

第一，重新认识中国传统文化，我们要从"符号性"的继承中走出来，使人重归于土地，回归于自然，使自然、文化、人的存在景象有相应的必然联系，使环境有自己文化的土壤感。

第二，中国的城市美化运动中，出现的所谓的形象工程，它的大尺度和缺乏人性关怀的景观状况，让人们无所适从。以物质和技术为先导的所谓现代化环境，缺少人文关怀，忽视了人与环境的相互关系。我们应该多关注人的内心体验和需要，创造"人性化"的景观设计。

第三，对西方的景观设计采取"拿来主义"，盲目认同的错误现象，是不符合我国国情的，我们对待西方文化，应该"取其精华，抛弃糟粕"，结合时代发展来创新并加以利用，"洋为中用"的观点应成为设计的主要立足点。

第四，对现代异域景观的盲目认同，景观设计中应有对地域性的思考与对文化的传承功能，其客观存在应与地域性有精神上、脉络上的共通。

笔者认为要从以上四个方面加强对环境设计的重新认识，重新审视自己的文化与传统和发展的脉络，才能使景观设计有可能重归"诗意"的创造，使我们的生活归属于自己文化的土地，我们才可能找回对自己身份的认同。

综上所述，创造诗意的景观是我们每一个设计师的责任。这就要求我们对待传统文化要结合时代发展的背景，"取其精华，抛弃糟粕"，在继承中创新，在创新中发展。"诗意"的环境营造，并不拒绝现代技术、材料、文化和时尚的影响与作用，而是怎样充分合理地来运用它们更好地为营造诗意的环境服务。对待外来文化同样要加以剖析，什么是适合我国环境持续发展需要的，什么是不适合的、应该抛弃的。"诗意的景观设计"应该体现其时代性、前沿性。中国空前的城市化进程使人居环境急剧恶化，很多城市都在兴建"山水城市"、"生态城市"，重造中国的"桃花源"地。对于这种"桃花源"地的建造，大多都趋于表面化，对于文化的理解与应用都显得粗糙。对于诗意的景观我们理解上的偏差或者对于"桃花源"地的表面化的不正确的追求，其结果往往只是对于表面形态的美化而已，缺少对其内涵的真正诠释，缺少对于大地的热爱。我们应该对大自然充满感恩，以一种索取并且回报的心态来对待它。只有这样，"桃花源"才能在现代中国的大地上焕发出新的生命力，诗意的景观才能重新回到人们的生活中去。

参考文献

1. 刘滨谊. 现代景观规划设计. 第一版. 南京：东南大学出版社，1999.

2. 金学智. 中国园林美学. 第二版. 北京：中国建筑工业出版社，2005.

3. 海德格尔基本著作. 北京：商务印书馆，1991.

室内环境的视知觉
Visual Perception of Interior Environment

孙宝珍

Sun Baozhen

（青岛大学美术学院，青岛 266071）

(Art College of Qingdao University, Qingdao 266071)

摘要：人对室内环境的视知觉是人对室内环境所有感知行为中最重要的表现形式。人对室内环境的视知觉既包含人的生理、心理机制，更包括人的文化经验，人不是被动地接受室内环境的视觉刺激，而是在文化经验的直接参与下，积极主动地建构室内空间形象，并最终完成对该空间文化意义的理解。人对室内环境的视知觉对室内设计语言具有直接的影响力，是室内装饰风格形成、变迁的主要原因。

关键词：室内设计，室内环境，视知觉

Abstract: People's visual perception is one of the most important behaviors to perceive the interior environment of a room. The visual perception to an interior environment forms as a result of not only the physical and mental functions but also the knowledge and experience of people. Instead of accepting the visual impression passively, people can compose the image of a room actively with the help of the knowledge and experience, and finally comprehend the culture signification of the room. The visual perception to the interior environment has a direct influence on the interior design language, and is the main motivity of the forming and changing of the interior design style.

Key words: interior design, interior environment, visual perception

环境是人们周围的境况，可以理解为围绕着人们，并对人们的行为产生影响的外界事物。环境本身具有一定的秩序、模式和结构，是多种元素和人的关系的总和。室内环境内容很多，从人们对室内环境身心感受的角度来分析，可分为视觉环境、听觉环境、触感环境、嗅觉环境，其中，以人对室内环境，即由界面围成的具有一定空间形状和尺度的空间环境的视觉感受最为直接和强烈。

众所周知，室内设计是根据室内空间的使用性质、所处环境，以创造满足人们物质和精神生活需求的室内环境为目的的。从某种程度上讲，现代科学技术的发展，室内光线、温度、湿度、噪声控制技术的进步，为室内环境满足人们的物质生活需求提供了基本保证。由于室内环境物质功能的实现具有较明确的技术指标、较强的时间稳定性，以及人们所表现出的共同倾向，使得设计者的工作具有明确的努力方

向和检验的标准。而室内环境的精神功能由于其价值指标的不确定性，人们在室内环境审美判断中所呈现的因人而异、因时而异的特点，使得室内环境精神功能的实现变得艰辛而复杂，成为许多设计工作者难以跨越的障碍，阻碍了室内设计事业的发展。

应当看到，室内环境精神功能的实现之所以远比使用功能复杂，症结就在于审美指标的不确定性，而这种不确定性则是发生于人对室内环境的视知觉过程中的，因此，加强人对室内环境视知觉心理过程的研究，加强人对室内环境视知觉关系中人的因素的分析，对于室内设计实践，是个紧迫而不能回避的课题。

本文中，视知觉是指室内环境形体、色彩等因素刺激人的视觉器官所引起的人对该室内环境的整体性反应。人对室内环境的知觉还调动了人所拥有的触觉、嗅觉等，但真正使室内环境精神功能得以实现的是人的视知觉，因此，本文所讲的知觉仅为视知觉，室内环境仅为室内视觉环境。

1. 人—室内环境知觉关系分析

1.1　室内环境知觉关系中物的因素分析

从人对室内环境视知觉这个角度而言，室内环境可以分为三个层面。

第一层次——点、线、面、形体、色彩层次。人们对这一层次的知觉是一种综合的、先于思考而发生的知觉，同人一定的生理机制相联系。

第二层次——由点、线、面、形体、色彩组成的形象层次。这个层次是对第一层次的形象性解释，被知觉的内容具体化，并呈现为一些可以加以辨认的形象。

第三层次——形象所代表的意义层次。储存着重要的文化信息，构成室内环境的情调、气氛、意蕴。

将室内环境分为三个层次，表明人对室内环境的知觉经历了由表及里、由浅入深的发掘过程，这个过程以视知觉的接受开始，而以意识、观念的渗透和介入结束。

人对室内环境的知觉不是由第一层及第二层、第三层的知觉就结束了，而是要重复无数次，室内空间只要还在使用，知觉就在进行。这表明人对室内环境的知觉是一系列的知觉构成的，每一次知觉构成人们对室内环境总体印象的一部分。

1.2　室内环境知觉关系中人的因素分析

心理学研究告诉我们，视觉是在外在刺激作用下瞬间完成的，但瞬间输入的感觉信息是模糊而不完整的，必须有过去经验的支持才能形成知觉。根据经验的参与与否，可以将视知觉分为物理过程和意识过程两个阶段，可将人对室内环境的知觉分为作为自然的人对室内环境的知觉和作为文化的人对室内环境的知觉，前者的知觉是通过"物理过程"实现的，后者则是通过"意识过程"而实现的。

1.2.1　作为自然的人对室内环境的知觉

这是人的自然秉赋对室内环境刺激的生理性反应。实验表明，人体对色彩具有直接的生理反应，肌肉的机能和血液循环在不同色光的照射下发生变化，红光最强，绿、黄、橙次之，而蓝光最弱。可见，人对色彩的生理性反应不但直接并且具有自发性，而且可以完全没有经验的参与。

完形心理学派认为，人主要是通过先天的知觉能力去把握"力的样式"的。由于有机体最大限度地追求内在平衡的倾向，使得知觉在非平衡结构物出现时，有一种极力将其改造为平衡结构的活动，即按照相近、相似和连续等特征，将其组织成一种"格式塔"，即简洁完美的图形。因此，作为自然的人对室内环境的知觉，是种对"力的样式"的知觉，只涉及力的运动方向及强度的感知。如：上升与下降、前进与后退、紧张与松弛。这种"力的样式"的知觉，是先于人的思考而发生的，其发生与完成都是在人无意识的情况下进行的，是人类通过遗传的方式而获得的，同个人的经验无关。因此，属于人对室内环境知觉的"物理过程"范畴。

1.2.2　作为文化的人对室内环境的知觉

文化是人通过社会的学习而获得的社会性传统的整体，文化的人是指处于一定的社会环境的人，通过学习载荷有社会传统的人。

（1）文化对第一层次，即点、线、面、形体、色彩知觉的介入。人对室内环境的知觉是受制于一定的文化的，这种制约不仅体现在对形象的阐释，情调、意蕴的把握上，也体现在对室内环境形、色本身的知觉上。我们生活在一个充满直角、平行线与透视线索的环境里：房屋大都是方形的，许多日常用品，如家具、家用电器之类，都有直角形的犄角；许多东西如公路、铁路都通过透视会聚为修长的平行线。那么，同我们具有相异文化背景的人是否也会像我们一样发生与透视相关的错觉现象呢？《视觉心理学》的作者 R·L· 格里高里就为我们提供了否定性例子。"生活环境中缺乏透视关系的民族中最突出的要算祖鲁人。他们的世界被称为'圆形文化'——他们的棚屋是圆的，耕地不是走直线而是绕圈子，他们的居家用品也很少带有犄角或直线。所以对我们来说，祖鲁人是理想的被测试者。结果发现，他们对谬勒 – 莱耶错觉的体验程度很轻微，而且，其他错觉图形也几乎对他们没有影响"[①]（图1、图2）。可见，人们对形、色的知觉，也决非纯客观地记录，人们的文化经验在其中扮演了重要角色。

图1　　　　　　　　　　　　　　　　　　　　　　图2

---

① 荆其诚，焦书兰，纪桂萍．人类的视觉．北京：科学出版社，1987：146.

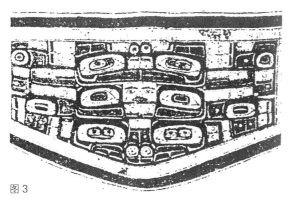

图3

（2）文化对第二层次，即形象层次知觉的介入。心理学研究表明，把图画形象看作和文化无关的交往手段是不恰当的，对图画形象的特定经验是理解形象必备的先决条件。我们可以毫不费力地辨别出形、色所意指的物象，是因为反复的知觉使我们意识不到经验的作用，只有当我们接触到那些与世隔绝或古代的文化时，就会意识到文化对形象理解的意义。贡布里希的《秩序感》一书中刊载有一幅据说画有棕熊、渡鸦头、鲸鱼头的毯子（图3），很明显，就我们现有的知识无法对这类暗喻的图形作出解答，就如同我们无法准确地解释中国古代青铜纹样的形象意义一样。

（3）文化对第三层次，即对情调、气氛、意蕴知觉的介入。人对室内环境情调、气氛、意蕴的知觉，是对包容于室内环境中的文化内容的阐释，是对熔铸于室内环境中的文化密码的破译。对设计者，蕴涵于室内环境的情调、气氛、意蕴的知觉，需要有与设计者相同的文化背景知识和类似的文化、心理结构。例如：就纯形式而言，对在中国文化中拥有特殊含义的梅、兰、竹、菊，中国人和西方人拥有相同的形象感受，但由于我们熟知中国文化，而体验到的人格意味，梅的冰肌玉骨、兰的秀质清芳、竹的虚心有节、菊的迎寒傲雪，西方人却是难以尽诉曲衷的。

人对室内环境的知觉作为一个完整的过程，既包括人的生理性反应，也包括心理意识的积极思维、过去经验的积极参与。因此，将人划分为自然的人与文化的人，只是为了论述的方便。其次，人对室内环境的知觉不能简单理解为从生理性反应到人的意识、经验参与的由简入繁的逐次递升过程。实际上，人的生理性反应、人的文化性经验贯穿于人对室内环境知觉的始终，并各自扮演着自己的角色。

2. 人对室内环境知觉的特征

2.1 人对室内环境知觉的模糊性

模糊性是指人对室内环境的知觉活动具有模糊的特点。人们对室内环境的知觉，不同于人们对绘画、雕塑等纯艺术作品的欣赏，后者需要仔细观察，深入地分析、反复地推敲。而人对室内环境的知觉在多数情况下并不需要人们长时间的注意、思考。它装饰效果的实现多少取决于人的眼睛在其上扫描时间的长短，而非注意力的大小、思考的深度。贡布里希在《秩序感》中，有一段有关人们对室内环境知觉的描述："我们不一定要注意每一根柱子、每一扇窗户，因为我们可以极快地，几乎是下意识地把握主要成分的延续和多余度以及这些成分的秩序和位置。……我们还可以以同样的方式来感知更深层次的装饰图案。我们在逐渐缩小视阈时，仍然依靠在视觉边缘上模糊地感知到的延续。……当我们站在阿尔布拉宫时，我们知道不可能看尽所有的装饰，也没有必要全看，这些装饰不会强行闯入眼帘。[①]"在贡布里希看来，人对建筑装饰知觉的模糊性特点，是同装饰的重复延续分不开的。确实，人对诸如柱子等建筑构件知觉的模糊性特征同其重复连续有关。重复与延续，使视觉在相同的刺激面前产生心理学上的"饱足或厌腻状态"，抑制了知觉的进一步展开。

2.2　人对室内环境知觉的随机性

人对室内环境知觉的随机性是指由于室内环境本身所具有的多种潜在的知觉通道，对室内环境的知觉，往往可以在几个相互区别和联系的系统中完成。如果人们从某一通道对室内环境进行形象、意蕴的阐释，就会产生出一种形象、意蕴，改换一个通道，就会得到另外一种形象、意蕴。究竟选择何种知觉通道，既取决于观者的潜在经验，又要看人们当时的心境。

前面谈过，人对室内环境的知觉是以自然和文化的复合体进行的，作为自然的人对室内环境的知觉，由于其知觉载体是人的生理机制，因而具有普遍的同一性。而作为文化的人对室内环境的知觉，由于同个人的文化经验、个性特点相联系，知觉的切入点将大相径庭。同一室内环境，有人会从跳跃的线条、强烈的节奏中体验到生命、激情的意味，又有人会从热烈的色彩、奔放的色彩中觉察到原始与野性的冲动。

知觉是受制于一定的心理定向的，室内环境在不同的观者那里，甚至同一个人在不同的时候，可能将同一个刺激分为不同的类别。观者的经验在形象释读中具有诱导意义。经常出现的情形是，人们将自己的经验与当时的心理状态投射到一个多义性的客体上，花架上盛开的梅花盆景视人们的心境，可以有高洁、洒脱的情感意义，也可以有孤傲、飘零的情感意义。红色基调的酒吧热烈、亲切的气氛是同观者愉快、兴奋的心境相合拍的，而恐怖、粗暴的色彩表情则是观者孤寂、烦躁的心情折射。可见，人对室内环境知觉初始，经由何种通道作为知觉的支点，观者当时的心境是其重要的原因。

应当承认，室内环境被解释成这样或那样的形象，被赋予这样或那样的情调、意蕴，具有很大的偶然性。而且，一经被确立，一时很难改变（图4），一旦我们将它确定为楼梯，非经别人提醒，就很难再看成顶棚。

人对室内环境知觉的随机性，是室内环境多义性特征与观者的知觉方式相互作用的产物，而不应仅仅看作是观者偶然的心境影响下，主观构想的结果。从随机性产生的先决条件看，室内环境本身就为知觉主体提供多种选择的可能性，具备唤起多种不同意义的条件。特定

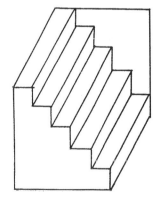

图4

---

① （英国）E·H·贡布里希．秩序感：装饰艺术的心理学研究．杭州：浙江摄影出版社．

的线条、形体、色彩在特定的文化环境中，在长期的历史演变中，已经逐渐成为体现多种情感，包含多种意义的"符号"。同样的青松，既可以表示坚忍不拔、不畏强暴的高尚品质的符号，也可以作为"好客"或"欢迎"的符号。

3. 人对室内环境知觉的历时性考察

3.1 人对室内环境知觉是对意义纵向发掘的过程

室内环境既是在空间维度中构成的，也是在时间维度中构成的。就知觉主体而言，室内环境是以某一时刻观者对它知觉的形式表现出来的。从时间维度上讲，人对室内环境的知觉经历了由表及里、由浅入深的发掘过程，经过了点、线、面、形体、色彩→形象→情调、意蕴的知觉心理历程，虽然这个过程瞬间就可以完成，每一次也不一定遵循上述的步骤，但总的演进方向却是不可能改变的。

3.1.1 转译为形象的过程

刺激转译为形象的过程，是人对室内环境第一层次的知觉而形成形象的过程，它是对色彩、线条、外形式语言的感知及其所意指的形象的辨认。

人们有一种将视觉刺激转译为形象的倾向，这是某一墙砖图案示意图（图5），我们总是不顾理智地把它看成是编织在一起的条带，虽然没有任何迹象表明实体条带的存在。我们是不会满足于将这幅突尼斯的戈夫萨地毯图案解释为几何纹的（图6），而是努力找出它所表现的形象，将其译解为骆驼、士兵、鱼。这样，组成形象的部分将自动地变得紧凑起来，其余部分变成了背景，直到有人提醒我们这些背景也表现了某种动物。

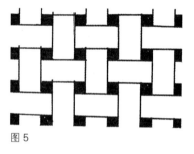

图5

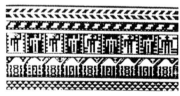

图6

将室内环境形、色刺激转译为形象的过程，不是像照相机那样被动地复制，而是一种积极主动的选择、建构活动。图形知觉理论告诉我们，知觉映像并不是外界互不相关的材料的主观映像，而是人们从客观环境的许多刺激中区别出来的某种图形，图形的知觉主要取决于客观刺激的相互关系，也取决于主体的能动状态（图7）。图内点的距离实际上相等，尽管它们彼此分离，人们仍倾向于把它们"组成"横行或竖列。可见，视觉刺激转译为形象的过程不是简单地复制，而是能动地寻找最好的解释的过程。

将视觉刺激转译为形象的过程，还应该包括人们对室内环境所蕴涵的形式韵律的感知，如对节奏感、运动感的感知。就柱子而言，不只关心它的长短和粗细，更感受到它的力量感；以色彩而言，不

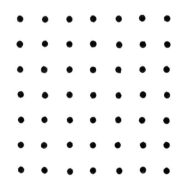

图7

是关心它是红的还是蓝的，而首先感受到的是暖的还是冷的。

3.1.2　由形象的知觉上升为情调、意蕴把握的过程

由形象的知觉上升为情调、意蕴把握的过程是在形的知觉基础上，在知觉主体情感、想象的参与下，对室内环境所包含的文化性信息的译解过程。

对室内环境形象性解释并不是知觉过程的结束，在此之后，必然伴随而来的是对室内环境所蕴涵的情调、意蕴的领悟。我们说，室内环境总是特定文化、历史的产物，尽管可能包含设计者自己独特的表达形式，但更多的是特定文化环境所共享的交流手段，总是或多或少地透露出特定的文化信息，反映出人们的人生理想和生活态度。

人对室内环境情调、意蕴的阐释，是以形式韵律的感受为基础，以对点、线、面、形体、色彩形象性解释为前提，特定的装饰、家具、陈设为人们理解室内环境的文化内涵提供了直接的依据。如中国的龙柱、宝座，在长期的历史沿革中，形成了特定的文化意义，指称特定的事物，代表特殊的意义，看到龙柱、宝座上雕刻的飞龙纹样，必将引导人们对它们所蕴含的文化意义的阐释。

很多情况下，尤其是在现代室内环境中，人们对形式韵律的感知，比对形象的释读更具影响力，它奠定了室内环境情调、气氛的基调。人们还没有弄清楚自己看到的是什么，没有将点、线、面、形体、色彩转译为形象，就已经被室内环境所营造的氛围所感染。

3.2　人、室内设计语言以及他们相互的对应关系

人、室内设计语言在人对室内环境知觉关系中处于不断调整变化的过程，从时间角度来看，人、室内设计语言以及他们相互的对应关系并不是固定不变，而是不断运动变化的。

3.2.1　人对室内环境的知觉是室内设计语言围绕着人不断变化的过程

人是室内设计的终点，室内设计语言始终是围绕着人，围绕着人对室内环境知觉心理效应这根"中轴线"而变化的。设计者在室内设计时总是努力与人的审美趣味契合，以达到被社会所接受的目的。可见，人对室内环境的知觉，对室内设计语言，具有巨大的"制导性"，它左右了室内环境的表现形式。其次，人们在对室内环境的反复知觉中，得到了反复多次的满足，满足的延续便产生了设想式的审美欲望，这时，人们就会不满足于被动地接受现有的室内设计语言，而是通过记忆中存储的有关室内环境审美信息的加工，由内向外，形成审美设想。"我想贴淡底深花的壁纸"，"我想在室内挂一张具有抽象意味的壁挂"，"我想让我的家简洁、明快、具有现代感"，这些都是在人们经历了现有的室内环境后，而产生的选择倾向、购买欲望，并转而影响室内设计语言，推动室内装饰形式的变迁。

3.2.2　人对室内环境的知觉是人在知觉中不断调整自身、调整知觉图式的过程

贡布里希在《艺术与幻觉》一书中，有一个贯穿始终的概念——图式，认为"视"是由"知"制约、支配的，"知"就是积淀在经验中的图式。本文将借用这个概念，对人在室内环境知觉中自身知觉心理机制、知觉方式的变化作一番考察。

图式在本文的含义是指人对室内环境进行知觉的观念模式和思维结构。从知觉主体，即消费者的心理机制看，人们各有一套室内环境知觉的图式，这些图式是在室内环境知觉中，在特定的社会文化背景中形成的。人们每次对自己熟知的室内环境的知觉，都是知觉图式的同化。也就是把室内环境整合于自己心中既成的图式之中。人们每次对自己陌生的室内环境的知觉，都是对图式的调整。人们在室内设计语言围绕自身图式变化的同时，不断调整自身，以适应室内设计形式语言的改变。

室内装饰周期性流行特点表明，人的知觉图式随室内设计语言变化而变化。当某一室内装饰样式流行的初期，人们往往会表现出知觉的兴奋，而在此之后的时间里，人们就会因自身知觉图式与这一样式的同化，缺乏必要的张力，而表现出知觉的漠然和弱化。但一旦等这一室内装饰样式消失多年又重新出现时，由于时间的间隔，人们的知觉图式与这一样式形成了一定的疏远关系，这一样式又与人的知觉图式形成了一种张力，那么，这一室内装饰样式又会得到人们的青睐。这就是为什么有的室内装饰样式、风格被冷落了多年之后，又重新流行的缘故。

4. 结论

人对环境的视知觉，不仅是客观的知觉过程，更是主观的再创造过程。因此，当我们进行室内设计时，不应仅仅看作是对客观的室内空间设计，而应该看作是对消费者知觉中的室内空间环境的设计。人们对室内环境的知觉是作为一个整体而进行的，其中由于个人的潜在经验、习得能力（同个人的经历、学识、性格、文化环境、审美习惯等相连）所呈现的纷繁多样的特点，使人在知觉关系中的主导意义愈加突出。

消费者在室内设计、施工、使用过程中的主导意义，还表现在消费者的知觉对室内设计语言的决定意义——室内设计语言围绕着消费者而变化。室内设计中的点、线、面、形体、色彩等形式因素本身只不过是一种触发剂或媒介，是一种使人获得视觉快感和审美体验的辅助材料，其目的就是为人们提供适当的刺激，引起人们的参与、共鸣，因此，可以说，室内设计的关键是如何调动人的心理，如何用形、色、肌理等形式语言创造适当的视觉环境。

参考文献

1. 滕守尧.艺术社会学描述.上海人民出版社.

2. （英国）E·H·贡布里希.秩序感：装饰艺术的心理学研究.杭州：浙江摄影出版社.

3. （英国）E·H·冈布里奇.艺术与幻觉：绘画再现的心理研究.长沙：湖南人民出版社.

4. 汪济生著.系统进化论美学观.北京大学出版社.

5. （英国）R·L·格列高里.视觉心理学.北京师范大学出版社.

6. 来增祥，陆震纬.室内设计原理.北京：中国建筑工业出版社.

7. 荆其诚，焦书兰，纪桂萍.人类的视觉.北京：科学出版社.

8. 滕守尧.审美心理描述.北京：中国社会科学出版社.

高密度城市景观绿化设计可利用空间的多维性探讨

The multidimensional discussion of the landscape planting design available space at high density city

高银贵

Gao Yingui

（东华大学环境艺术设计研究院，上海 200051）

(Donghua University Institute of Environmental Art & Design, Shanghai 200051)

摘要：在一些人口密度高度集中的城市中里，人均的绿化占有率极少。在"以人为本"的今天，我们必须在现有的高密度城市当中更大限度地增加景观绿化。本文提出应当从横向和纵向的多维角度来进行考虑，构建一个生态一体化的景观网，特别是应该从纵向方面去着手考虑景观绿化。

关键词：景观设计，生态一体化，绿化设计

Abstract: In some city with high density population, the planting ratio per capita is seldom. In "people oriented" days, we must utmost increase the landscape planting in the city with high density population. The author put forward a new theory that we should thinking about it from lateral and strait point of view to construct an ergative landscape net, especially considering from lengthways side.

Keywords: landscape design，nature integrative，planting design

众所周知，现今社会的经济高度发展，使得我们的社会出现了一系列的问题，贫富差距加大、失业率提高、植被遭到破坏、地表荒漠化程度日趋严重。现今不断恶化生活环境日益危害到人的健康，全球植被覆盖率的锐减，已经引起了当今社会的注意。现阶段，人们对城市绿化在城市建设中功能的认识，已经从可有可无的点缀、装饰提高到具有城市形象的美化、文明的象征及生态环境的改善等多种功能的认识，对景观的设计逐渐提上日程。

城市景观绿化是因伴随着城市化的进程而破坏自然所产生的一个逆向过程；因为原有的大片森林被砍伐，大量农田被占用，代之以柏油马路、钢筋水泥、混凝土结构的建筑物和桥梁，这些无生命的城市基础设施，构架了城市人群生存的空间。现代景观设计的可利用空间正在不断地减少，大片的植被栽植的空间变得越来越少。特别在一些人口密度高度集中的城市中里，人均绿化占有率更是少得微乎其微。在

"以人为本"的今天，如何实现真正的景观设计的以人为本，成为当代设计工作者面临的棘手的问题。

因此，城市景观绿化是把被破坏的自然通过人工再创造的"第二自然"，使其成为一个与城市化进程同时产生的逆向过程。景观绿地系统是城市人工生态系统中极为重要的组成部分，在植物群体的生长发育的过程中动态地改善了城市的生态环境，提高了人们的生活质量，并成为保护生物多样性的基地；城市景观绿地系统在整个城市中起着最活跃、最积极的作用是任何其他城市基础设施所不能取代的。因此，城市景观绿化最主要的功能应该定位在生态上，而在发挥生态功能的同时，景观绿化也必然能展示其形态美和动态美，成为美化城市的有生命的元素。

对于在现有的高密度城市当中更大限度地增加景观绿化，应当从横向和纵向两个方面来进行考虑，构建一个生态一体化的生态景观网。大城市（特别是特大城市）的生态景观网的建设应以景观绿化廊道（简称"绿廊"）建设为主体。

横向的景观绿化设计如"园"（指块状绿地）、"楔"（指楔形绿地）、"环"（指环状绿带）和纵向景观绿化设计如"廊"（指景观绿化廊道）连接成生态绿网。绿廊应以常绿阔叶树种为主，有建筑物处应有多层次的立体绿化（屋顶的及垂直的绿化），使之成为高绿量的绿带。绿廊的布设原则一方面应顺应本地区盛行的风向设置，把现实的和规划的横向景观绿化即大型绿地（公园、居住区绿地、单位附属绿地等）连接起来；另一方面应有意识穿过城市生态环境负荷重、热岛效应严重及旧区改造等地区，使之真正担负起改善城市生态环境质量的责任；再就是可行性绿廊布设应沿河沿路，可操作性强且可水绿结合推动河道及道路的整治。

纵向景观绿化的不断发展使得城市中垂直绿化越来越多被运用到实际的绿化中来，不断地充实着城市建设的各个角落。其对于城市景观绿化方面主要起了三方面的作用：其一，以生长快、枝叶茂盛的攀缘植物，如爬山虎、五叶地锦、常春藤等为主的，用于降低建筑墙面及室内温度；以叶面粗糙且密度大的植物，如中华猕猴桃等为主的用于防尘。其二，在立交桥等位置种植爆竹花、牵牛花、茑萝等开花攀援植物；护坡和边坡种植凌霄、老鸭嘴藤等；立交桥悬挂槽和阳台上种植黄素馨、马缨丹、软枝黄蝉等是为了增加墙面的美化效果。其三，垂直绿化海具有环保作用，在南方，常春藤能抗汞雾；在北方，地锦能抗二氧化硫、氟化氢和汞雾。常绿阔叶的常春藤、薜荔、扶芳藤都能抗二氧化硫。可根据绿化环境中的污染情况进行选择。墙面绿化中是垂直绿化运用最为广泛的地方，许多没有窗户的墙体都在或多或少地使用墙面垂直绿化，其次花架的垂直绿化运用也很广泛，不论在公园或是花园，这一垂直绿化的形式都使用得十分广泛

纵向景观绿化设计的意义在于：一、能够解决传统建筑特别是中高层建筑自身难以垂直绿化的技术难题；二、采用跃层错层的形式设置生态庭院，使植物有足够的生长空间，不影响室内通风采光，在中高层建筑中能产生近似地面的绿色生态庭院，调节室内温湿度，美化室内外环境；三、在不影响建筑容积率的前提下，极大

地提高社区绿化率，美化社区生态环境和品质，使之成为真正意义上的绿色生态大楼或生态社区；四、与传统建筑技术相融合，常规的材料、工艺和技术施工简单方便，建筑成本低廉，经济和生态效益显著，便于实施推广，适合任何地区地域使用。

而目前在纵向景观绿化实施中不可避免地存在一些问题：其一，垂直绿化技术和植物种类单一；其二，垂直绿化效果从量和质的方面还有待于改善。这些问题都需要设计工作者在以后的工作中不断地进行创新性的突破，以更好地解决这些问题。

结论

在高密度城市景观绿化严重不足的情况下，只有通过景观绿化纵横布设形成的多维性生态绿化网才能达到改善城市生态环境的目的。为了改善城市生态环境，美化城市生活，应利用一切在城市种植的各类植物的功能，充分利用一切可利用的空间，以一定的绿化生物量，来达到和创造城市良好的生态园林环境的目的。

参考文献

1. （西班牙）约瑟夫·马·萨拉. 城市元素 [M]. 周荃译. 大连理工大学出版社，2001.

2. （美国）约翰·莫里斯·迪克逊. 城市空间与景观设计. 北京：中国建筑工业出版社，2001.

3. （日本）景观设计编辑部. 景观设计 1——屋顶绿化和社区花园. 北京：中国轻工业出版社，2002.

4. 徐彬等. 环境景观艺术——城市、建筑. 沈阳：辽宁科学技术出版社，2002.

室内设计产业与经济学关系的初探

A preliminary study in the relationship between interior design industry and economics

于 妍

Yu Yan

（东华大学环境艺术设计研究院，上海 200051）

(Donghua University Institute of Environmental Art & Design, Shanghai 200051)

摘要：本文将设计艺术学与经济学进行学科交叉，试图将室内设计产业与经济学结合起来研究。当前艺术产业发展与商业经济从理论到实务有结合的需要和趋势，因此本文从对室内设计产业特性进行经济分析入手，对室内设计从业人员以及相关经济组织的行为分析，最后，初步研究了整体国民经济的发展程度对于室内设计产业的影响。

关键词：室内设计产业，经济学，创意产业

Abstract: This article crosses design Art and Economics to carry out interdisciplinary, trying to combine interior design industry and economics to do research. At present, art and business of economic development from theory to practice are combined with the needs and trends, so this article from the interior design industry on the characteristics of economic analysis, interior design practitioners as well as relevant economic analysis of the organization. In the end, preliminary study the impact of development of overall level of economic for the interior design industry.

Keywords: interior design industry, economics, creative industries

Richard E. Caves 的著作《Creative Industries – Contracts between Art and Commerce》一书在中国被译为《创意产业经济学——艺术的商业之道》。看中文译名似乎更应上架到商业管理类畅销书，这恰恰反映了当前艺术产业发展对经济与商业从理论到实务全面介入的渴望。创意产业的范畴很大，包含了很多种艺术形式，本文讨论的只是其中室内设计产业。

约翰·霍金斯，林肯大学创意经济学教授，从 20 世纪 90 年代就开始了创意产业的研究，业内人士称其为创意产业之父。"我认为，最明显的区别是传统工业、服务业总是在担心成本，因为他们知道价格是固定的，而在创意产业里面，我们更多的是在考虑控制成本的情况下还要如何提高收益。这是完全不同的两种思维方式。"

收益的提高是创意产业的核心，为了提高收益而投入成本是创意产业的逻辑；而在价廉基础上的物美（其必然结果就是使用功能的简单叠加），作为制造业时代的创新逻辑，已经不适合今天的创意时代了。除此以外，制造业时代的"模仿性创新"是另一个阻碍中国商人淘金创意产业的历史传统。据悉，当初中餐进入国外时，是高档餐馆，如今却失落为很一般的大众化的餐馆，价格相当于麦当劳、肯德基，约5～10美元。可是中餐的品种、制作都远非麦当劳、肯德基所能及，原因是中国人自相残杀，竞相杀价，最后大家落个惨淡经营，甚至赔本赚吆喝！联想到今年家电行业的彩电大战，联想到各装饰公司揽活不易，尤其是不少公司为揽活而采取种种压价作法……法规不严、不正当竞争及一些人为因素，使每一个从业人员感到步履艰难，勉强维持，甚至倒闭。希望从业人员知道，一旦把市场作坏，便极难复苏；希望每一个室内设计师知道维护自己的劳动和知识。

"从事文化艺术的人，对于经济学与财务等有莫名的排拒。懂得经济的人，也无法理解文化艺术未能以公式与数字量化的原因。只是任何创意产品都有赖二者共同参与"。艺术家往往秉持的"艺术至上"原则，使得在分析中得出的结论往往是非最优化结果。也许艺术家对于艺术的满足以及自身思想的表达作为金钱以外的一种收益。但问题是，将这些不可量化的因素引入理论分析是很困难的。这也从另一个角度说明了由于艺术行为的自身特点，对艺术行为进行传统经济分析的难度。这里不仅是存在效用本身的度量问题，更进一步的是，用来表征效用的一个可能因素——对于艺术价值的满意程度，其度量也是十分困难的。

艺术本身所具有的特点，决定了其市场行为不同于其他的以追求利益最大化为目标的商业活动，也导致了利用规范的经济理论可能无法对许多艺术商业行为作出令人满意的解释。

既然室内艺术生就带着浓重的商业烙印，并且呈现出结合不断紧密的趋势，给出一套完整的创意产业经济分析就显得十分必要。但对于这一领域的研究还是刚刚起步，还没有一套完整的分析框架。本文的研究基本上仍是建立在若干经济理论和经济名词在室内设计产业分析中的初步应用，期待起着抛砖引玉的作用。

一、需要对室内设计产业特性进行经济分析

研究室内设计产业，首先必须考虑其自身特点。由于室内设计产业所承载的文化价值、艺术价值或者单纯的实用价值，往往使得其价格超越其边际成本。并且室内设计作品无法实现规模经济，所以这一特点仍会一直存在。我们所遇到问题的棘手性在于，将文化、艺术价值进行定量分析是困难的，或者说这种性质体现在对应的更多的是数学上的序数性质而非基数性质。也许类似效用的分析框架可以适用，但本身将室内设计的艺术价值引进效用分析也是十分困难的。

室内设计是艺术、技术及各种要素的组合，一产生就注定与经济社会发生关系。室内设计通过商业化的经济行为去实现。室内设计不同于绘画等艺术作品，纯艺术

作品可以有自身独立的艺术成就，可以有一定的时间段不用面对其观众，具有时间上的延时性。从艺术的角度，也许艺术家们会说当艺术开始泛着铜臭味的时候，就是艺术彻底堕落的时候。但无论如何坚持，生存是艺术家和艺术品必须要面对的问题。而且更重要的是，对于艺术品价值的评估，市场起到了十分重要的作用。纯艺术尚且如此，作为经济发展环境下产生的艺术实际运用的学科——室内设计则更是与市场结合愈发紧密。室内设计营造环境带有即时性，其表现形式为服务，并带有实效性。进一步说，其具有商品等价交换的特性，与经济市场联系是紧密的。

二、需要对室内设计从业人员以及相关经济组织的行为分析

艺术家有对艺术价值和"艺术至上"原则的追求，但同时也应该符合经济学对市场参与者经济人的假设。考虑艺术家在给定市场外部环境的情况下如何选择自身的行为，需要平衡经济人和艺术家两种角色。经济人是自利的（self- interest），但艺术家角色的存在在很大程度上是对社会其他成员具有正的外部性。作为经济人的行为选择可以基于对自身收入的最优化的考虑，但作为艺术家，其行为可能在一定程度上不符合"理性"假设。如果我们将艺术家对艺术的追求也可以纳入效用的分析其行为也是"理性的"，但正如前文提到的，除去效用本身的问题，还存在着对艺术的满意程度难以量化的问题。

相形之下，室内设计产业从业人员以及相关经济组织的行为可能会显得更加理性，更容易被理解与接受。同样的，他们的行为也在一定程度上存在明显的外部性，从而必须考虑市场扭曲与无效率。

与经济学学科交叉，是对设计公司甚至设计师的更高要求也是现实所需。狭义上是如何根据不同的项目的商业经济定位设计出适合的作品，广义上是如何针对市场相关事项变化，如经济不同时期，使设计流派、流行趋势、材料变化、业主的收支水平、业主自身环境变化等因素变化时组织室内设计。这些都从经济概念上给设计师的设计理念上增加一定的思维载荷，在某种意义上讲，室内设计的概念本身有时是不能解决室内设计自身问题的，因为设计概念只是整个设计活动的一个部分，就现时市场经济而言，整个室内设计是个大的要素整体（资源配置），只完成局部是很难代表整体的。

一个好的室内设计更应该是设计师"理财"水平高低的经济素质体现。处理资金流向，资金投入掌握在设计师手中，在某种意义就像财务公司为客户理财，如何使客户资金增值。而室内设计师是这种角色的另一类，这种使资金使增值方式已转换形式。同样要设计师合理地运用业主的每份钱去营造室内空间环境，再用室内设计语言表现业主的身份地位、文化素质，满足业主需求及理想环境愿望。避免纯物质材料的组合或材料概念超过设计要素组合概念，从而体现出更高的精神需求，提高业主本身的有形和无形资产，使业主有超值的回报。设计为设计，设计为工程，都将不适应现市场经济社会环境下的室内设计的发展要求。离开经济概念的室内设

计，生命力不但不强而且很难服务好业主，经济概念是当今室内设计作品生命力的重要元素。

三、最后，却是十分重要的方面，是需要研究整体国民经济的发展程度对于艺术产业的影响

不可否认，国民收入的高低在很大程度上决定了室内设计产业的规模以及室内设计服务项目的功能定位和层次追求。2008 年的经济变化极端，上半年的经济发展过热，在这一时期的项目投资更积极主动。而在第三季度，全球的包括国内的投资者对经济未来形势的恐慌，导致了投资的停滞。对项目投资变化特点的分析，适应了引导室内设计产业发展方向的需要，当然，至少是在经济层面。

经济因素变化影响人们对装饰概念的不断变化，是对人们需求内涵的理解更深。在改革开放初期，绝大部分人对装饰理解同现在相比真是天壤之别。大的社会经济形式导向着群体心理，这个心理包括美学心理。目前活跃在社会中上层次的人群大多出生在 20 世纪 50、60 年代，那个时代的人并不能够受到完整系统的教育，其中缺少的就有美学教育。当他们在经济、政治方面成为各个层面的决策者时，他们所缺失的美学部分就影响了我们设计产业的审美导向。但这个时期的人口增大却恰恰是我国经济也是我国设计行业发展的最重要的因素。

而近 20 多年正是我们的物质生活也有了相当的提高的阶段，装饰成了一个家庭最关心的问题之一，从被动认识到主动理解（要求设计），从对材料的表面认识到深一层次的认识（环保要求），从边装修边修改到设计先行（策划需求），这都与经济进步分不开。

以上的分析只是提出了问题。要在理论层面分析创意产业问题，不仅仅是需要利用相关经济学理论，还需要做大量的实证和经验研究。只有建立了完整的分析和解释问题的框架，我们才能说，较为完整的创意产业经济学理论算初步完成。并且，将理论付诸于实践的过程也是管理创新的过程。

室内设计产业毕竟算是一个新兴的产业，其蓬勃发展不但需要理论工作者的创新，同时也需要大量实践者的开拓进取和大胆尝试。在当今中国，正有许许多多的从业者在室内设计产业化的道路上不断前行。但十分遗憾的是，理论发展的滞后使得实践者在努力的同时缺乏理论的指导，希望在不久的将来这一情况能够有所改观。

从弗吉尼亚到上海
——沪江大学校园景观环境及其教育理念

From Virginia to Shanghai
——The Landscape Architecture and Educational Ideas of University of Shanghai

王 勇

Wang Yong

（上海理工大学艺术设计学院，上海 200093）

(College of Art Design, University of Shanghai for Science and Technology, Shanghai 200093)

摘要：教育思想及活动与教育空间是教育体系的两个构成要素，二者之间有着密切联系。教育空间是教育体系中的物质实体，由校园整体环境和单体建筑组成，大学校园作为高等教育的物质空间，必然受到社会、经济、文化等诸多因素的影响。以沪江大学校园为例，优秀历史建筑构成的大学校园空间作为一种文化载体，其空间环境承载着特定的校园文化及其场所精神，虽然大学教育体系已产生很大变化，但其特有的校园文化仍是不可替代的珍贵遗产，有时甚至具有超越国家、民族和时代而存在的艺术和科学价值。

关键词：沪江大学，大学校园，场所精神，哥特建筑

Abstract: Educational thoughts and activities and educational space are the two key elements of education system, which relate closely to each other. As the material entity in educational system, educational space consists of overall environment and individual buildings. It can be affected by various factors, such as social, economic and culture. Take the campus of University of Shanghai as an example, the remarkable historic architecture in the campus can be seen as cultural carriers, which take on specifically campus culture and place spirit. Although the educational system of universities has changed greatly, its specifically culture can not be replaced, and even has value of art and science sometimes which is beyond limits of countries, peoples and times.

Keywords: university of shanghai, university campus, place spirit, gothic architecture

"浦江之滨花木扶疏，红楼三五矗立其间，沪江大学在焉"，这是沪江大学（今上海理工大学）30 周年纪念刊的开篇之句。自 19 世纪末以来，英美基督教会和罗马天主教会在中国先后设立了 17 所高等教育机构，沪江大学即是由美国南北浸礼会于 1906 年创建的上海浸会大学，1914 年更名为沪江大学（University of Shanghai）。沪江校园坐落于上海市东北部黄浦江西岸，自 1906 年开始历经 40 余年相继建成 50 余幢西式建筑，形成了功能齐全、建造精细、独具特色的校园景观

图1 沪江大学鸟瞰（历史照片）

图2 早期校园景观（历史照片）

环境（图1），其中29幢建筑被列为上海市优秀历史建筑。

作为中国新式高等教育的先驱，许多教会大学已经发展成为闻名遐迩的高等学府。从景观建筑学的范畴来看，教会大学在校园环境方面同样为我们留下了宝贵的物质文化遗产，继续传承着一种教育思想和教育理念。

一、历史沿革

1900年，美国基督教南北浸礼会驻华传教士因避国人反教而群集上海，商议建立浸会大学及神学院。1905年，校方从美国南北浸礼会募得捐款，在距上海外白渡桥约9公里的浦江岸边购置土地165.5亩，1907年建成部分校舍（图2），后逐步发展成拥有中文、外文、社会学等 12 个系科的教会大学。1937 年 8 月上海沦陷，校园成为日军仓库，学校迁往重庆继续办学。抗战胜利后，美国南北浸会派大批传教士教师来校，沪江恢复了早先的洋学堂面貌。

沪江大学作为当今美国最大的新教宗派——浸会在华创办的唯一教会大学，曾是中国教会大学学生规模最大的学校，创造了许多中国新式高等教育的第一，一度与圣约翰大学一起并称为沪上名校。如：美国布朗大学 1914 年在沪江大学设立中国第一个社会学系，直到燕京大学 1923 年成立社会学系与之分庭抗礼，沪江的社会学一直在国内处于首屈一指的地位；1917 年沪江大学得到美国弗吉尼亚州许可，颁发学士学位，学生可直入美国各大学研究院攻读硕士；1920 年试招女生，成为中国第一所在制度上实行男女同校的大学等等。

二、校园空间环境：场所精神的体现

大学是人类社会最高精神文化荟萃与传播的场所，是创造知识的场所，是教师与学生面对面交流的空间——这就是大学校园空间。人类通过建造适合自身的生活空间，形成特定场所精神，而这种场所精神随着历史进程而不断地影响人类的生存与发展，因此成为人类文明的一部分。

情节是生活的组成部分，有着自身的脉络关系和结构特征，校园情节是校园空间场所精神的具体体现，不同的大学教育理念产生不同的校园生活情节，从而决定了校园景观的多样性。大学校园空间景观能够叙说校园生活的情节，给人以遐想和艺术感染力，通过对大学校园情节的提炼与编排唤起感觉、幻想和记忆，在体验空间中获得秩序感、场所感，从而使独特的大学教育理念得以升华（图 3）。

图 3 校园生活（历史照片）

教育空间受到教育思想和教育活动的建议、暗示形成了早期的校园环境，百年历史的沪江大学校园给我们展示的是关于大学教育理念与校园空间情节的独特场景。

三、校园溯源

人类社会中最社会化、最丰富和最贴切的符号系统是以视觉和听觉为基础的。景观环境在本质上是视觉和空间的符号，以其自身的客观实体和外在表现形式折射出社会的客观状况和发展趋势，表述出对社会生活情节的某种认识和自我解释。沪江大学校园与我国传统大学校园的布局模式不同，有着其自身的历史渊源，它所体现出的教育理念也是特定社会条件下教育体系的特征之一。

近代大学起源于基督教盛行的中世纪，巴黎大学即是基督教最著名的神学教学中心，英国的牛津大学、剑桥大学都仿照了巴黎大学修道院式的空间布局——封闭的方院（图4）。这种校园空间有利于不问尘世、一心修养学经的僧侣式生活。这两所学校的许多建筑都以其历史价值和艺术价值而负有盛名。

图4　剑桥大学校园空间

中世纪大学的建筑在形式上同西方建筑艺术的发展相一致，哥特式教堂建筑的形态特征大多在校园建筑中得到体现，学院常以教堂的高耸体量为构图中心来统辖全局，象征着对文明的最高追求，从而形成欧洲大学的校园环境模式：把大学建筑同理想的人类环境联系在一起，通过校园空间关系突出一种文化的象征性，反映着普遍的宗教和人文精神。

美国早期兴建的大学校园如耶鲁大学、普林斯顿大学等多数采用封闭方院模式，几乎与牛津、剑桥一模一样。进入19世纪末，美国大学校园不再囿于一种固定的封闭模式之中，其民主与自由的精神开始渗透到大学校园规划中，形成低密度的开放空间——"校园"。其主要特征是：开放性的校园注重师生关系的亲和及学生的全面发展；重视校园建筑与大自然的融合；建筑采用红砖为墙面，与白色大理石柱形成鲜明对比。

图5　弗吉尼亚大学校园核心区

图6　校园核心区之一（历史照片）

图7　校园核心区之二（历史照片）

这一校园规划设计思想最早来源于《独立宣言》的起草者、美国第三任总统托马斯·杰弗逊（Thomas Jefferson）。建筑师出身的杰弗逊坚定地认为：开明开放的教育是培养美国年轻一代捍卫其民主自由的生活信念的手段之一。在这种理想主义信念指导下，美国大学校园多选在乡村或城市的郊区地带，严肃的建筑形象和美丽如画的自然景色使莘莘学子沉浸在罗曼蒂克的氛围中，在自然美的震撼和人文主义的熏陶下，学生得以树立起崇高的信念，接受全面的科学文化教育。

早在1817年杰弗逊就在其主持设计的弗吉尼亚大学校园中实践了这一思想，该校园以绿地为中心，以图书馆、教室及教师住宅围合成半开敞的三合院（图5），打破了修道院式校园的封闭感，实现了杰弗逊"学术村"的设计宗旨。弗吉尼亚大学校园环境体现了美国民族对世界优秀建筑文化遗产的兼收并蓄和勇于创新的精神，被描述为"在美国建筑史上最伟大的校园设计"，对以后世界许多国家大学校园景观规划产生了深远影响。

我国近代意义上的大学校园起步较晚，1840年鸦片战争后，教会学校迅速增加，创造了一批环境优美的大学校园，成为中国近代大学的重要组成部分，美国南北浸礼会创办的沪江大学即为其中之一。包括沪江大学在内的许多优秀传统大学校园，都深受欧美大学校园规划设计思想的影响，沪江大学主办者的文化背景使他们很自然地按照弗吉尼亚风貌来构建沪江校园（图6），使之成为上海东北郊的一景，"垂杨堤畔，黄浦江滨，巍巍焉有数十座洋楼，照耀人目"，外观上的洋楼、草坪、运动场、礼拜堂，内容上的洋校长、洋教授、洋文、洋礼节，使人到处感到一股浓浓的来自美国的洋气（图7）。

四、校园选址

早期美国大学校园普遍重视校址选择和校园规划，大多建于风景优美的乡村，以自然风景为主要景观特色，校园建设风景如画、令人神往。严肃的建筑形象和美丽如画的自然景色使莘莘学子沉浸在罗曼蒂克的氛围中，在自然美的震撼和人文主义的熏陶下，树立起崇高的信念，接受全面的科学文化教育，并培养其公民的责任感和对传统道德的尊重。

沪江大学校园选址渗透着美国大学校园规划建设思想，19世纪末美国著名景观建筑师弗雷德里克·劳·欧姆斯特（Frederick Law Olmsted）在主持设计伯克利校园规划时指出：大学校园应与城市保持适当距离，校园环境应是自然的、公园式的，这种优美的环境能够陶冶和培养学生文明的习惯及自尊自重的人格。

1905年沪江大学校董会经过对四个可供选择的地点进行比较，确定了沪江大学校址，这里距上海外白渡桥约9公里。面向江海，为万国邮船进出必由之路；西倚大道，为淞沪唯一之通衢。这里是黄浦江濒临长江入海口的一片沼泽地，长满高达3米的芦苇丛，并不是理想的建筑场地，传教士们却看好这里独特的区位优势，"……这块地皮有一个优点，就是对黄浦江这条上海大都市与世界商业往来的通道一览无余。……（他们）看到了一些混浊的江水里尚未显现的东西，他们看到了贴近一个有朝一日将成为世界最大都市之一的城市的各种好处，他们看到了拥有无穷资源和亿万人口的中国广袤的土地，而这个大都市是它的一个大门。"

教会大学传教士追求的是社区式的大学模式，他们希望有充足的土地来修建教学楼、实验楼、办公楼、教师住宅、学生宿舍、运动场、教堂及其他附属建筑，将所有师生都容纳到充满基督教气氛的学术区域内。因此将大学建在较僻静的城市郊区，与外面社会保持一种若即若离的关系，避免学生受到市区商业和娱乐的干扰，但同时又能发挥教会大学的社会作用，沪江大学校园选址遵循了这一思想。

五、校园空间

英语中的"campus"（校园）一词是19世纪由意大利语"campa"转化而来，其最初含义是指一种形状特定，用来特指学校标志和中心场地的公共开放空间（Piazza）。因此，西语中的学校最初的主要含义是由建筑物所限定的空间区域。

欧姆斯特认为，校园不宜过于强调对称式布局，不对称的布局更有利于与自然环境协调，也有利于校园空间的扩展。美国大多数校园设计都采用欧姆斯特的规划设计思想，在公园式的场地上布置非对称的建筑群，逐渐形成了后来美国校园自由式布局的风格特色。学生完全摆脱了修道院式刻板单调的生活学习模式，营造了民主、健康、生动活泼的校园氛围。

美国建筑师亨利·墨菲（Henry Killam Murphy）是中国教会大学校园建设史上举足轻重的人物，墨菲1899年毕业于耶鲁大学，1908年开办MURPHY & DANA

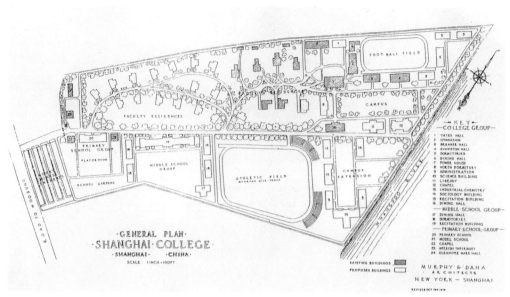

图8 1919年规划图（历史图片）

图9 思晏堂（历史照片）

建筑师事务所。1914年墨菲来中国从事建筑设计，1928年出任国民政府的建筑顾问，在华期间设计了许多重要建筑，先后为在中国传教的基督教差会规划设计了多所大学校园或主要建筑，其最著名的作品当数燕京大学未名湖区的规划设计，而他1914年主持设计的清华大学校园扩建工程，则最早将具有明确功能分区的大学校园规划设计方法引入中国。

1919年，MURPHY & DANA建筑师事务所为沪江大学作了校园整体规划，在已建成的建筑布局基础上，对校园道路、新建建筑、校园景观进行了整体规划设计（图8）。该设计同样采用了功能分区方法，按不同的教育层次组成不同的学院区：进入校门的主干道直通黄浦江边与滨江道路相接，道路南侧自西向东分别为小学区、中学区、运动场，道路北侧为独立式教师别墅区；大学区则集中在校园最东侧的黄浦江边，主干道北侧在已建成的思晏堂（图9）、思裴堂（图10）、思伊堂（图11）、科学馆（图12）基础上，规划增建办公楼、图书馆、礼堂与教堂（图13），三面围合中心景观绿地，形成向黄浦江开敞的三合院式的大学校园（campus），主干道南侧布置了另一个以绿地为中心向江面开敞的合院式校园扩展区（campus extension）。这一规划设计强烈地表现出20世纪初美国大学校园注重景观、崇尚自

图 10　思裴堂入口

图 11　思伊堂入口

图 12　科学馆

图13　教堂

图14　江边景观（历史照片）

图15　江边牌坊（历史照片）

然的设计思想，渗透着开明开放、注重人格培养的教育理念。

"对于1926年来访中国的人而言，如果旅行者从上海进入这个国家，在城郊外他的轮船就会经过一所学校的建筑群，他会被告知这是由美国浸会办的沪江大学。……大学校园四周都栽着柳树和四季常青的灌木，校场的中央，巍巍地布着二三十幢洋楼。在茶余饭后的时光，同学们更喜欢三五成群，或则一个人，在黄浦江边散散步，在草地上坐一霎，看看天上的夕阳和白云，听听江里的潮声，俨然是一幅从弗吉尼亚移来的世外桃源景象。"（图14、图15）

自弗吉尼亚大学校园之后，三合院式的空间布局成为美国大学规划中的常用手法，其主要目的是利用半封闭的空间提供一个可供交往的露天场所，加强师生之间的日常接触，以增进学生之间、师生之间的感情联系。创造一个使学生留恋的优美环境，维系学生对母校的美好回忆和深厚感情，从而保持教会大学的持久影响力，这种良苦用心是教会大学规划中的主要指导思想（图16）。墨菲事务所规划设计的沪江大学教学区端庄典雅，景色宜人；被花木绿地环绕的小住宅散布在自由曲线的道路两侧，居住环境之雅静，生活情趣之浓厚可想而知。这一规划设计将传教士们最初的信念与理想表达得淋漓尽致。

图16　校园开放空间（历史照片）

六、校园建筑

西方传教士将建筑视为一种文化参照物，在向中国输入西方文化的同时也将其建筑形式引入中国。沪江大学作为美国南北浸礼会创办的教会大学，其设计思想受欧美广泛流行的建筑复古思潮的影响，热衷于从建筑遗产和历史样式中寻求思想上的共鸣，因而以诗情画意的哥特风格为主的浪漫主义建筑大量出现在学校建筑中，而在美国盛极一时的折衷主义建筑更是任意选择与模仿历史上的各种风格，沉醉于纯形式美的追求中。

沪江大学大礼堂（图17）、思晏堂、馥赍堂（图18）、思福堂（图19）等建筑，陡峭的屋顶，收分的外墙扶壁，屋顶上的老虎窗，山墙的门廊入口，外墙的四瓣饰窗，以及多层凸窗、尖券窗洞、小尖塔、细部花饰浮雕（图20、图21）、小礼拜堂内的锤式屋架（图22）等均表现出哥特风格的浪漫。巨大的两圆心尖券窗洞内用细小柱子分成细而高的长窗（图23），从而强调向上的动感，这是哥特式建筑风格的典型特征。音乐堂采用了装饰性很强的三叶拱和弓形尖拱（图24、图25），营造出音乐般的轻松欢快与高雅。厚重的墙体及洞口墙体截面呈八字形向内收敛，并排上层层线脚以减轻墙垣的笨重感，圆弧形的拱券、立面上浮雕式的半圆连续小券形成的装饰腰线，思魏堂的小礼拜堂室内柱头上张开双翅的老鹰雕像（现已不存）等等都是

图 17　大礼堂

图 18　馥赉堂西立面

图 19　思福堂

图 20　怀德堂细部

图 21　礼堂立面细部

图 22　思魏堂内锤式屋架

图 24　音乐堂（历史照片）

图 23　大礼堂的尖券窗

图 25　音乐堂入口

图 26　湛恩图书馆（历史照片）

图 27　湛恩图书馆局部

罗马风时期建筑的典型特征。

　　晚期垂直式哥特建筑的显著特征是残留着中世纪城堡的痕迹，追求凹凸起伏的建筑体形，屋顶轮廓跳动着塔楼、烟囱、雉堞，结构处理常出现四圆心券，细部常用弧度较平的圆拱，外形追求对称。1928 年建成，1948 年由我国第二代建筑大师戴念慈先生主持扩建的湛恩纪念图书馆即带有明显的晚期垂直式哥特建筑特征，前后时间相差 20 年，建筑却浑然一体，很好地延续了校园环境风格（图 26、图 27)。

　　沪江大学教师别墅也是这所教会大学校园景观的重要组成部分，均采用坡屋顶，设老虎窗，外墙用红砖或青、红两色砖混砌，采用预制混凝土花饰门窗套，窗多用花饰砖拱，室内多设有砖砌壁炉，单体别墅虽各有不同，但整体体现出当时美国独立式小别墅的风格特征（图 28)。

图 28　教师住宅区（历史照片）

七、结语

　　美国大学普遍重视人本主义教育，坚信采用这种教育方针可以影响人的思想和信仰，其校园空间传承着独特的场所精神。西方传教士以高等教育为手段向中国传播西方文化的同时，教会大学的独特环境文化也成为对中国传统文化的一种介入方式，沪江大学校园空间采用同时期美国大学校园的整体布局模式及西式建筑风格，如果从环境与社会、环境与文化之间的关系层面来认识所表现出来的校园风格，那么除了实实在在的沪江大学物质文化遗产外，沪江百年校园还承载着一种独特的大学情结。

参考文献

1. （美国）海波士.沪江大学.第一版.王立诚译.珠海出版社，2005.

2. 周逸湖，宋泽方.高等学校建筑规划与环境设计.第一版.北京：中国建筑工业出版社，1994.

3. 董黎.中国教会大学建筑研究.第一版.珠海出版社，1998.

4. 王立诚.美国文化渗透与中国近代教育——沪江大学的历史.第一版.上海：复旦大学出版社，2001.

5. 上海档案馆.私立沪江大学.全宗档 Q242.

图片来源：

文中历史图片来源于美国里士满浸礼会档案馆、上海档案馆，其余为作者拍摄。

环境景观设计与完形心理学探究
Research on Landscape Design and Gestalt Psychology

张朝晖

Zhang Zhaohui

（上海理工大学出版印刷与艺术设计学院，上海 200093）

（University of Shanghai for Science and Technology, Shanghai 200093）

摘要：自 20 世纪 60 年代以来设计回归人的本体，形成了一个以交叉学科探讨环境与人行为关系的新兴领域。本文拟从格式塔心理学的角度探讨人对环境"阅读"的交流机制，为环境景观设计思维揭示一个全新的视角。

关键词：格式塔心理学，环境景观设计，心理空间，行为场所

Abstract: Design return of ontological mankind beginning from the 1960's, a new field arisen from the interdisciplinary research on environment-behavior relations. Thinking of environment art design reveals, from the angle of Gestalt Psychology theory, the meaning of environmental cognition system to the environment Landscape design and the environmental "reading", providing a refreshing viewpoint toward the exchange mechanism between environment and mankind.

Key words: gestalt psychology, environment landscape design, psychological space, behavior setting

格式塔（Gestalt）是德语形式或图形组织的音译，意译为完形，格式塔心理学因此又称为完形心理学，1912 年由心理学家韦特曼（Max Wertheimer，1880 ~ 1943）等人初创于德国，并发展成当代心理研究中一个重要流派。由于此学派是以人对图形的视知觉理论为基础，来研究人的心理和生理活动，所以格式塔心理学与艺术创作乃至建筑环境艺术设计中的视觉心理感受问题有密切的关系。因而以格式塔心理学探讨环境艺术设计具有现实意义。

最先把格式塔心理学引申到艺术领域的是鲁夫·阿恩海姆（Rodolf Arnherm）。1954 年出版《艺术与视知觉》一书，使他成为格式塔心理美学的代表人物。随着格式塔视知觉理论应用的扩展和深入，对环境建筑理论方面也产生了直接或间接的影响。早在 1986 年，德国人沃尔芬（H.Wolffin）就发表了《建筑心理学序论》，20 世纪 20 年代在包豪斯学校中也曾打算开设心理学课程。研究环境建筑中的心理学问题来源已久，而把格式塔心理学具体、系统地运用于建筑领域

的是丹麦建筑史家拉斯姆森（S·E·Rasmussen），他在《作为体验的建筑》一书中，用格式塔原理来分析建筑和城市空间。日本著名建筑师芦原义信也引用这一理论进行外部空间环境设计，并创作出许多优质格式塔的建筑作品。现代建筑大师密斯·凡·德·罗以其高深的艺术修养所提倡的"少即是多"的设计思想，更与格式塔心理学揭示的"完形原则"不谋而合。

总结国内外有关论著和建筑实践经验，针对环境景观建筑设计而言，笔者认为在格式塔心理学中可以借鉴的，主要有以下几方面。

一、环境景观建筑中主体与背景的关系

丹麦学者埃德加·鲁宾很早就注意到主体与背景这一视知觉现象，在1920年他绘制了著名的"杯图"来说明这一点。人的视觉经验证明：当人的视线观察到图中杯形，则此杯形易成为视觉的主体，黑底成为背景；若注意到的是脸形的轮廓，则脸形成主体，白底成为背景。有关的现象在环境建筑设计中不胜枚举，典型的如中国苏式园林室内漏花窗，图案黑围白或白围黑，主体与背景相映成趣。

格式塔心理学家进一步归纳出主体与背景关系的一般规律：主体表现较明确；背景相对弱；主体相对于背景较小时，主体总被感知为与背景分离的单独实体；主体与背景相互围合或部分围合并且形状相似时，主体与背景可以互换。

在环境景观设计中有意识地处理好主体与背景的关系，不仅符合视知觉特点，更有助于强调设计表达的主旨，突出整体布局中的"趣味中心"。例如，贝聿铭的美国国家美术馆东馆入口设计（图1）：菱形的雕塑和作为背景的由简洁挺拔的直线组成的建筑呈体量、形状、质感和明暗的对比，这既增加了公共建筑环境的韵味，又点明了美术馆这一特定建筑形式的主题，并形成入口的导向。

无疑，环境景观设计中某一形态要素一旦被作为主体，就会对整个构图形成支配地位，反之不重视主体的设计常易造成消极的视觉效果。那么，怎样构成"良好格式塔"的主体呢？对视点静止的三维景观造型和室内二维几何平面、立面形态来说：面积相对较小的，尤其是小面积形态与背景采用对比色时更易形成主体；整体性强的形态易构成为主体；封闭形态比之于开放形态易成为主体；水平和垂直形态比斜向形态易成为主体；对称形易成为主体；简洁的几何形态易形成主体；凸出形态比凹入形态易构成为主体，如凸出形态的顶棚，富有层次的变化，很自然地降低了

图1　贝聿铭作品——美国国家美术馆东馆入口设计

局部空间，以适应这一区域活动的场所感和领域感；动感、变异的形态易构成特殊魅力的主体，如用动态很强的瀑布墙，突出了空间的生气和活力，起到画龙点睛的作用。另外如勒·柯布西耶、路易斯·康和日本建筑师安藤忠雄等还善于运用环境形态中光影的变幻，来丰富环境主体的表现力（图2）。

图2 安藤忠雄作品——光之教堂

二、整体性与简化原则

格式塔知觉理论观点认为，知觉并不是各种感觉元素的总和，思维也不是观念的简单累加，知觉在组织视觉刺激时总是先感知到整体，之后才注意到构成整体元素的诸成分，而人的视觉思维还尽可能把空间位置邻近的视觉元素简化成明了、整体性强的视觉形象，所以许多杂乱、繁琐的复杂形体对人的视觉心理往往造成暧昧、不明确的"消耗性思维"。

在20世纪的环境景观建筑设计中简化与整体性已成为最基本的造型原则。现代环境景观设计越来越注重各造型体系，如建筑结构体系、建筑图式符号、陈设家具等形式的抽象化、单纯化、象征化；在景观空间构成中注重秩序的简洁，即充分运用建筑构图中的轴线、对称、等级、韵律和重复、基准、变换等秩序原理形成各造型要素间良好的"力场"。但简化原则的应用也有两面性，过分强调一点而忽视风格手法上的多元化与兼容性，反而会导致设计作品和视觉感受境界的单一和贫乏。在20世纪中叶崭露头角的后现代主义思潮，主张建筑形式和空间上的多意性、模糊性，它促使人们开始反思极端的现代主义"国际式"建筑风格给人想象力带来的空白，并探求设计语言的双重译码。后现代主义常用混杂手法，即在一个秩序共存的、均质化的整体中，用隐喻、变形、断裂、折射、叠加、二元并列等方式使部分构图变异而鲜明化，从而达到整体性与不定性、简洁与个性化的有机联系，深化了设计内涵的语境。

三、群化原则

视觉思维具有控制多个视点，使之形成有组织整体的倾向。在多个视点中相互类似、接近及对称的个体或部分都易被感知为整体，这种规律在格式塔心理学中称为群化原则。环境景观建筑设计中，有关装饰构图，造型时常提的"母题法"，即是这种群化原则应用的实例。但其中因接近性而产生的整体效果不一定都起积极作用。例如，北京天坛、苏州园林等中国传统建筑景观附近，又新建起许多庞大、高耸的现代化建筑群，原来突出于蓝天背景上别具民族特色的环境景观突然成了现代建筑群中的一部分，新旧建筑环境过分接近，削弱了建筑文化心理的审美氛围，无论从历史文化角度还是从现代城市景观的构成方面加以考虑，这一效果都是消极的、破坏性的。要协调好不同文

图3　周小平作品——《听水》

化、地域、气候条件上的建筑环境，就必须正确把握群化原则的应用方法。

　　以群化原则作设计、创作手法，可大致概括为以下几点：1.造型类似的群化：形状类似，但大小不一的形态成组，重复出现。2.质感类似的群化：如墙面与顶棚装饰采用石质铺面，有很强的自然韵味，登室如洞穴探幽。3.大小类似的群化。4.明度或色彩类似的群化：室内空间过高，所以把墙面上端涂成与顶面相同的深色，看上去空间就宜人多了。5.动感类似造成的群化（图3）。6.空间方向类似的群化。7.聚合性的群化：众多的构图元素成组成团的组合，使散乱的构图形成规律和统一感，如盖里设计的解构主义建筑（图4），其立面造型运用质感一致、参差错落的扭曲形进行向心式组合，使一些模糊不定的元素，形成了奇特、具鲜明个人风格的追求。

图4　弗兰克·盖里作品——迪斯尼音乐厅

四、环境景观设计中的"场"作用力

这一观点认为，物理现象是保持力关系的整体，而与之相对应的生理和心理现象也能保持力关系的整体。所有这些力即物理力、生理力和心理力都发生在同一场所之中，故被称为"场"作用力。诺伯格·舒尔茨 (Norberg Schulz) 按照格式塔原则解释了场所和节点（place and node）、途径和轴 (path and axis)、领域与区域 (domain and district)，这些元素形成一个完整体，构成了"场"(field)。研究人员进一步证实，当人感知到不同的形式时，会在物理力的诱导下对应产生不同的心理体验，对此研究深入到建筑环境领域的有阿恩海姆著《建筑形式的动力学》，提出了形式设计的力学原理。

当我们在考虑环境景观建筑造型美学问题时，多偏重于建筑造型的形式美法则，但同时却忽视心理在构图中所起的作用。有意识地体现出空间或形式这个场中的良好力的关系，才能创造出优质格式塔的作品，在建筑平面、空间构图中，我们若把一些关键的、重点的构件、因素、内容等布置在引力场中心位置，就容易起到控制全局、突出重点的作用。相反适当偏离引力场中心点，又能产生力的诱导，产生悬念。

在环境景观艺术设计中可以从以下几方面来体现力的关系：1.力的渐变：无论是量的、形的或色彩的递次变化等，都会在知觉上表现为某个方向的力。力的渐变暗示着时空的推移，同时还可以促成立体感、节奏感、诱导感的心理反应。2.力的均衡：力的均衡包括对称均衡和非对称均衡，非对称均衡的效果使人产生稳定、庄重的感受。3.力的强弱：当形成对比的两个对象在形状、大小、色彩、位置、材料或其他方面有所差别时，都会在心理上造成力的强弱之感。为了打破空间或立面造型的单调平淡，可以利用力的强弱对比关系，造成力动紧张的视觉效果。

五、结语

当前环境景观设计审美意识重心已从单纯追求形式美感转向以人为主体的人性心理的空间意境创造，强调人的参与与体验。无疑这一信条促使当今的设计师更加重视从心理学派理论中汲取创作养料，使环境心理的研究与应用更贴近人对真实环境的体验与追求。

参考文献

1. 来增祥，陆震纬.室内设计原理.北京：中国建筑工业出版社，2004.

2. (美国) 鲁道夫·阿恩海姆.艺术与视知觉.北京：社会科学出版社，1990.

3. 刘先觉.现代建筑理论.北京：中国建筑工业出版社，1999.

4. 艾定增.景观园林新论.北京：中国建筑工业出版社，1995.

5. Glenn Robert Lym. A Psychology of Building Prentice-Hall, Inc. New Jersey，1980.

高架道路与城市景观空间建构的研究
——以上海为例

Research on Overhead Road and Composing of Urban Landscape Space
—— Shanghai Case

徐 琦

Xu Qi

（上海《di 设计新潮》杂志社，上海 200235）

(Shanghai di magazine, Shanghai 200235)

摘要：本文通过高架道路对城市景观空间横向、竖向形态以及城市肌理影响的研究，结合以上海高架道路现实形态的分析研究，提炼出高架道路景观规划的五项原则：即融合与生长原则、"以人为本"的设计原则、肌理保护原则、多样性原则和景观参与原则。在五项原则的思想指导下，借鉴国外优秀案例进行高架路空间阻隔、色彩规划、功能融合、符号提炼四项对策探讨。

关键词：高架道路，城市景观，形态，关联

Abstract: Through analyzing the influence on the oriental and vertical shape, as well as on city's texture caused by overhead road. Meanwhile, combining the Shanghai Zhonghuan and Neihuan overhead road, the writer provides 5 principles for overhead road space sight planning.

Such as development with amalgamations and growing, people oriented, culture conservation, diversity and harmony with sight. With these five principles, as well as learning from foreign success case, the writer began to discuss on space rebuilding, color planning, environment, and harmony and area elements abstraction.

Key words: overhead road, urban landscape, texture

1. 高架道路定位分析

高架道路的出现，是人们对道路景观意识的幻灭，原本应该是赏心悦目的高架路，可我们误以为它们生来就是钢筋水泥般的庞然大物，它们对城市景观空间的生硬割裂只是理所应当的事情。渐渐地，在这种观念意识的群体中，城市道路失去了其原有的风貌。在愈来愈大规模的城市化运动已经根深蒂固的今天，探究与城市空间相和谐的高架道路景观体系，是一个值得深思的课题。

1.1　高架道路景观构成要素

本文所涉及的高架道路景观包括高架桥自身的体量空间、线路的色彩、造型，以及其中的附属物，如栏杆、照明设施、防声壁等。此外，还有人们视觉可及的高架桥面的底面和整桥的侧立面，同时也包括与周边城市景观空间要素结合成的综合环境，如周边建筑、民宅、绿地等。

1.2　高架道路对城市景观空间的重构

1.2.1　对城市景观空间竖向形态的影响

上海地处平原地区，地面平坦无起伏，高差变化很小，因此平时绝大部分公众的视点都在 1.5 ～ 1.6 米或更高，人们对空间的认知也是在此平面上进行的。高架道路建成后，视点相应提高到 5 米左右，对城市景观空间竖向形态的感知就完全不同了。

目前，由于未能将高层建筑相对集中布置，造成了从高架道路上看到的混乱无序的城市竖向形态。行驶于高架道路上，原来在地面上所能感受到的丰富多彩的城市空间和千姿百态的城市生活已难以感受得到。取而代之的是低沉下去的老房子和林立的高层建筑，老房子简陋的屋顶、杂乱的设备均映入人们的眼帘，街坊和街道的感受不复存在，活动的人群、人性化的城市生活被速度、机械化的高架系统所代替。

1.2.2　对城市景观空间横向形态的影响

高架道路的产生，使空间结构产生地位上的变迁，直接带来了对城市空间横向形态的冲击。导致周边城市空间的文化意义与人文色彩日趋淡漠，绵延的高架道路同时也在一定意义上极大地限制了周边传统城市的景观空间，支解了城市空间文化的横向脉络联系。

1.2.3　高架道路重构城市肌理

"肌理"的解释为："肌"可以理解为材料的质地，"理"可以理解为材料表面纹理起伏的组织。

城市肌理是对城市空间形态和特征的描述，随着时代、地域、城市性质的不同而有所变化。这些变化往往体现在城市建筑的密度、高度、体量、布局方式等多方面，可以使城市肌理有粗犷与细腻、均质与不均质之分[①]。

1.2.4　高架道路对城市土地级差的重分布

所谓的城市土地级差就是城市土地等级差别，土地依其用途及开发规划会有等级之分，投资低等级土地，等其因各种因素升级，就会获得相当的利益[②]。

城市高架道路的建设是人类对城市土地的再一次劳动投入，给城市土地带来的增值也很可观，这就使得高架路相邻的城市地域原有级差发生了变化，重新分布。土地租金的变化引起城市空间竖向形态发生变化，由于它所表现出的基础设施良好、

① 盖尔·扬，吉姆松，拉尔斯．新城市空间．第二版．北京：中国建筑工业出版社，2003.
② 徐建刚，屠帆，韩雪培．城市商业土地级差地租的 GIS 评价方法研究．地理科学，1996,(2).

交通便捷、生产条件优越和生活舒畅等的特征，城市的空间重心向着高架路服务范围覆盖的城市中心区域迁移。以高架路为依托的新城区成为现代城市的象征和主导景观①。

2. 上海高架道路现实形态分析研究——高架道路与城市空间形态的关联

2.1 高架道路与生态景观的关联

城市景观是由若干个以人与环境的相互作用关系为核心的生态系统，如人工景观单元（道路、建筑物等），半自然景观单元（公共绿地、农田、果园等），人为干扰下的自然景观单元（河流、水库、自然保护区等）②。

高架道路作为现代城市的通行廊道，其对生态环境的影响，主要表现在噪声、振动、电子辐射等多方面。这些影响是很实际的，直接影响到沿线居民的正常生活、工作和健康等问题③。

2.2 高架道路与视觉景观的关联

高架道路对城市景观空间的影响主要有两方面：一方面是高架线路两侧的居民对桥梁建筑物的静态景观；另一方面是车上的乘客对城市街道的动态景观。目前讨论景观问题时，往往着重于前者而忽略了后者。

人们常用视线距离 D 与建筑物的视平线以上高度 H 的比例：D/H 来描述空间的比例关系，当 D/H<1 时，就会产生接近感和压迫感；当 D/H=2 ~ 3 时，则可以由充分的距离观赏建筑的空间构成④。

上海高架道路与周边景观空间的 D/H 值，在很多路段都 <1。以内环线高架为例，高架道路与建筑物几乎紧贴，车辆通过时不仅造成很大的噪声污染，而且让乘客对周围的建筑物，而高架又使建筑物里的人们产生过强的视觉冲击和环境污染。

2.3 高架道路与城市交通空间的关联

这类用地是高架道路与城市景观空间相关联的重要组成部分，包括道路、交通管理与人形通道、交通设施、停车场等。高架立柱间的大尺度空地，理所应当得成为辅助的停车场之类的交通场地。

高架道路与城市交通相关的这一部分是高架得以存在的重要价值所在。不尽如人意的是内环线高架由于建设年代较早，管理及维护欠缺等因素，目前内环线高架桥墩下方的空间利用存在着空间闲置、空间死角等问题。而宽阔的高架道路桥面使得桥下人行交通复杂，无论是增加横向通行的信号灯还是设立人行天桥，对于人性化的设计来说，行人横向穿越变得非常困难。

① 李阎魁．高架路与城市空间景观建设——上海城市高架路带来的思考．规划师，2001：49.
② 张斌等．城市设计与环境艺术．天津大学出版社，2000.
③ 苏伟忠，杨宝英．基于景观生态学的城市空间结构研究．北京：科学出版社，2007.
④ 金战锋．关于沿街建筑距离 D 和高度 H 比值的建议，http://www.wzup.gov.cn.

3. 高架道路与城市景观空间建构的对策研究

3.1　高架道路景观规划原则

高架道路和城市景观空间形态的相互协调是城市规划的一个重要目标，为实现高架道路建设的协调融合和可持续发展，今后的高架道路与城市景观空间形态建构的可行性研究应遵循以下原则: 融合与生长原则、"以人为本" 原则、肌理保护原则、多样化原则、景观参与原则。

3.2　对策探讨及优秀案例借鉴

3.2.1　空间阻隔

通过围合材料的运用，将高架道路与城市景观环境完全或部分地围合起来，从而减少高架道路的消极因素对周边环境产生的负面影响，同时尽可能通过对新的围合物的巧妙组织来提升空间品质。

案例借鉴: 澳大利亚墨尔本市的城际连接工程为市城区的基础设施景观增添了一个标志性的雕塑景观。设计者大胆地运用了一系列色彩明亮、体量巨大、形态简单、具有抽象意味的隔声装置，通过有机组合在围合高架道路的同时形成了在城市里的一座巨大雕塑。从另一侧看，红色的木条形成两面独立的红墙，路在其中穿过，形成一道野外雕塑风景，黄色木墩悬臂就如一堵拱门。

3.2.2　色彩规划

英国著名心理学家格列高里认为: "色知觉对于人类有重要的意义——它是视觉审美的核心，深刻地影响我们的情绪状态。" [1]

连续的高架道路容易使人产生压抑感，如果配以得当的色彩规划，则可以增加高架道路的美感。上文中墨尔本城市门户的空间阻隔设计，也非常好地应用了色彩设计的原理。使景观更具有动感和震撼力。

3.2.3　功能融合

功能融合是指一部分高架道路同其周边城市景观空间在功能上的结合，特别指同周边的建筑空间的一体化，高架道路并不独立存在，而是和其他空间共同组成一个空间系列。

功能融合，最常见的形态是轨道高架沿线的站台，由于功能上的需要，站台顺理成章地和轨道高架线紧密地结合在一起，成为城市区域地标。但是此对策，在实践过程中所遭到的客观限制较多，比如要求高架和周边建筑的同步开发，需总体规划和多方协调等。

3.2.4　符号提炼

从符号学的角度来审视设计领域中的思维表现，我们可以清晰地看到符号表现的重要意义。"符号" 能够准确地反映当地民族的文化底蕴和文脉精神，在环境艺

---

[1] 鲁道夫 · 阿姆海恩．艺术与视知觉．滕守尧译．成都: 四川人民出版社，1998.

术系统设计中符号元素的种类、形式在体现文脉主题的统一框架下，表现形式越丰富越好。

案例借鉴：戈尔山高速公路（Gore Hill Freeway）隔声墙不仅呈现着城市的方方面面，并以浅浮雕形式融会了不少抽象的图案。在高速公路入口处刻有棱纹的混凝土挡土墙上，还采用当地的岩刻技术雕凿了土著人的岩刻图案，这些生动的图案由鲸鱼和鲨鱼的形状简化而成。

理查德·古德温的这项设计是最早尝试高速公路融入整个城市景观空间建构的工程项目之一，对后来的公路景观设计影响颇深。

3.2.5　波士顿 BIG DIG 方案借鉴

美国波士顿有个著名的工程叫作 BIG DIG，就是要把在"蓬勃发展"年代建设起来的环绕 DOWN TOWN 的高架高速公路全部埋到地下，而空出来的地面则有相当部分作为公园和城市公共空间。

除了波士顿，很多大城市开始重新审视高架道路。西雅图于去年也通过了规划，要把横穿 DOWN TOWN(市中心)的 #5 州际高速公路拆除；蒙特利尔去年完工的一个赏心悦目的工程——Quatier International，虽然规模不如 BIG DIG 和西雅图的计划，但是基本上也是将按照高架道路"掩埋"的思路，进行重建，并在下沉的高速公路上建造房子和公园。

3.3　科学规划利用，着力发展地面和地下交通

中国城市规划设计院交通所所长赵波平说：该不该修高架路不是简单下个定论就能说清楚的，还要具体情况具体分析。

例如在某个城市中心，有许多古建筑或一些特殊的景观要保护，那这时候高架路就不合适，地下铁路可能会是最好的选择；如果某个地方很空旷，或土地资源很紧缺，这时就可以用高架方式。高架路就像任何一种事物，有好的一面也有坏的一面，就看怎样把它利用好，这就需要通过科学的规划和做具体的方案才能解决。但是我认为，还是应着力发展地面交通，因为地面的景观效果是最好的，在不得已的情况下再考虑用高架形式。

4. 结论

在特别强调构建和谐社会和可持续发展战略的今天，以忽视城市景观空间形态来修建高架道路的做法，已经不能被我们接受。本文通过对上海城市高架道路与城市景观空间建构的研究分析，结论如下：

4.1　历史的脉络

我们应该从历史文化保护原则出发，仔细考察研究东西方历史古城的交通规划。在追求道路功能主义的同时，更多地应该关注道路同城市历史文脉之间更深层次的关系和结构，不管是在哪个城市，高架道路景观都应该是城市文化和城市精神的重要体现。

4.2　实践的角度

将沿线两侧人行道应适当拓宽；适当控制高架线的高度，减小体量；注意线路的色彩、造型、流线设计，有利于城市采光、通风，并增加景观效果；对于高架道路与城市景观空间之间的关联问题可以采取空间阻隔、色彩规划、功能融合、符号提炼的方法来加以解决。

4.3　批判的眼光

高架道路的建设必须从国情出发、从城市现状出发，用批判的眼光、整体的思维方式进行高架道路建设，高架道路不是城市中孤芳自赏的独立景观，也不是追求"高大全"的终极目标。

参考文献

1. 金俊 . 理想景观——城市景观空间的系统建构与整合设计 [M]. 南京：东南大学出版社，2003.

2. 徐循初 . 漫谈"城市交通"[M]. 上海：城市交通，2005.11.

3. 苏伟忠，杨宝英 . 基于景观生态学的城市空间结构研究 [M]. 北京：科学出版社，2007.

4. 熊广忠 . 城市道路美学——城市道路景观与环境设计 [M]. 北京：中国建筑工业出版，1990.

5. 土木学会 . 道路景观设计 [M]. 章俊华，陆伟，雷芸译 . 北京：中国建筑工业出版社，2003.

6. 张阳 . 公路景观学 [M]. 北京：中国建材工业出版，2004.

7. 白德懋 . 城市空间环境设计 [M]. 北京：中国建筑工业出版社，2002.

8. （美国）凯文 · 林奇，加里 · 海克著 . 总体设计 [M]. 黄富厢，朱琪，吴小亚译 . 北京：中国建筑工业出版社，1999.

9. 郝洪章，黄人龙 . 城市立体绿化 [M]. 上海科技出版社，1992.

10. 俞孔坚 . 景观：文化、生态与感知 [M]. 北京科技出版社，2000.

11. 吴必虎，刘筱娟 . 中国景观史（上）[M]. 上海人民出版社，2004.

12. 林飞 . 高速公路景观设计初探 [M]. 江苏交通工程，2002.

13. 张宝鑫 . 城市立体绿化 [M]. 北京：中国林业出版社，2004.

14. 李朝阳 . 现代城市道路交通规划 [M]. 上海交通大学出版社，2006.7.

15. 约翰 · O · 西蒙著 . 景观设计学—场地规划与设计手册 [M]. 俞孔坚，王志芳，孙鹏译 . 北京：中国建筑工业出版社，2000.

16. 中共上海市建设和管理委员会 . 上海优秀项目选编 [M]. 上海：汉语大词典出版社，2007.

17. 焦燕 . 建筑外观色彩的表现与设计 [M]. 北京：机械工业出版社，2003.

18. 黄剑源，谢旭著 . 城市高架桥的结构理论与计算方法 [M]. 北京：科学出版社，2001.

19. （丹麦）扬 · 盖尔 . 交往与空间 [M]. 何人可译 . 北京：中国建筑工业出版社，2002.

20. 刘捷 . 城市形态的整合 [M]. 南京：东南大学出版社，2004.

21. 鲍世行，顾孟潮 . 钱学森论山水城市与建筑科学 [M]. 北京：中国建筑工业出版社，1999.

22. 程胜高，罗泽娇，曾克峰 . 环境生态学 [M]. 北京：化学工业出版社，2003.

23. 郑明远 . 轨道交通时代的城市开发 [M]. 北京：中国铁道出版社，2006.

24. 刘滨谊 . 现代景观规划设计 [M]. 南京：东南大学出版社，2000.

25. 齐康 . 意义·感觉·表现 [M]. 天津科技出版社，1998.

26. 齐康主编 . 城市环境规划设计与方法 [M]. 北京：中国建筑工业出版社，1997.

27. 任福田等 . 城市道路规划与设计 [M]. 北京：中国建筑工业出版社，1997.

28.（美国）凯文·林奇著 . 城市形态 [M]. 林庆怡等译 . 北京：华夏出版社，2001.

29.（澳大利亚）伊丽莎白·莫索普 . 当代澳大利亚景观设计 [M]. 蒙小英，袁小环译 . 乌鲁木齐：
新疆科学技术出版社，2006.

30. 董鉴泓，阮仪三 . 名城文化鉴赏与保护 . 上海：同济大学出版社，1993.

31. Larry S. Internal Structure of the City[M]. Oxford: Oxford University Press,1982.

32. Alexander C. A New Theory of Urban Design[M]. Oxford: Oxford University Press,1987.

33. Jacobs J. The Death and Life of Great American Cities[M]. New York: Random House,1963.

34. 姚培，邱铭军 . 从道路功能看我国公路基本建设项目的可行性研究 [J]. 长安大学学报，2004，(4).

35. 姚峰 . 现代乡村居住状态都市化倾向的思考及对策探讨—以江浙地区为例 [D]. 东华大学硕士论
文，2004.

36. 吴瑞麟，叶仲平 . 城市高架交通沿线环境景观分析研究 [J]. 华中科技大学学报，2006，(1).

37. 夏志新，张音波，许慧华 . 城市高架快轨交通的协调性研究 [J]. 现代城市研究，2007，(5).

38. 沈实现，韩炳越，朱少琳 . 色彩与现代景观 [J]. 规划师，2006，(2).

39. 邓属阳，刘丹 . 关注城市生活的"边角空间" [J]. 规划师，2007，(1).

40. 张长江 . 日本城市环境的和与灰 [J]. 大连轻工业学院学报，2003，(3).

41. 崔阳，李鹏，王璇等 . 现代城市中的过渡空间 [J]. 同济大学学报，2006，(5).

42. 肖红 . 聚焦高架路 [J]. 中国建设报，2001，(5).

43. 宁艳杰 . 城市景观生态问题的探讨 [J]. 城市管理与科技，2005，(6).

44. 牛海鹏 . 城市生态可持续发展评价指标体系及方法 [J]. 辽宁工程技术大学学报，2005，(2).

45. 张洪，邵湘宇 . 上海中环线景观设计与管理 [J]. 辽宁工程技术大学学报，2005.

46. 王保忠，王彩霞，何平等 . 城市绿地研究综述 [J]. 城市规划汇刊，2004.

47. 杨昆，管东生 . 城市森林生态系统服务功能的研究 [J]. 环境科学动态，2005.

48. 上海市规划局 . 上海市老城厢历史文化风貌区保护规则 [J]. 城市规划汇刊，2004.

49. 王昊 . 城市道路景观形态研究 [D]. 南京：东南大学硕士学位论文，2006.

50. 王保林等 . "墙"与"街"——中国城市文化与城市规划的探析 [J]. 规划师，2001，(1).

51. 李朝阳，徐循初 . 城市道路横断面规划设计研究 [J]. 城市规划汇刊，2001，(2).

52. 潘海啸 . 快速交通系统对形成可持续发展的都市区的作用研究 [J]. 城市规划汇刊，2001，(6).

53. 邵侃，金龙哲 . 对城市高架道路立体绿化的探讨 [J]. 环境与园林，2005.

浅议听觉景观设计

The design of soundscape

翁 玟 李轶伦

Weng Mei Li Yilun

摘要： 景观设计从19世纪发展至今，一直是以视觉艺术为出发点的设计，而我们对景观的感知是五感的综合体验。听觉是仅次于视觉感知外界环境的感官，因此笔者从听觉角度入手，通过对听觉景观的设计原理、设计方法的探讨和案例的分析，以期听觉景观设计能为景观设计注入了新的活力，为景观设计师建立"整体景观"的设计理念。本文旨在抛砖引玉地启发对景观的五感设计，为人们创造更美好和谐的景观空间。

关键词： 听觉景观，声景，风景园林

Abstract: The landscape architecture was always concerned as vision art, but we experienced the Landscape using five sense of feelings, not just vision. This paper commences on the sense of hearing, trying to add new energy into landscape architecture through discussing the soundscape design principle and methods. The purpose of this research is to build the conception of total landscape which suggests the five sense of feelings design in landscape architecture.

Key words: aural landscape, soundscape, landscape architecture

1. 听觉景观设计的提出

"景观"（Landscape）一词最早出现在希伯来文本《圣经》的旧约全书中，这时的"景观"意为"风景"、"景色"等，是视觉美学上的概念。目前，风景园林的设计者对"景观"的理解，也主要是从视觉角度出发的，景观设计被认为主要是视觉的艺术。而柳赖澈夫从知觉心理学角度出发对景观的定义则认为"景观是通过以视觉为中心的知觉过程对环境进行的认知，包含了对景观的视知觉过程和行动媒介过程。"[①] 也就是说，景观不是由人的视觉体验单独感知，而是由包括视觉在内的听觉、触觉、嗅觉和味觉五感的综合体验感知，是对"整体景观"（Total Landscape）[②] 的感知。

---

① 许浩．城市景观规划设计理论与技法 [M]．北京：中国建筑工业出版社，2006.
② 李国棋．声景研究和声景设计 [D]．清华大学博士论文，2004.

人对于环境认知的 85% 来自于视觉，10% 来自于听觉感官，视觉和听觉构成了我们对外界感知的最重要的两种感官。西方哲学将人的感官依照等级次序进行排序，首先是视觉，因为人们认为这种感官对于认识世界和获得知识最为重要。其次便是听觉，在我们的学习经验中，听觉有时甚至比视觉更为重要，我们的学习常常是从"听说"开始的。

中国古代的造园师向来注重园林听觉感受，听觉与视觉相结合的园林具有生动的意境美。造园师常借自然的风、雨与竹林、芭蕉、荷叶作用产生的声响来营造意境。中国古典园林中的无锡寄畅园的"八音涧"，苏州拙政园的"听雨轩"和"留听阁"，还有杭州西湖的"柳浪闻莺"都兼备了声形的优美意境[①]。

为了满足人们对景观更全面的感受，不仅能"看"到美景，更能"听"到美景，景观设计师就不能只专注于对空间形态、色彩分布与功能布局等视觉形式的设计，还要将听觉设计作为景观设计的必要元素，营造具有不同地域特征的听觉景观。

2. 声景观（Soundscape）

1929 年芬兰地理学家格兰诺（Granoe）提出"Soundscape"，刚起步时的研究范围是以听者为中心的声环境[②]。Soundscape 由 Landscape（景观）变化得到，Soundscape 被译为声景、声音景观、声风景、音景，在台湾则被翻译成声境。而笔者则倾向于将 Soundscape 译为听觉景观，以明确它在景观设计里与视觉景观相对的地位。听觉景观不同于听觉环境，听觉景观强调景观的可听性，为声音等要素被人感知并在人脑海中形成意象，体会到景观的意境美；听觉环境则是指人们生活、工作空间中的声源对人听觉的影响。

听觉景观的研究范畴，涉及人在对环境的视觉审美时，听觉感知的作用和影响、视觉景观与听觉景观的配合和协调，以及以声要素为主要研究对象对景观进行听觉设计。

2.1 R Murray Schafer 声景的提出

声景学作为一个艺术概念则是由加拿大音乐家莫瑞·谢弗（R. Murray Schafer）在 20 世纪 60 年代末到 70 年代初提出的，他创建世界声景计划（WSP，World Soundscape Project）组织[③]，并开创了声音设计研究学派，被视为是听觉设计的"包豪斯"。谢弗于 1977 年撰写了《世界之律调》（The Tuning Of the World）一书，引起声音生态学家和声音艺术家的广泛关注，他的活动以及出版的书籍使声景思想也从加拿大推广到整个欧洲。

---

① 朱晓霞. 园林中的声境美 [J]. 园林，2007，(4)：12-13.
② Granoe G. Reine geographie. Acta Geographica, 1929：1-202.
③ Wrightson K. An introduction to acoustic ecology. Soundscape：The Journal of Acoustic Ecology, 2000，1(1)：10-13.

2.2　Westerkamp 世界音响生态论坛

WSP 的首创成员谢弗多年的助手希尔德加德（Hildegard Westerkamp）于 20 世纪 90 年代初开始着手策划一次全新的国际运动。1991 年，Westerkamp 创办了全新的《声景》（Soundscape）期刊。1992 年，由 Westerkamp 组织的世界音响生态论坛（WFAE）在加拿大班夫（Banff）的国际会议上正式成立。WFAE 拥有自己的网站和来自世界各地的会员，隶属机构遍布欧洲和澳大利亚、日本等地，各国在 WFAE 组织的鼓舞下，积极在各领域开展声景活动①。

2.3　Keiko Torigoe 日本声景

日本的声景研究和教育始于 20 世纪 80 年代后半叶，鸟越子（Keiko Torigoe）在多伦多西蒙弗雷泽大学（Simon Fraser University）研究并撰写了关于"世界声景计划"的论文。回国后，她坚持不懈地致力于声景教育和声景设计，并将声景生态学在日本推广和发扬。日本声景研究会于 1993 年成立，其宗旨是让更多的人关心自己周围存在的声音，进而关心声音的环境。对声音的历史、环境、文化内涵进行考察②。日本还开展了"评选日本音风景 100 处"的活动，让民众积极参与进来。

2.4　声景在我国台湾地区的发展

我国台湾地区王俊秀教授撰写的《音景(soundscape) 都市表情：双城记的环境社会学想象》一文企图以环境社会学的观点来从事新竹市与温哥华"双城记"之跨国比较，探讨音景如何化为都市表情。1998 年王教授的《声音也风景：新竹市的音景初探》则期望以抛砖引玉的精神来摘要国内音景调查与研究的先驱计划，期望音景也可以成为景观研究的新方向③。

2.5　声景在我国内地的发展

中国内地最早进行声景研究的是清华大学博士研究生李国棋④，他将声景研究作为博士论文选题，开展了深入研究。他通过向北京市民发出"Sondscape 通告"和介绍世界各地声景研究活动的现状，使更多的人关注自己周围的声音情况。并提出在中国内地开展声景学研究的必要性，号召更多的市民积极参与声景活动。他从人—声音—环境三者之间的关系，论述了声景学与传统声环境学和传统景观学的区别，弥补了传统景观学仅仅考虑视觉景观的不足，确立了声景学作为人居环境科学中的一个基本学科地位，奠定了声景思想的美学基础⑤。

3. 听觉景观设计原理

3.1　声音的感知

近代的感知（perception）理论认为，感知完全或很大程度上由外界刺激特性

---

① 听得见的风景．艺术世界，2006，(3).
② Westerkamp H．Editorial.Soundscape：The Journal of Acoustic Ecology，2005，6(2):1.
③⑤　李国棋．声景研究和声景设计 [D]．清华大学博士论文，2004.
④ 秦佑国．声景学的范畴 [J]．建筑学报，2005.1.

决定。影响感知的因素有：

3.1.1 与外界的刺激有关，一定的刺激对于某些人来说开始会产生强烈的反应，当这类刺激重复多次后，原先的反应即会降低以至消失，此时这个人已习惯这类刺激，对之习以为常。例如，某些人习惯于在很吵闹的环境中工作，如果噪声一旦消失，他会感到某种不自在。

3.1.2 与人的生理方面有关，如视觉、味觉、嗅觉、听觉及触觉等。每个人对世界的感知都通过身体上的各种器官，人主要依赖视觉来感知，人们通过视觉感知的世界要比通过其他感官要抽象得多。

3.1.3 与人的注意力的选择性有关，人的注意力本身有很大的选择性，同样的环境，不同的人由于其注意力集中在不同的方面，感知到的东西也各异，特别是在注意力集中于某些方面时，对其他方面可视而不见、听而不闻[①]。

我们日常感知到的声音大致有三类：自然声、人文声和社会声，我们对各种声音的心理感受随声音的物理特性的不同而差别很大。笔者以校园为例对各类声音调查，如表1。

声音调查统计表 表1

声音分类	声音名称	物理特性	心理特性
自然声	狂风	音量大，音调高	厌烦，急躁
	暴雨	音量大，持续时间短	爽快
	树叶沙沙声	音量小	舒缓，轻松
	蝉声	音量大，较嘈杂	烦躁，不安
	鸟叫	音调高，时间集中	轻松，愉悦
人文声	上下课铃声	音量大，音调高，持续时间短	急促，刺耳
	讲课声	音量不大，较安静	积极，进取
	讨论声	音量一般，较嘈杂	快乐，积极
	广播声	音量大，持续时间较短	放松
社会声	交通声	音量大，低频成分较重，持续时间长	烦躁
	食堂排风扇声	音量大，低频成分较重，持续时间长	烦躁，不安
	机器声	音量大，低频成分较重，持续时间长	烦躁，不安
	脚步声	音量小，持续时间短	别扭，烦躁

从以上列出的声音我们可以看到，在我们的生活中存在着丰富的声音，有的使我们感到愉悦，而有的使我们烦躁不安，它们共同组成了我们的声音环境。

3.2 声音元素的角色

声音不是以一个个声响单独存在的，就好像画面是由各种颜色一起构成的，声音也是由各个声响共同组合在一起形成的。声音按在景观中起到的不同作用，可以大致分为以下三类：

---

① 李增道．环境行为学概论 [M]．北京：清华大学出版社，1999.3.

3.2.1 基调声（Keynote sound）

基调声又称背景声[①]，作为其他声音的背景声而存在，描绘生活中的基本声音。在城市中我们常听到交通声响为背景声，轰轰作响；在自然环境或是公园中，背景声则是清脆的鸟叫或沙沙作响的树叶声；而在海边，海浪拍岸持续不断的声响则成为一切声响的基调。

3.2.2 前景声（Foreground sound）

前景声又称信号声 (Sound signal)，利用本身所具有的听觉上的警示作用来引起人们的注意[②]。火警声、救护车声、警车声、汽笛声、铃声等都属于信号声，这些声音往往音量特别大或十分尖锐，有的信号声则倾向噪声。

3.2.3 标志声（Soundmark）

标志声是具有场所特征的声音，标志声又被称为演出声[③]。在电影中，我们能深刻体会到不同场景具有特色的标志声，如钟声和传统活动的声音，是象征某一地域所特有的声响。这种标志声带给人亲切感，这种声响同时也具有时代特征。例如，旧唱片里放出《天涯歌女》的歌声，配上电车的铃声就让我们感受到新中国成立前的上海。在听觉景观设计时，如果能针对场地的地域特色和时代背景，适当加入标志声，则非常利于表达景观的特有性格。

3.3 使用者与声音的关系

景观的使用者是景观声音的接受者，同时又是景观声音的制造者。使用者不同的社会背景和状态对他们感受声音有不同的影响。

使用者的社会背景包括年龄、性别、文化层次、职业等。调查表明，年轻人比较偏向轻快前卫的音乐，喜欢诸如马达轰鸣、篮球鞋摩擦地面等刺激的声响，对交通噪声不太反感。而受到良好教育的中年男子却更容易对交通噪声抱怨。

使用者的状态，是指使用者在不同心理条件下感受景观时，对声音有不同感知。使用者在轻松平和的状态下能对声景观有比较客观的评价；而使用者如果心绪烦躁，对环境中的噪声就更难以忍耐。

3.4 听觉景观与视觉景观的相互关系

视觉能客观地感受环境，较理性；而听觉则常带有更多的主观色彩，更感性，这是因为声音本身的持续性特点使其具有节奏感和造型感。视觉与听觉相结合，两种感官体验相互碰撞、相互诠释，可以表现出美妙的艺术效果。视觉景观设计与听觉景观设计相结合，才能设计出较为完整的景观环境。

听觉景观和视觉景观存在着以下三种关系：

协调——听觉景观与视觉景观有统一的主题、基调；

对比——听觉景观与视觉景观有对比的主题、基调；

互动——相互之间随对方改变而改变。

---

① ~ ③ 葛坚，赵秀敏，石坚韧. 城市景观中的声景观解析与设计 [J]. 浙江大学学报，2004，(8)：76~78.

配合不同的风景，体现不同的主题，视觉景观和听觉景观就分别有了不同的配合。有的需要相互协调，使某个主题得到加强，比如用溪流潺潺的水声与郁郁葱葱的山景相配就很有意境；有的则用对比的手法，用自然的声音配上人工的视觉景观，比如为体现某个工业基地原来是一片生态树林的场地历史，加入原始树林的声响和动物的叫声，这将使矛盾突出，使人追忆过去；而有的景观中加入了声音的元素后，使人的听觉和视觉互动起来，如音乐喷泉，水柱随着音乐起伏而摇摆变形，听觉和视觉互相诠释对方，声音和画面互相印证，使景观的性格更加突出。

清华大学的李国棋在他的博士论文《声景研究和声景设计》中，做了一个视觉景观与听觉景观关系的实验。实验结果表明景观和声音的谐和度越高，视觉与听觉相互作用越易产生共鸣现象，则印象评价也就越高[①]。由此我们得出，在视觉景观与听觉景观的这三种关系中协调和互动能使人们在感受景观时产生共鸣现象，增强人们的感知和体验，给人们留下较好的印象。而如果二者是对比的关系，则情况比较复杂。比如流行音乐在景观中给人的印象就很特殊：原本喜爱流行音乐的人，会对视觉景观也产生良好的印象；而对流行音乐没有兴趣的或是反感的人对环境的印象就会变差。

3.5 听觉景观空间布置方式

对听觉景观进行空间布置，我们可以从分析游赏方式入手。我们借鉴日本园林的游赏方式，按视点的固定和移动分为三种形式：定视式、露地式和回游式。定视式是指从某一固定位置观赏庭院，注视感强烈，呈现绘画性的、静止的景观。回游式是指可以沿循环的路线观赏园内各个部分，园林对于观者本身来说呈现立体的景观构成。露地式是介于定视和回游之间，沿着固定、单一的方向移动，呈现连续的景观空间构成变化[②]。

当我们在某个景点观赏时，就是定视式，我们布置声音位置时，就可以将声音像画面那样分成远景、中景和近景，分别在距离观赏者不同位置和方向的地方播放声响，从而增强画面的层次感。例如在远景中是树叶的沙沙声和风声，偶尔配上一些鸟叫声，在中景中加一些水流的淙淙声，近景则为游客自身所发出的交谈的声响。

景观常常是由观赏者在运动中感受的，单个景观的观赏不如景观序列的积累效果来得好。当视点跟着脚步移动时，移步异景的体验比视点固定的定视式游赏更具趣味性，使人流连。采用露地式的方式游览，观赏者是沿着固定、单一的方向移动的，这就好像设计者在向观赏者描述一个故事。故事有开端、发展、高潮和尾声，听觉景观空间布置也要有这样一个发展的过程，让人有一个享受环境的过程。当采用回游的方式时，观赏者的移动方式是多方向的，有更多的选择，我们可以划分不同的区域布置听觉景观，突出各景区的不同特色，满足人们的不同需求。

---

① 李国棋．声景研究和声景设计 [D]．清华大学博士论文，2004．
② 许浩．城市景观规划设计理论与技法 [M]．北京：中国建筑工业出版社，2006．

图1　布雷海湾

图2　三艘船原址和铁盖

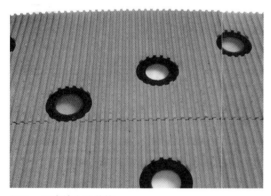

图3　吸声墙上的装饰

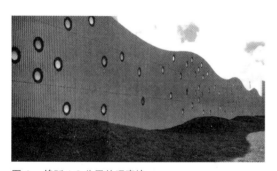

图4　绵延1.6公里的吸声墙

4.听觉景观规划设计方法

听觉景观规划设计一般采用正设计、负设计和零设计三种方法：正设计即在原有的声音景观中添加新的声要素；负设计即去除听觉景观中与环境不协调的、不必要的声要素①（道路景观设计常负设计，降低汽车噪声）；零设计即对于听觉景观按原状保护和保存，不作任何更改。

4.1　正设计——布雷的海湾前滩公园（Bray's Bay Foreshore Park）

澳大利亚的布雷的海湾前滩公园是由景观师金科菲尔德和布鲁斯（Pittendrigh Shinkfield & Bruce）和声学工程师 Shane Fahey 共同设计的。采用了正设计的听觉景观设计方法。这里原来是个造船厂，设计者在代表船身的范围内播放WW2造船厂码头的声音（图1），另外，在三艘船下水的地方，布置了船下水的声音位于铁盖下，以此来体现生动的历史环境（图2）。

4.2　负设计——迈阿密吸声墙（Acoustic Wall）

建于迈阿密国际机场北部边界的这堵吸声墙由玛莎·施瓦茨设计，长约1.6公里，沿第36街走向而建②。施瓦茨采用负设计的听觉设计方式，设计出色彩丰富而有趣味性的吸声墙，它在具有视觉美感的同时起到了阻隔噪声的功能（图3、图4）。

---

① 李国棋．声景研究和声景设计 [D]．清华大学博士论文，2004．
② （西班牙）马丁·阿什顿编著．景观大师作品集2[M]．姬文桂译．南京：江苏科学技术出版社，2003．

4.3 零设计——日本 "Shiru-ku Road" 小公园 (Shiru-ku Road Pocket Park)

"Shiru-ku Road" 公园里设置了很多听声音的装置，由 Kuo Rokkaku 建筑事务所（Kuo Rokkaku Architect & Associate）设计。这个公园体现出零设计的听觉设计手法，对公园原有的自然声响不作任何更改，设计一些声音装置来收集自然声音。这些装置形态各异，吸引了很多儿童，增强了他们与大自然亲近的经验。这些装置可以使我们听到平时听不到的声音。有的声音装置可以收集来自很高处的声响，仿佛让你长出两只长长的耳朵，可以听见空气中树叶颤动的声响。有的声音装置则需要你趴在地上聆听，它们为你收集进了地表面昆虫的聒噪声（图 5 ~ 图 8）。

图 5　攀爬的耳朵（Climbing Ear）

图 6　伸长的耳朵（Stretched Ear）

图 7　攀爬的耳朵（Climbing Ear）

图 8　悬挂的耳朵（Hanging Ear）

5. 听觉景观规划设计步骤

5.1 确定项目的类型

景观规划设计一般包括宏观的景观环境规划、中观的场地景观规划和微观的详细景观设计三个层次。城市公园、道路、学校、居住区、教堂寺庙、纪念地、风景区等景观规划设计都在其设计范围内。

5.2 现状分析

对现状的在视觉和听觉上分别进行分析。对景观进行传统的踏勘的同时，对现状的声音进行记录和研究。首先，判断现状声音是由哪些声源构成的，分别来自于哪里，距离感受者有多远的距离；其次，判断声音是自然的还是人为的，哪些是特别的、具有场地特色的，哪些是乏味的、嘈杂的；最后是对声音产生的心理效应进行分析，分析在感受地所能听到的声音给人们带来何种感受，是否能引起人心理的变化，是令人愉悦的，还是令人烦躁不安的。

5.3 制定目标和原则

在对现状分析的基础上，思考景观中需要保留哪些声音，需要消除哪些与场所无关的噪声，以及需要增加哪些与环境相配的声音。考虑对声源的处理方式和对传播媒介进行设计。

5.4 声景创作构思

对听觉景观的设计与听觉环境设计有本质区别，它超越了制造或消减声音等对声音个体的"物的设计"，而是对景观整体被人感知的意象和意境的设计，是整体的设计。

1. 空间功能区的划分

根据不同区域的功能和空间结构，同时要考虑声音元素，为场地划分区域。

2. 为各分区定出声音主题

对不同场地的使用者及视觉与听觉的关系进行研究，定出各分区的声音主题。

3. 按声音主题定营造的声音氛围

在声音主题的基调上，添加或减少其他的声音，构建和谐的声音"交响乐"。

5.5 研究设计方法和手段

研究听觉景观的设计方法，仔细考虑如何处理景观中的各种声音，设计出帮助声音传导或消除噪声传播的设施，确定音响设施的位置和数量。

6. 案例分析——上海五角场"彩蛋"

上海杨浦区五角场的"彩蛋"是上海中环线上标志性建筑，由拱形构筑物和下沉式广场两部分组成（图9）。拱形构筑物仿佛"太空船"，高架桥在其间穿过。下沉广场则成为其"太空基地"[1]，呈椭圆形，作为人流交通，实现人车分流。5条地

---

[1] 仲松访谈. 城市上空的构筑物[M]. 北京：中国建筑工业出版社，2007.4.

图9 "彩蛋"鸟瞰图

下通道通向5角的商业综合体,以9个地面出入口与周边道路相连。"彩蛋"的主体部分拱形构筑物在功能性与视觉性上结合得十分完美,同时也考虑了对高架上的交通噪声进行遮蔽,但是下沉广场的听觉景观却不理想。笔者对下沉广场声音进行调查分析,并提出改进建议(表2)。

下沉广场声音调查统计表 表2

声音分类	声音名称	物理特性	心理特性	声音角色
自然声	水声	音量一般,持续时间短	舒适,欢乐	前景声
人文声	广播音乐声	音量大,高频与低频成分都较重,持续时间长	刺耳,急促	前景声
	交谈声	音量一般,较嘈杂	烦躁	背景声
社会声	交通声	音量一般,被掩盖	烦躁	标志声
	脚步声	音量小	急促	背景声
	活动声	音量一般,较嘈杂	烦躁	背景声
	电子屏广告声	音量大,高频与低频成分都较重,持续时间长	厌烦	背景声

图10　广场内庭水池

图11　"彩蛋"底部扬声器

图12　通道内部

6.1　对下沉广场听觉景观提出问题

6.1.1　下沉广场内的广播音量很大，在遮蔽交通噪声的同时，也遮蔽了其他所有声响，原本应作为广场背景声的音乐声变成了前景声，且多播放的是喧闹的音乐，给人造成听觉上的负担。

6.1.2　广场内庭铺设条形草坪，并设置水池，营造出对自然向往的氛围，而听觉景观与视觉景观产生强烈对比，与场地的特点不符（图10）。

6.1.3　音响布置位置单一，仅在拱形构筑物底部某处设有音响，声音在广场内形成回响，听觉感受质量较差，未能形成空间整体的听觉体验（图11）。

6.1.4　通道内人声嘈杂，通过时人的感受较烦躁（图12）。

6.2　下沉广场听觉景观改进的提案

按下沉广场的功能将其分为三个听觉景观区：中心广场区、草坪水池区和环廊区。

中心广场可以作为市民活动的区域，也可以出租给企业做推广活动，所以这里的听觉景观可以配合活动的不同性质，或严肃理性，或活泼生动。这一区域的声音效果也可以配合旁边的东方商厦大屏幕，声画同步会使人感受更生动。平时，这里可以播放节奏舒缓的音乐，作为整个听觉景观的背景声，但广播音量不宜过大。

草坪水池区域的听觉景观以自然声响为主题，在喷水池停开的时候，建议在水池周围播放水流动的声响，既可创造一定自然情境，又可作为人们聊天的背景声。

环廊区以画廊的形式作为广告的

载体，在这里有时会邀请艺术家设计公益广告，可配合不同的文化展览主题，播放相关的宣传内容，或以与广告内容性格相符的音乐作为烘托视觉效果。另外，建议在通道的墙壁上贴吸声和消声的材料，从而降低通道内的人声。

7. 结语

本文通过对听觉景观的设计原理、设计方法的探讨和案例的分析，以期听觉景观设计能为景观设计注入了新的活力，为景观设计师建立"整体景观"[1]的设计理念。

在今后的景观设计中，设计师要对听觉景观的设计方法作更多的尝试和创新，在实践中更多地运用，同时考虑其他诸如触觉、嗅觉等的感官要素进行设计。通过景观的五感设计，更客观全面地实现景观的表现，为人们创造更美好和谐的生活工作环境。

---

① 李国棋．声景研究和声景设计 [D]．清华大学博士论文，2004．

我国环境艺术设计的法式新意
——本土文化回归

The New Paradigm of China's Environment Art Design
——Localization Culture Return

张 丹 吕 光

Zhang Dan Lü Guang

（鸡西大学理工系，鸡西 158100）

(Polytechnic department of Jixi University, Jixi 158100)

摘要： 我国环境艺术设计以它特有的使命登上历史舞台，而环境艺术设计在我国的发展更应体现本土化，与我国文脉相适应，探索文化的回归，在发展现代环境艺术的过程中关注对人性的关怀。本文借鉴法式的词义，在环境艺术设计的发展中赋予了它"法式新意"强调公众的参与性，不再是皇家的或是某个人的专属需要，而是体现自然主义、本土文化、生态化、绿色化的新法式。

关键词： 环境艺术设计，法式，本土化，文化回归

Abstract: China's environment art design with its unique mission has stepped to the stage of history, but the development of environment art design in China should reflect more locally, adapt to the Chinese culture, explore cultural return. In the process of modern environmental art development we should concern for human nature. In view of meaning the word- paradigm, render the word new meaning and emphasis public's participation. The paradigm no longer belongs to the imperial family or somebody's exclusive need, but manifests paradigm the new meaning—naturalism, local culture, ecology and green.

Key word: environment art design，paradigm，localization，culture return

我国的环境艺术设计是 20 世纪 80 年代逐步兴起发展起来的，最初是由室内设计演变而来。发展至今，实践证明环境艺术设计在我国现代社会发展空间的迫切性和广阔性。一些致力于环境艺术设计教育的学者正努力构建理论框架，使其形成独立的系统体系，我们也期待环境艺术设计系统的形成与发展，指导我国特色的环境艺术设计走上健康，生态之路。环境艺术设计无论从环境意识与自然环境、人工环境及人文环境上看，都应探索新法式，这种新法式并不是我们对古代法式的理解，而是本土回归、文化回归，强调公众参与的人性关怀。

1. 环境艺术设计法式渊源

法式一词来源于《营造法式》。《营造法式》是我国北宋官方颁布的一部建筑设计、施工的规范书，是中国古籍中最完整的一部建筑技术专书。全书综述了宋代建筑设计、构造、材料、施工等多方面的经验和做法，反映了宋代建筑的技术和艺术水平，也体现了宋代营造的审美价值和文化精神。《营造法式》中的室内外的装饰经典模式也是现代环境艺术设计寻求传统源泉的典范。也正因为我国古代中央集权规范的建筑样式，使我们至今还能看到古代人们智慧的结晶。

就我个人理解，法式在某种程度上也可以理解成范式，从哲学意义上理解，范式是库恩用来说明他的历史主义科学发展模式的关键概念。范式很接近于"科学共同体"这个词，包括科学家集团采用的符号概括、模型、范例等。如日心说是哥白尼以后天文学家的范式，牛顿力学则是经典物理学的范式。库恩的范式革命论认为新旧范式之间不具有逻辑联系和相容性，而且也不可比。我国古代大屋顶的法式后期转变到民间是以北京四合院为代表的官式宅第建筑，属于高度程式化的木构架体系建筑，无论在宅第族群的总体布局、院落组织、空间调度，还是在宅屋的造型、配置、方位、间架、尺寸、屋顶、装修以至材质色彩、细部纹饰等等，都经过长期的筛选、陶冶，形成一整套严密的定型程式，表现出高度成熟的官式风范。

当然，我强调的法式，并不是主张我国环境艺术设计要千篇一律，要模式化，而是要规范化，从西方发展模式下脱离出来有所创新。走我国现代环境艺术设计的新法式，需了解以下几个典型的特征。

1.1 环境艺术设计的公众性

现代环境艺术多数不是为少数几个人，或特定几个人的设计，更多的是为市民大众的设计。从设计范畴上可以看出环境艺术包括广场、街道、社区等的公共设施和公共艺术。于是公众的参与和公众的行为爱好倾向，在环境设计里占着相当大的分量。迪斯尼乐园的设计者在进行游玩路线的设计时，是让一些参观者进去乐园自由行走，然后按照游人踩踏出的草坪痕迹设计了游玩路线，获得了成功。

1.2 环境艺术设计的地域性

环境艺术是对某地的环境进行艺术化，并满足当地人民物质和精神需要的手段。处于特定地理环境和文化氛围的环境设计，必然会考虑独特的地域文化，特别是不自觉地流露和体现出地方特色，这就是现代环境艺术较为突出的一个地域性特征。环境艺术主动地考虑了满足不同地域条件、气候条件下的行为活动和生活模式，积极采取物质技术手段来实现。在居住、旅游、休闲、娱乐、文化、饮食等类型的环境设计中，都因地制宜地体现民族特色、地方风格、乡土意味，考虑了地域历史文脉的延续。

1.3 环境艺术设计的时代性

环境艺术设计满足当代的社会功能和行为方式的需求，折射出时代的价值观。

流行色、流行样式、流行做法等都无一例外地会在环境上打上烙印。环境艺术是从一个侧面反映当时的物质生活和精神生活特征，铭刻着深刻的历史印记。人类的审美观念、时尚观念、社会意识形态，以及当时的科技手段等，都会或多或少地在环境艺术设计上反映出来。例如现代环境艺术设计体现了可持续发展的观念，也即用发展的眼光，良好地处理能源、资源、土地、水体的保护和节制性开发利用，要达到这样的目的，必然会用一系列的特定物质手段来实现，在环境载体的选择上也就带有了时代设计观的痕迹。

1.4　环境艺术设计的人本性

衡量一座建筑、一个环境，乃至一座城市的美学价值，首先应该视其能否为公众的生活提供更为自由的选择，能否创造出供人们充分展开生命过程的良好环境。一切建筑和环境设计活动都应该为公众提供更加宜人的环境，以不断改进人们生活质量为目标。英国前首相丘吉尔曾说："人创造了建筑，随后是建筑塑造了人。"这句话深刻地理解了环境的精神文化内涵和人与环境相互关系。环境艺术设计最本质的是为人创造适于生活、活动的场所，是人与环境之间互动发展的整合。现代环境设计应该把人的生活和活动感受作为环境设计最根本的原则。环境艺术设计活动对人的理解和解释，以及对人价值的关注，也正成为当代人越来越明确的共识。以人为本，不是说人是自然界绝对的主宰，可以凌驾于自然界，超越自然法则，而是指设计要考虑人的生理尺度和心理体验，使人在所设计的环境里感到安全、舒适，体验到特定环境的氛围。

2. 新时代，法式新转变

现代科技日新月异，物质生活空前丰富，人类开始深刻反思自己在创造物质财富的同时给地球环境带来的危害，每个人都在思索自己在赖以生存的地球上应当负起的责任。如今，环境意识的觉醒，保护环境、回归自然已成为人类的共识。而近几年，环境艺术设计风格的主流也开始从过去装饰繁杂，追求奢华的风格转向简约、怀旧、回归自然的风格，强调本土性，强调文化回归，成为环境艺术设计新法式。

现代环境艺术设计的新法式。20世纪80年代后，现代环境艺术设计在众多流行思潮的影响下蓬勃发展，发展方向更加多元化，风格与形式也呈现出多样化的趋势。其目的就是要求建筑和环境体现出个性和明显的地方性特征。如后现代古典主义要求传统建筑、现代技术和社会文化能多元地融合，要求尊重历史文化，将古典建筑语汇予以重组，并表现当代的生活气息。乡土风格强调建筑的地域性，以地方性材料、传统形式表现地方文化。装饰主义以描绘和嵌饰作为取悦人的情感的建筑符号。后现代主义多元的设计模式对环境艺术设计产生的影响是持久和深远的。

2.1　环境艺术设计应体现自然主义

环境艺术设计从现代主义、后现代主义到晚期现代主义，发展到以人为核心的设计理念，人与自然对立的矛盾并没有得到彻底的解决。人与自然的关系从人居环境扩展到自然环境，从而恢复人与自然的互敬。人们在钢筋水泥的城市环境中，长期与大自然隔绝，内心十分渴望亲近大自然。回归自然、走向自然、返璞归真，成为现代环境艺术设计的发展的大趋势。如环境艺术设计领域出现的仿生化设计，就是模仿生物界某种特殊形式构造的设计，使形态在形式和功能上具有生物的多样特征，以达到人与自然融为一体的目的。大自然的山水、丰富的植物是人们美化环境、装饰居所的最好题材。材料也是取山之石、地之土、滩之草、林中木等，天然纯朴。因此，传统民居装饰有着独特质朴的自然气息，与环境艺术设计回归自然的趋势正好吻合。

2.2 环境艺术设计加强本土化

现代环境艺术越来越注重本土化，从多方面表现出对本土文化的认可。表面上看，本土化与国际化似乎是相互独立的两个概念，其实两者相辅相成。越是民族的，就越是世界的，只有融入本土民族文化的设计，才能获得世界范围内的认同。著名印度建筑师查尔斯·柯里亚向民居和其建造技术学习，高度体现了当地历史文脉和文化环境，运用地方材料，从伊朗风斗式住宅中领悟到建筑节能的途径，创造了管式住宅。吴良镛教授主持的北京菊儿胡同改造，创造了符合北京传统胡同的新四合院居住类型，使传统居住模式在现代化的城市环境中得到发展，荣获"世界人居工程奖"。

2.3 环境艺术设计应体现生态化，绿色化

我国乃至全世界都把环境艺术设计放在首位，提出了生态设计，绿色设计作为新时代的法式标准。例如我国的苏州博物馆设计、深圳万科第五园等，这些方案除了建筑设计的完善和清晰外，其环境设计细致典雅，内部空间丰富而精致，设计手法大气而不失细腻。建筑设计特色鲜明，环境设计与建筑内外关系协调，大量运用造园手法，通过门、洞、窗、梯等使各分隔的空间相连通。现代材料运用与色彩的搭配，产生强烈的空间构图，不但体现了强烈的江南水乡风格与徽派建筑特色，同时不失当代建筑的气息。环境艺术设计在世界发展中，肩负着重要的历史使命。特别是在经济急速发展的我国，物质资源的再利用、社会的可持续发展，需要我们在设计中来贯彻实施，深化公众的可持续发展意识，造福子孙万代。同时发扬光大中国传统文化中优秀的思想理念，强调尊重自然观念下的以人为本，使人类社会与自然完全和谐共生，天人合一。在当代科学技术发展"极度发达"的大背景下，环境艺术设计所需具备的技术条件全面满足设计的需要。今后的环境艺术学科发展定会向生态化、地域化方向发展。一方面要强化资源的再生、再利用、再创造；另一方面也强化地域人文的区域特质。

这一法式的审美转变有一定的历史渊源，它与社会的不断发展、科技的进步、人类文明的进步不可分，环境艺术设计是一个宏观的艺术设计战略指导系统。创造符合生态环境良性循环规律的设计系统，是建筑内部和外部空间的思维创造的延续和深化。歌德说，在罗马城圣彼得教堂的柱廊里散步，就好像是在享受音乐的旋律。

可见环境艺术设计的最基本境界，给人以精神需要。而只有当建筑和环境在人们看来成为一个和谐的整体的时候，这个环境设计才能被称为是一种精神上的表现艺术。

3. 结语

我们想要中国的环境艺术设计有个好的发展空间，构架完善的理论系统，必须要规范化、法式化，新时代下的新法式建立在有形与无形之间，正是环境艺术的公众，地域、时代、人本性决定，我们要坚持新法式，遵守自然，加强本土化，体现生态、绿色化的新型设计准则。

参考文献

1. 鲍诗度. 中国环境艺术设计·集论. 北京：中国建筑工业出版社，2007.

2. 潘谷西，何建中.《营造法式》解读. 南京：东南大学出版社，2005.

3. 沈福煦，刘杰. 中国古代建筑环境生态观 [M]. 湖北教育出版社，2002.

4. 田川流. 中国文化艺术可持续发展研究 [M]. 齐鲁书社，2005.

5. 吴良镛. 人居环境科学导论. 北京：中国建筑工业出版社，2001.

6. 胡潇. 文化的形上之思. 湖南美术出版社，2002.

酒店设计与品牌管理

Hotel design and brand management

张 明

Zhang Ming

（上海第二工业大学应用艺术设计学院，上海 201209）

（School of applied art design in Shanghai second polytechnic university, Shanghai 201209）

摘要：酒店设计的深入必然涉及酒店的市场定位、管理模式和风格特征，而品牌酒店的日益风行正是以上要素的综合反映。事实是，酒店设计影响了酒店品牌，而品牌公司则引导了酒店设计。两者相互作用，彼此提升。

关键词：酒店设计，酒店品牌，管理理念，定位，设计标准

Abstract: The further design of hotel evidently involves market position, management, style and features. Which are comprehensive reflections of gradually popularized brand hotels. In fact, the design influences the brand, while the brand guides the design. They are interactive and mutually optimized.

Key words: hotel design, hotel brand, management philosophy, positioning, criteria of design

1. 引言

在欧美等发达国家，当一个新酒店项目启动之时，相关的机构包括业主、投资人、管理公司、设计单位等，都是同时开始进入。实践证明这样的方式对酒店建设和经营十分重要，也是最理想的。抑或设计师本身就是酒店行家，如美国迪里奥纳多国际有限公司的总裁、创始人罗伯特 • 迪里奥纳多博士就不仅是位设计大师，同时又具有酒店管理学的博士学位，在美国酒店规划设计和酒店经营管理方面享有很高的威望。他评价，"公司之所以成功是因为员工才华出众，并且对酒店设计有深刻的理解以及丰富的经验"。确实如此，酒店设计不同于一般设计，它要求设计者懂得酒店运行，更知晓品牌管理特点。本文的目的是通过对酒店设计与品牌管理关系的研究来阐述彼此的关系，帮助设计者思考其中的问题。

2. 对品牌、酒店品牌以及设计的一般认识

2.1 品牌

20 世纪 50 年代，美国著名的广告专家大卫·奥格威就第一次提出品牌概念，认为"品牌是一种错综复杂的象征，它是品牌的属性、名称、包装、价格、历史、名誉、广告风格的无形组合。品牌同时也因消费者对其使用的印象及自身的经验而有所界定"。美国营销学家菲利普·科特勒（Philip Kotler，2000）认为品牌是一个名字、称谓、符号或设计，或是上述的总和，其目的是要使自己的产品或服务有别于其他竞争者。

2.2 酒店品牌

由于酒店产品与服务"不可触摸性"的特点，酒店品牌在市场营销中的作用越来越明显。经常旅行的人都会选择自己了解的和适合自己的酒店进行消费，这也是世界上品牌酒店所占比例越来越高的原因所在。

品牌酒店有时确实代表了一个企业（集团）所属的所有酒店，但有时只是某个企业（集团）的一个品牌。这里有两种情况：一是按照现代市场的操作模式，一个企业可以通过投资收购另一家企业，同时保留被收购的品牌；二是为了做不同的消费市场，在一个大的品牌下，开发出不同的酒店品牌以适应不同的顾客。譬如人们熟悉的万豪国际酒店集团 (Marriott) 其旗下就拥有万豪 (Marriott)、 JW 万豪 (JW Marriott)、万丽（ Renaissance，1997 年收购）、万怡、丽思卡尔顿 / 丽嘉酒店 (Ritz Carlton，1995 年收购) 等 10 多个品牌，分别代表了不同的酒店概念。

2.3 酒店设计

酒店设计通常归在公共建筑室内设计或商业建筑室内设计范畴，它不同于单纯的工业与民用建筑设计和规划，是包括酒店整体规划、单体建筑设计、室内装饰设计、酒店形象识别、酒店设备和用品顾问、酒店发展趋势研究等工作内容在内的专业体系。酒店设计的目的是为投资者和经营者实现持久利润服务，要实现经营利润，就需要通过满足客人的需求来实现。由于认识的局限，设计师通常将酒店看作是一种类型，留给自己的就是所谓的"艺术创作"，很少注意消费者的差异和不同的酒店的管理体系，因此，对酒店品牌的认识可以帮助设计师深入和全面地理解酒店设计的本质特征和内在规律。事实上，世界著名品牌酒店对酒店设计都有一套的完整的细则。

3. 酒店设计对酒店品牌的影响

3.1 酒店设计体现酒店的管理理念

一些经常出入世界著名酒店的旅行者，往往不用提示就能猜出眼前的酒店大致属于哪个品牌或类似酒店，原因就在于酒店的设计已经反映了它的管理理念、经营方式、接待礼仪等各个方面。世界上由一个品牌酒店换成另一品牌的情况时常发生，

有时一家刚经营不久的酒店由于某种因素转到了另一品牌名下，其装潢还很新，又处在同一等级，但接手的品牌公司还是会对它进行装修改造，或者至少进行重新布局，问题就在于不同酒店品牌管理理念的差异。

20世纪90年代，美国康涅狄格州斯坦福的威斯汀酒店，在接替经营才两个月遇到问题的TRUSTHOUSE FORTE饭店后，提出以贷款方花200万改造大堂的条件接受管理合同，所用的钱将按经营损失来处理。问题就在于原饭店离威斯汀的标准差得很远，而威斯汀品牌是强调有形装置和高质量服务的。除了这些不足外，威斯汀热衷于追求新奇。威斯汀在签订管理合同前自己进行了可行性研究。预期性规划描绘了美好的前景。威斯汀集团也感到了这个酒店要在斯坦福成为头面人物的首选酒店，因为这里是财富杂志中500家企业的总部所在地。

对于威斯汀这个品牌，现在我们无论是在北京或是在上海，都能感受到类似的理念。20世纪末，上海先后有太平洋威斯汀变为太平洋喜来登酒店，波特曼香格里拉变为波特曼里兹酒店，为此，两家酒店都进行了大量的装修和内部调整，以适应各自的品牌理念。

3.2 酒店设计显示酒店的消费群体定位

设计师在接受一家品牌酒店的设计时，首先应该阅览有关品牌酒店提供的相关手册，了解具体的描述细节；而对于没有品牌的酒店设计则设法弄清业主的想法，找到与此相仿的酒店，并聘请酒店的行家做专业顾问。消费群体（酒店定位）和管理模式的确定，涉及酒店的功能、规模、档次以及风格等各个方面，这是进行酒店设计的前提条件。

消费群体决定了酒店设计的方向，比如旅游胜地的度假型酒店，在设计上主要是针对不同层次的旅游者，为其提供品质卓越的休息、餐饮和借以消除疲劳的健身康乐的现代生活场所。此类酒店装饰表现完全是满足这类客人的需求而考虑的，是休闲、放松、调节压力的场所。商务酒店一般应具有良好的通信条件，具备大型会议厅和宴会厅，以满足客人签约、会议、社交、宴请等商务需要。经济型酒店基本以客房为主，没有过多的公共经营区。必备的公共区域，如大堂的装饰也不宜太华贵。应给人以大方实用美观的感觉。

所谓酒店品牌都是有明确的消费群体定位的，如同属于喜达屋国际酒店集团(Starwood)的圣·瑞吉斯（St.Regis）饭店是世界上最高档饭店的标志，代表着绝对私人的高水准服务。北京国际俱乐部饭店的英文名称为St.Regis Beijing，这表明该饭店是完全按照圣·瑞吉斯饭店的模式和标准做的。威斯汀(Westin)在饭店行业中一直位于领先者和创新者行列。它分布于重要的商业区，每一家饭店的建筑风格和内部陈设都别具特色。至尊精选(The Luxury Collection)是集团中为最上层客人提供独出心裁服务的饭店和度假村的独特组合。全球最好的饭店所具有的特点——华丽的装饰、壮观的摆设、无可挑剔的服务、现代最先进的便利用具的设施——都可以在至尊精选中找到。W饭店（W Hotel）对商务客人的住店经历进行重新定义，针对商务客人的特点对服务设施和服务方式、内容上有全新的设计。在每家 W 饭店的大堂里都设有精致的餐厅、休闲室和咖啡厅，另外饭店里还都设有健身房。

现在经济型酒店在国内发展很快，其实也有市场定位问题，它同样影响到设计的形式和风格。经济型酒店基本上以客房为主，公共经营区很少，有的只需要一个自助区域做餐厅。对于以家庭旅游、团队旅游为接待对象和以商务散客为接待对象的经济型酒店在设计上都是有区别的。

在欧美地区，城市酒店主要有商务性酒店、会议性酒店、休闲旅游性酒店。这些酒店大都是为从事商务活动的客人服务。形态上具有很多写字楼的特征，一些大的公司把城市酒店当成了做生意的场所。这就要求设计师不能沿袭过去的一些传统设计模式，需要在每个客房中多安排一些具有里外间功能的套房，安装活门，以利于安排办公使用。同时需要有更多的商业办公设施，如安排方形的办公桌、班椅、双线电话、互联网的接口、现代功能的传真等设施。有的酒店项目中就设计了档案架、橱柜、厨具等。会议性酒店既要安排好会议中心，还要有中、小型会议室。另外根据会议中心所接待的人员总数，安排好会议就餐的大、中、小型餐厅。这就是所谓设计定位。

3.3 酒店设计传达酒店内在文化传承

建筑是艺术，品牌酒店更因其形成过程所积淀的人文历史经典而展示无限的魅力。著名的凯悦品牌开始并没有影响力，直到 1967 年凯悦在美国南部佐治亚州亚特兰大一座 800 个房间的新酒店开业，才使凯悦真正名声大噪。这座由约翰·波特曼设计的宏伟建筑包含了高达 21 层的中庭、壮观的室内大喷泉和顶层的旋转餐厅，日后，这些都成为凯悦旗下的著名品牌君悦酒店 (Grand Hyatt) 的标志性设计，也成为其他酒店纷纷效仿的样本。今天建在世界各地的凯悦酒店，人们都能感受到这一品牌对建筑对酒店环境的独特追求，我们也把它看作是凯悦的文化传承。

品牌酒店的形成是有过程的，久而久之便成了它的风格。君悦酒店除了它的独特设计还展示了它的豪华，如采用大理石和高档玻璃，颇为讲究的照明等。

里兹·卡尔顿 (Ritz Carlton) 趋于传统，更多采用了木制品，座椅、沙发和老式花纹地毯，尽可能给人以舒适典雅的感觉，摆设也是具有历史内涵的物品。

万豪 (Marriott) 在视觉上更强调地域文化，在世界各地，它都能将当地的文化很好地融入自己的设计之中。在功能上则显示了它的细致入微，如为客人提供最大可能的舒适度，酒店功能布局的最大合理化，客房数量与公共区域的比例，酒店的合理化流程，为了适应更多的商务客人，不作过多的装饰等等。

四季酒店集团（Four Seasons）是世界上最大的超豪华酒店管理公司。与其他品牌酒店相比，四季的豪华还包含了强烈的人文与人性化的成分，这在酒店的设计中也得到了充分的体现。四季酒店是多年来世界十佳酒店评选中所占家数最多的品牌。

香格里拉（Shangri-La）的设计一向以清新的园林美景、富有浓厚亚洲文化气息的大堂特征闻名于世，北京香格里拉饭店就秉承了这种风格。如北京中国大饭店装修和设计十分豪华，颇具帝王风范，适合许多跨国公司的 CEO 等高级商务人士下榻。

索菲特（Sofitel）是雅高国际酒店集团高水准的酒店品牌，追求完美的索菲特集商务与休闲为一体，为游客们提供一流水准、环境舒适、服务优良、气氛高雅的私人休闲场所。在拓展世界酒店市场的过程中，索菲特也很好地将欧洲文化与当地文化融合在一起。

一些著名的设计公司在承担酒店设计项目中除了保持自己独有传统的设计模式、设施特点外，更尊重所在国家地区的风土人情、人文文化、历史文化，满足公众旅游者的需要。酒店设计"地域化"的趋势对于我们全面理解品牌与设计的关系具有重要意义。当客人一进入酒店时，就知道自己身在何方。这可能需要通过不同的形式来表现：如艺术品的陈设、雕塑的摆放、不同家具和地毯的采用等等，不同文化背景和不同地区的差异会通过这些物品鲜明地表达出来，从而给人以感染。实现了文化价值观和生活方式的延伸，客人也因此成为酒店的回头客。

4. 品牌公司在酒店设计中的作用

国内有些酒店品牌由于本身没有明确的理念和管理标准或者有标准而不贯彻，结果在品牌扩展中遇到很多问题，这其中与业主方在酒店设计中没有及时请品牌公司参与也有直接关系。品牌公司在酒店设计中的作用大致有以下几个方面：

4.1 建筑项目的规划和调整

在建筑阶段就能请到品牌公司参与是最理想的状况，品牌公司可以做以下事项：

4.1.1 提出详尽的项目理念，内容会涉及市场条件、区域的发展和设施的合理设计；

4.1.2 提出有效经营的楼层计划；

4.1.3 复审酒店特殊区域和相关使用功能设计（如零售等）与整体兼容；

4.1.4 复审初步的详细设计计划，保证项目的建筑、工程和消防安全符合品牌标准；

4.1.5 复审最后的建筑计划、最终确定的规范，审批合同文件。

4.2 室内设计的确定

品牌公司对室内设计提供以下协助：

4.2.1 确定室内设计主题：功能分隔及最后装修，客房家具布置，公共区域、餐厅酒吧和多功能厅室内的设计要求（如有需要，让室内设计师制作附有说明的示意图，费用由业主承担）；

4.2.2 审核室内设计师提出的设计建议，协助完成室内设计初步计划（包括布置计划、立面图和色彩设计）；

4.2.3　协助室内设计师，并提供楼层、家具、细软用品（包括窗帘、床上用品、工艺品）及其他室内设计相关的规范和标准；

4.2.4　审核室内设计作业图和家具规范，使之符合品牌公司规定的设计标准。

4.3　固定设施、家具和设备（FF&E）的配置标准

品牌公司在固定设施、家具和设备（FF&E）的配置方面提供如下协助：

4.3.1　协调初步设计、初步预算的制作过程，并给出设计、计划说明；

4.3.2　做好建筑、室内项目、FF&E（家具、固定设施和设备）的招投标、合同商榷准备工作；

4.3.3　审核工作进度，并对建筑、室内设计、FF&E以及营业设备（不包括营业用品）给出意见，使之符合品牌标准；

4.3.4　审核建筑、室内设计、FF&E以及营业设备（不包括营业用品）相关的标书修改和工作改进，并给出符合品牌标准的提议；

4.3.5　按批准的图纸、制定的规格和质量要求，拿出工作进程和工作检查意见。

4.4　照明的标准

品牌管理公司在酒店照明方面提供如下协助（如果需要，品牌管理公司会向业主推荐照明顾问）：

4.4.1　向业主的电器工程师顾问提供初步的客房、公共区域、后台区域的照明要求；

4.4.2　复审客房、餐厅、酒吧、宴会厅、包房、大堂、立面、外部绿化和其他地方的初步照明计划，并给出意见。对照明设计要符合品牌管理公司制定的标准；

4.4.3　复审最后的照明布置，包括具体的灯具类型、款式设计和调光设备的标准，并提出意见；

4.4.4　复审业主所聘用的电器工程师所作的照明计划和制定的规范；

4.4.5　提供营业用设备预算。

以上所列品牌公司在酒店设计中的作用，对于设计师特别重要，当为品牌酒店设计时，应该利用好品牌公司的这些专业协助。

参考文献

1.　HOTELS. 国际酒店与餐厅协会的会刊，2000～2008.

2.　HOTEL MARKETING. 瑞士洛桑酒店管理学院，2002.

3.　世界多家著名品牌酒店的管理手册、资料，1998～2008.

4.　马勇，陈雪钧. 饭店集团品牌建设与创新管理. 第一版. 北京：中国旅游出版社，2008.

当韩流遭遇日风
——韩国和日本传统建筑室内设计风格比较

When Korea meets Japan Comparing Korean and Japanese traditional architecture and interior design

蒲仪军　马　骥

Pu Yijun　Ma Ji

（上海济光职业技术学院建筑系，上海 201901）

(Shanghai Jiguang vocational-technical school, department of architecture, Shanghai 201901)

摘要：韩国和日本的文化和建筑一直以来受到中国的影响，本文通过对韩国和日本的传统建筑室内设计风格进行比较，来阐述在东亚文化圈中地域与传统文化对各国室内设计风格的影响，并寻找其中的联系和差别。

关键词：韩国，日本，文化，室内设计，风格

Abstract: The culture and architecture of Korea and Japan have been influenced by China. This article compares Korean and Japanese traditional architecture and interior design in the East Asia culture zone, in order to show the co-relationship and difference.

Key words: Korean，Japanese，culture，interior design，style

　　从中国隋朝第一个日本遣隋使开始，日本对中国文化的借鉴就通过朝鲜半岛陆路、太平洋海路展开来。作为一衣带水的邻国，中国、日本、朝鲜、韩国的文化总是这么紧密地联系在一起。对世界来讲，这是神秘的东方风格的发祥地。东方的设计原则：对和谐和灵性的强调，宁静和雅致的空间气氛使得东方的设计充满了别样的魅力。

　　在这个地区的文化中，显然中国文化的影响是巨大的。中国儒教的完整伦理规则反映在建筑上就是形式严谨和讲究对称；道教也以阴阳平衡的概念对儒家的学说进行补充，其中反映了很多生态学的概念；而对设计影响最大的是佛教禅宗。佛教源于公元前 6 世纪的印度，传入汉代时中国，再通过中国传入朝鲜和日本已经是500 年后了。而其中的禅宗派最受欢迎，它要求通过清苦的生活和沉思默想来自我约束，因此对空间和材料的要求简单而纯净，许多东方建筑的构筑都体现了这些思想。特别是在日本，佛教被提纯后形成哲学思想，使得日本的设计显得更加简练而纯粹。

因为文化的交流和传播使得这三个国家历来有着近似的美学观念、题材、技巧和形式，然而，各国也发展形成了各自特有的风格。相对于中国建筑的宏伟大观来说，韩国和日本因其疆域、民族和风土特点，在空间和构筑上显示出一种更加亲切的小尺度与对自然的开放性，这使得东北亚的设计有一种独特的内在韵味和生命力。

"我要把这漫长冬至夜的三更剪下，
轻轻卷起来放在温香如春风的被下，
等到我爱人回来那夜一寸寸将它摊开。"

这是一首高丽时代的时调，它形象地刻画了朝鲜半岛居民"文静而有力，乐观而伤感"的既矛盾又互补的性格。对于这个半岛来说，长期受到中华文化的浸润和被日本殖民，使得三地文化都相互渗透在一起。

相对于中国艺术的宏伟超脱或者日本禅宗的极简，单从技巧的完美与精确度来说，韩国艺术总体被认为不如这两个近邻。韩国艺术的力量主要在于简洁自然，并对大自然的极大尊重，这种尊重心理通常导致一种平和宁静的感觉。建筑是说明两者特点的极好例证，对于韩国来说，佛教和儒家学说是许多建筑杰作的主要启发力量。在李朝时期，新儒家的理想和实践，形成了主次空间及内院，体现出儒家的教条和社会界限。它吸收了中国建筑的次序和等级感。除此之外，中国的风水说、道教等观念对韩国建筑的影响最为明显。韩国人相信生活应与自然相和谐，所以很自然地接受了这些自然主义哲学，并且把他们自己对于这些哲学的解释应用于建筑的规划和建房地点的选择。

古代建筑师建造宫殿庙宇时采用斗栱制式。上流社会人士的宅邸宽敞宏大，采用瓦屋顶，屋檐微微上翘，屋顶呈优美的弧形。普通民居则以稻草屋顶和取暖用的地坑为其特色。任何房舍，私人住宅、宫殿、寺院或其他社会设施，选址都要考虑到风水，考虑到与天地和周围环境的关系。不论造什么房子都讲究选一个望得见"山水"的房址，否则就不够好。韩国人在选择建房地点的时候往往对自然环境赋以特殊的意义，这种对时时接触自然的追求并非仅仅出于爱美。按照风水学的说法，没有自然的照应，一个人无论智力还是感情都不大可能正常发展，也不能指望一生幸运。在生者和死者的住宅地点选择上，也都习惯应用风水说的原则。造房舍一定要背山面南，最理想的是背后的山有左右"两翼"怀抱房舍，而且，根据阴阳考虑，房前要有水流经过。造房子的时候努力避免人工建筑物破坏自然地形轮廓，因为那也会破坏人们非常重视的自然和谐。

韩国的传统建筑屋顶的线形精致，挑檐的线条带来了遮挡，形成似乎被精心处理的阴影，变成一种充满感情的诗意气氛，精确而敏感。韩国传统建筑很少倾向于在规模或者装饰上讲究铺张。房间比较小，装饰也比较简单。在材质上，没有抛光的木材和粗糙的石头，不甚打理的花园和未修剪的植物都体现着一种自然的审美。

这些都是韩国建筑师喜爱的。

松弛而保守的生活态度也在住宅上表露无遗。朝鲜传统的学者出身的官员住宅里，位于前院的男主人客室典型地代表了这种长时期养成的趣味。人们认为，富有修养和君子风度的人决不应该在他的房间的装饰上显得浮华。他的房间主要是用于读书和谈论学术的，略有几件设计简单的木制家具就够了。为了突出主人喜爱简单的趣味，室内往往挂一小幅水墨山水，摆设几件陶瓷器。朝鲜半岛的陶瓷器着意于突出陶土的本来特点即天然特点，也是接近人类天性的性格倾向，这也体现出一种俭朴而舒适的生活观。

与中国建筑的宏大和华丽相比，传统韩国建筑适宜的体量和人性的尺度构成带来了舒适平静的感觉，这并不是简单的建筑平面的宽度问题，而是鼓励各种各样的事件尝试在其空间中发生。对于韩国人来说，美是在那些保持着不完整的以求渴望的事物中发现的。领会没有填满的地方和拥有从容的生活态度两者都很重要。设计中注重阴阳平衡并让美自然产生是了解韩国设计精髓的钥匙。

"……彩车游行结束后，各店铺又恢复为平常的夏季室内装饰形式。由于遮挡住了盛夏的阳光，室内就好像海底一般。人们边听着蝉鸣之声，静静地等待着秋天的到来。进入十月，天气渐凉，收起夏季用具，摆上冬季室内用具。山茶之花初次开花时，我们便点上'火炉'，开始享受漫长的冬夜。"

以上一段关于日本日常生活的描写其实体现着一种寂寥和隐忍的情绪，更体现着一种由环境、场景、事件而生的日本美学概念。抛弃浮夸、财富和引人注目的消费，被自然界的一种美的愉悦感所代替，变换的季节，象征自然界的微观世界都能体现出来。朴素、克制、自然的佛教禅宗精神连同日本的文化地理等其他方面，对日本的设计产生了重要影响。

相对于韩国建筑师重视建筑物与自然环境的和谐与协调，日本的建筑更强调融入自然。日本的庭院不是嵌在类似窗户那样的画框中的庭院，建筑就只剩下屋顶、柱子，通过座敷、缘侧，使房间和庭院之间没有任何分割而连为一体。轻快的构成，空间的开放和幽雅，相互渗透与相互融合形成不可分割的空间关系。交接节点、结构和几何关系的强调体现着一种强烈的逻辑关系。日本人重视对自然的欣赏性的细微观察，追求自然界的融合为一，他们对自然的态度不是知性的，而是情感的。建筑一般体现水平线而不是垂直线，用水平线把建筑的形体加以割断，由于挑檐大而浓厚的阴影，使得建筑的水平感特别突出，这不是要表现建筑自身的存在，而是追求在建筑中表现出来的那种精神和意境、那种气氛和感觉。

很少的承重墙，多是滑动的部分，是当代的日本建筑师利用禅宗思想为居住的狭小空间所带来的问题找到具有适应性、节省空间的方法。设计师减少家具的数量，却赋予它多重的功能。在室内，小的尺度，中性的材料和颜色，天然纹理，造型的简单，用点线面的均衡来创造美，体现出一种实用、朴实、干净的安静感。居室中几乎是雕塑般的感觉，构造的要素是家具，它们极为简单，几乎是单一的桌子、长凳或低矮的架子，这些都被设计为构成居室的一部分。架子、档案柜、两用的工作台隐藏在百叶折叠门后面。带有轮子的橱柜，为小面积的公寓提供了多样的解决方案。展开就是一个炉子、一个金属架、一个冰箱、一个洗涤槽，这种节省空间的设计使得日本的小空间设计在解决适应性方面在世界范围具有独创性。

日本人和韩国人一样认为小的、简单的、自然的，甚至畸形的，比大的、浮夸的、人造的、千篇一律的更为珍贵；天然纹理的没有油漆的木料比整齐的油饰的木料更为难得。变换的季节，象征自然界的微观世界都能体现出来，提纯雅致却是需要培养出来的。中性的材料：带着树皮的原木、竹子、芦苇、山石、青苔等构成了室内空间的自然和半室外化。装饰的焦点聚集在床间，通过布置花和画轴的变化，创造出四季四时的各种气氛。简洁、优雅的线条证明克制和纪律，隐含着不能一目了然的美。岁月的痕迹证明了事物的无常，同时也赋予它们一种高贵的感觉。

模块化也是理解日本设计的重要特点，比如榻榻米，遵照预定的一套尺寸模式系统来进行设计是传统日本人生活的一个整体实践，体现出整齐、纪律和理性的吸引力。格罗皮乌斯认为日本的传统在17世纪就已经具备了现代建筑的审美意识。

作为两个文化相似的国家，当今的韩国和日本设计都继承了东方文化中对自然的尊重，并巧妙地把传统用新的形式加以替换。建筑词汇放在极少的几种材料和表面处理：厚玻璃板，抛光的混凝土，未经装饰的木材，透明或半透明的墙，过滤的光线，甚至月光等。明暗关系被再一次引入现代建筑，建立一种神秘、微妙和内省的气氛。这种独创性在于将其传统样式的适应性所带来的变化加以现代化。最好的质量、最大程度的舒适、符合个人的需要、对简朴的信奉和对于细节的关注随处都见，这使得东亚的设计依旧焕发出强大的生命力和吸引力。

新和旧、城市与乡村、完成与未完成、嘈杂和寂静、明亮和黑暗，这些相互矛盾的元素帮助在这里建立起一个独特却和谐的关系。东亚风格不仅仅是简单和实用，它更意味着本质、继承和整合。它潮涌潮去，它生生不息。

参考文献

1. 中国全国注册建筑师管理委员会，日本建筑士会连合会，大韩建筑士协会编.共同的追求——中日韩建筑师作品集.北京：中国建筑工业出版社，2006.

2. 吉林科学技术出版社编.宗教文化建筑（韩国现代建筑）.第1版.吉林：吉林科学技术出版社，2003.

3. （美国）肯尼斯·弗兰姆普敦.现代建筑：一部批判的历史.上海：生活·读书·新知三联书店，2004.

4. （英国）D·斯科特.极少主义与禅宗.第1版.熊宁译.北京：中国建筑工业出版社，2002.

室内空间环境的软装饰设计
The Soft Decoration Design of Interior Space Environment

任雪玲

Ren Xueling

（山东科技职业学院艺术系，潍坊 261053）

（Shandong Vocational College of Science & Technology, Weifang 261053）

摘要：软装饰是新兴的设计行业，是室内环境设计与纺织品装饰艺术的交叉学科。它是指室内相对于硬质材料而进行的"软材"装饰，主要指的是纺织品、工艺品、花艺等在室内空间中的应用。以室内纺织品为例，论述了软装饰与硬装饰的关系、"软材"室内空间环境中的重要作用及其配套关系，以及软装的流行趋向等。

关键词：软装饰，硬装饰，室内空间环境，纺织品，设计创新。

Abstract: As a new design, industry soft decoration is an interdiscipline covering indoor environment and textile decoration art. Industry soft decoration refers to the decoration with soft material instead of hard material, which mainly refers to textiles, aware the important role of soft decoration indoor space environment and matching relation, and style of soft decoration.

Key words: soft decoration, hard decoration, interior space environment, textiles, design innovation.

不同的装饰设计材料的运用，营造的环境会产生截然不同的效果。随着经济的高速发展，人们的生活水平不断提高，对于自身居住的环境要求越来越高。特别是住房条件的改善，室内的装饰越来越得到人们的重视，室内软环境设计显得尤为重要，尤其是软装材料的发展和运用为室内空间环境的装饰带来了深刻的变化。

1. 室内空间环境软装饰的概述

室内空间环境的软装饰，是相对于硬质装饰材料而言，指的是除了室内墙面、顶棚、地面等界面装修之外的后期配饰，主要是那些易于移动和更换的饰品和家具，如：床上用品、窗帘、沙发套、靠垫、沙发巾、台布以及装饰工艺品等。软装饰设计是新兴的设计行业，也是室内设计的一部分，是室内设计与纺织品装饰艺术的交叉学科门类，它从饰品到家具，营造出室内空间的温馨和谐的氛围。室内软装饰更能体现主人的生活情趣、品位和个性，俗话说"观屋可知人"就是这个道理。有的人追求富丽堂皇，有的人追求古朴高雅，有的人追求回归自然，有的人追求简洁大方，人们希望通过各种方式和手段打破建筑千篇一律的格局，创造出变化丰富的室内空间。室内软装饰恰恰承载了这个功能，它用工艺品、纺织品、灯具、花艺、植物等进行设计组合，体现出室内空间优美的氛围，同时通过装饰掩饰了其他材料的不足和缺陷。而且，软装饰不仅经济、实用，而且美观，更重要的是软装饰无毒无害，更加环保，可以说是营造绿色环境的有力手段。

2. 软装饰与硬装饰的关系

软装饰是与硬质材料装饰同时并存的，并不是单一存在的，因此谈到软装饰的设计，硬装饰的设计也不能忽视。

过去相当长的一段时间内，我们的居室空间设计在形式上非常单一，跟流行服装一样，流行材料应用的很泛滥，20世纪90年代流行橡木，结果整个单元甚至整座楼居民都是用橡木，随之而来的榉木又成为新的一轮流行材料；在风格上也是如此，流行博古架，家家户户都用博古架，室内空间环境的硬质材质装饰千篇一律，没有任何个性所言。近年来，装饰材料的发展迅猛，但硬质装饰材料在多样性上还是存在着先天的不足，尤其是对于多姿多彩的软装饰而言。

硬装饰在室内空间环境设计中存在较多的制约因素，比如房型结构。很多房子结构出于安全考虑是不能进行随意更改的，这样设计上就很难有大的改观了。尤其是许多的楼盘交到业主手中的时候都进行了简单初装修，根据样板房进行的装修在设计上几乎是无任何差别，因此在硬装饰上很难体现出室内空间环境的设计特色。软装饰却恰恰可以弥补硬质材料的先天不足，软装饰材料多样，设计起来千变万化。另外，软装饰相对于硬装饰而言，造价低，可选择范围广，可以淋漓尽致地体现室内空间主人的个性，营造不同的氛围。

在硬装饰设计之初，就要从整体效果把握，同时考虑软装饰的使用，否则，硬装饰过于强调出的风格靠软装饰也难以改变，还造成不必要的资金付出。硬装饰装修完毕，软装饰可以做局部的装饰和气氛的调整，因为软装饰的可塑性很强，往往起到意想不到的效果。

3. 软装饰在室内空间环境中的设计运用

在室内空间环境软装饰的视觉元素有很多种，如：布艺、字画、室内绿化、灯的光与影、工艺品等。但在软装饰设计中，装饰用纺织品占有重要的地位。装饰用纺织品主要包括：窗帘、床上用品、地毯、装饰壁挂、台布、装饰幕帘、布艺家具、沙发巾、台布等等，这些装饰纺织品几乎占了室内空间软装饰面积的七到八成。现在作为室内"软装饰"主要装饰方法的纺织品"软"装饰已经成为家庭装饰中不可回避的重要装饰手段，并逐渐成为室内装饰中极具潜力的重要发展方向。因此，室内软装饰的设计我们主要以装饰用纺织品为例，来阐述软装饰在室内空间环境中的运用。

3.1 软装饰的作用

软装饰在室内空间环境中的装饰功能多种多样，装饰的手法变化多端，软装饰的装饰效果与人居环境非常容易和谐，在室内环境中可以大面积地运用软装饰来调节室内气氛。我们处在钢筋水泥的建筑里，墙面和家具所带来的是冷、硬的感觉，通过软装饰特别是纺织品在室内应用，可以起到良好的改善作用。

3.1.1 柔化室内线条和感觉

现在室内空间环境中，木制的家具、金属的电器以及玻璃的落地窗占了主导，这些材料给人以硬的线条和冰冷的感觉。而色彩丰富的家用纺织品从很大程度上可以柔化这种冰冷的质感，给室内营造温馨的氛围。

3.1.2 调节室内环境的色调

室内的色调一般由墙面和家具的颜色决定，因为墙面和家具所占的面积最大，尤其是家具几乎超过了空间的40%。窗帘、床罩、布艺的沙发、布艺的饰品等颜色的选择配合家具色彩才真正决定了室内的色调。

3.1.3 增加空间层次感

设计师利用纺织品可以塑造出一些可变形的空间，比如：窗帘、帷幔、隔断地毯等等，通过互相交织的变化体现空间的扩张感和流动感，形成虚拟的和实体的空间区域，以充分满足人们对空间变化的视觉感受。根据具体的应用区域和范围进行软装饰的设计，地毯和床罩等要从横放这一角度考虑它的色彩、图案等；窗帘、帷幔、隔断则从垂直角度考虑，因地制宜，充分考虑使用与美观的作用，增强室内的空间感觉。

3.1.4 渲染气氛，增加艺术美感

纺织品通过纺织品的自然材质和工艺起到装饰作用，在室内空间设计中特别注重其形、色、质和制作工艺的特点综合的运用。如：抽纱刺绣的雕、锁、勒、编、绣、补、拼接、绗缝等工艺效果；织物的斜纹、平纹、割绒、毛圈等表面肌理；地毯的雕刻；壁饰的立体……无不体现出纺织品的艺术之美，这些美妙的肌理、自然的材质对于空间的气氛渲染作用非常之大。

3.1.5 吸声吸尘，改善环境

软装饰，尤其是毛制品，如地毯、壁毯，有着吸声、吸尘、吸光等独特的作用，尤其在人流大的会议室、宾馆大堂等地，很少见到嘈杂的场景能够给人以较为安静的空间感觉。天然纤维与人类有着天然的亲和力，给人以温暖、柔软的感觉和良好的手感，使人犹如回归大自然。

3.1.6 表达主人的喜好和个性

软装饰非常注重室内空间主人的个性表达，一般根据主人情趣来设计室内软装饰的花型、色彩、造型以及工艺手法，走进室内就能感受到主人的浓厚的生活情趣和审美取向。

另外，可以通过悬挂字画、十字绣、纤维壁饰等来调节墙面与家具的平衡，不

但使室内的视觉效果上更为饱满，而且还能增加文化品位；可以通过软装饰的不同风格，来强化空间的风格特点，或现代或传统，或活泼或宁静；可以通过三维软装配饰来调节室内气氛和情趣。

软装饰之所以在室内空间环境中占有重要的地位，是因为它具有良好的适应性、多变、灵活，而且更为经济、实用。它具有实用与艺术的双重功能，既可以丰富室内环境的色彩，有因为它"软"的特点，也可以柔化钢筋、水泥、家具的硬线条、冷感觉，营造出温馨的居住、工作环境。在当今高效率、快节奏、重压力的社会条件下，软装饰的作用更显得举足轻重。

3.2 软装饰的配套及设计

室内软装饰的品种齐全，形态各异，它们以不同的色彩、肌理、纹样、面料、款式，相互配套设计，装饰着室内空间环境。但每一种形式在室内空间中的作用和对人的视觉、心理影响是各不相同的，如何使室内软装既达到实用的目的，又能够和谐美观呢？从室内空间环境艺术的整体效果而言，室内纺织品不仅要与室内硬件配套，室内纺织品之间也要相互配套，以求变化统一。主要应该注意以下几个方面：

3.2.1 色彩配套

纺织品的色彩可以选择与墙壁、地板或者家具色彩相同或者色调近似的，来进行设计装饰。在确定主色调的基础上，可以选择一些小面积的饰物，如：靠垫、块毯、沙发巾、台布等，用对比色增加色彩对比来丰富室内的色彩，增强视觉效果，使室内显得更为生动。

3.2.2 图案配套

通过图案配套主要指的是软装饰的图案与壁纸、墙面，尤其是各软装饰之间的图案相互呼应。可以把同一类型的花形运用到床单、台布、窗帘上，花形可以作重复、大小、深浅等的变化；或者花形相同，作色彩的变化，比如窗帘的花形可以和壁纸的花形相同，只是改变的图案的布局和色调；选用图案面料中用色最多的一种色彩，用作单色面料使用；也可以图案面料与单色面料进行分割、剪裁，搭配设计。

3.2.3 色彩图案综合配套

综合上述两种配套设计的软装饰设计方法，可以采用室内反复出现的花形和色彩的面料，做一些小的室内点缀物，来增强室内软装饰的呼应，更容易使室内协调一致又有变化。

3.2.4 款式配套

在色彩、图案各不相同的情况下，可以通过款式来达到配套设计的需要，比如：窗帘和床罩都可采用滚边、花边；或者都采用花面料与单色面料的拼接，但拼接方式和剪裁注意应一致；也可以根据面料花形的特点来进行绗缝。

3.2.5 工艺配套

室内软装饰的品种丰富多样，采用的工艺中手法也多种多样，在面料、色彩、图案接近时，可以通过相同的工艺来达到配套的目的。如：如果床上用品和窗帘都采用印花为主，那么，靠垫之类的小件物品也尽量采用印染工艺，这样的应用，整体感更强一些；如果沙发巾用提花，枕巾床罩也尽量采用提花工艺；另外，扎染、刺绣、抽纱也是室内软装饰常用的工艺手法，在设计时注意不同工艺之间的搭配和对比，营造一种温馨的环境。

3.2.6 风尚配套

主要指的是软装饰跟室内空间的风格的配套设计，比如，一个新疆风格的餐厅，其地毯可以采用新疆地毯，窗帘和床品的图案可以采用起源于南亚次大陆北部克什米尔地区的佩兹利纹样，色彩上可以采用新疆地区的流行色彩；中式家具的空间环境，可以采用丝绸面料坠有流苏的台布，窗帘扣可以使用中国结，而床罩可以采用传统刺绣工艺。把软装饰的风格与室内的空间、家具的造型尽量协调起来，使室内显得统一和谐又有格调。

3.3 软装饰的流行趋向

3.3.1 材料

作为软装饰主要材料的纺织品材料，使用的纤维品种变化越来越快，从最初的棉、麻、丝、毛等天然纤维，到各种人造纤维和合成纤维，到今天出现的各种改性材料，比如新型的纳米材料、大豆纤维、牛奶纤维、莫代尔纤维，已经添加了石蜡的功能性面料，这些面料的功能和用途各有不同，可根据中室内环境来选择使用，因此也满足了室内环境设计软装饰的各种个性化要求。

3.3.2 风格

室内软装饰的风格与流行元素和时尚是分不开的，也就是说，设计风格与时代和历史并存，并受当地民俗等的影响。随着人们审美水平的不断提高，人们的软装饰越来越趋于理性化，不再盲目追求那些繁杂奢华、华而不实的东西，转而开始追求简单、自然的风格，人们更加追求返璞归真的境界。

3.3.3 审美品位

软装饰发展到今天，逐渐得到人们的重视，而且人们开始讲究高档化，追求高品位，人们在家庭装饰方面的水准越来越高，人们对于软装饰在材质、设计、面料等方面的要求左右了软装饰的生产、销售、消费和流行趋向。生产中高档的纺织产品是中国未来室内纺织品的一个发展方向，也是为了进一步拓展室内纺织品以迎合消费者新品位的需求。

3.3.4 技术研发

从国内家装发展的趋势来看，"软装饰"的应用越来越广泛，发展势头良好，软装饰逐渐成为室内空间环境装饰的流行趋向，作为软装饰主力军的室内纺织用品的技术研发被提到重要的位置，学校、企业的技术人员和艺术设计人员在相关方面进行科研、开发和技术推广，未来的软装饰用品会越来越多，技术含量和艺术附加值也会越来越高。

3.4 设计中应该注意的问题

在经济发展给人们带来生活条件改善的前提下，人们转变了追求实用为主的思想，开始跟审美结合，并更多地融入了文化内涵和新的设计理念。人们更加注重在软装饰中展现自己的个性、表达自己的情感。在软装饰的设计中应该把握几个设计要点：

3.4.1 注重个性的发挥，把握消费者心理

前有所述，软装饰设计是一个交叉性很强的学科门类，不仅涉及技术、艺术，更渗透了民俗、风俗，并受地域、气候以及消费者的职业习惯等影响，因此在设计的时候应该充分考虑消费者的个性、爱好、职业、民族、文化背景等，营造一个具有消费者个性的环境空间。这就要求设计人员本身必须具有较高的文化修养和相关的知识背景，开拓自己的视野，从各方面寻找设计切入点，才能把空间的软装饰设计得独具特色。设计之初在考虑实用的前提下，尽量满足视觉、触觉等感受，处理好实用与审美之间的关系，通过不同的设计展现不同的环境格调，营造出一个舒适、实用、健康、安全的室内空间环境。

3.4.2 设计主题明确，营造文化、风格

室内空间环境设计需要一个立意独特的主题，才有利于文化氛围的营造。每一个民族，每一个地区都有自身独有的艺术语言和审美标准。室内纺织品的色彩、纹样无不代表着一定的文化内涵和审美趋向。火腿纹（佩兹利纹）作为幸福美好的象征被广泛地应用于纺织品，比如地毯、装饰用布等；具有强烈民间配色特点的手工民间织物鲁锦，用于床上用品，成为家纺界的新宠；古老的波斯地毯纹样仍然经久不衰；以及现代技术下的数码分型图案等，不同的纹样、色彩，风格迥异，也构成了室内空间的不同风格。确定明确的主题，对于软装饰的配套设计尤为重要。

3.4.3 注意环保绿色，追求自然简朴

目前，室内空间环境设计中，绿色环保和表现自然的主题成为设计潮流。人们以各种方式表达着对于自然的渴望，外景内移被越来越多地运用到室内空间的设计中。因此，自然界的动物、植物、风景等等是软装饰取之不尽的题材，回归自然、保护环境成为人们的共识。人们的装饰心理越来越理性，在材料的应用上更为讲究，图案、色彩更注重艺术设计和处理。近几年室内环境设计风格的主流开始从过去装饰繁杂，追求奢华的风格，转向简约、怀旧、回归自然的风格。因此，软装饰在注重视觉效果和实用的基础上，更应该营造一个对人类身心健康有益，符合人们追求时尚心理的室内环境。

4. 结语

随着人们物质生活水平的提高，人们的品位也不断发生着变化，软装饰逐渐成为人们的消费主流，成为一个新的经济增长点。软装饰的设计也成为摆在设计师面前的一个新的课题，有针对性地进行设计才能设计出人们真正需要的软装饰产品。

得出结论：（1）软装饰的配套设计成为当今社会的一个潮流，在设计中应该注意协调统一，并通过局部对比增强装饰性；（2）根据软装饰的流行趋向，设计出实用性与艺术性巧妙结合的作品；（3）注意环境特点、风格和人们的心理、风俗，设计出更有流行元素的绿色软装饰空间。

参考文献

1. 崔唯.现代室内纺织品艺术设计 [M].北京：中国纺织出版社，1999：135-164.

2. 王铁忠，王蕾.居室风格情调"布艺"设计调配法 [J].纺织装饰科技，1998，（2）:17-18.

3. 施建平.现代室内设计配套设计的表现形式 [J].丝绸，2004，（6）：14-15.

4. 井浩淼.室内纺织品"软"装饰的现状及流行趋向 [J].苏州大学学报（工科版），2004：97-98.

5. 马春红.室内软装饰视觉元素漫谈 [J].装饰，2004，(1)：21.

6. 王勇.室内装饰软环境设计的新理念 [J].上海应用技术学院学报，2005，（6）：150-153.

7. 王露芳.浅谈室内纺织品的配套设计.丝绸，2001，（3）：34-35.

城市面孔，自嘲
——谈当今大中城市的规划设计状况

Urban map, self-mockery
——Discussion about urban planning of mid-large cities nowadays

叶 苗
Ye Miao

（上海科学技术职业学院，上海 201800）
（Shanghai College Of Science and Technology, Shanghai 201800）

摘要：当今中国城市发展日新月异，但在发展的同时，往往陷入一种固定的模式，有些是有益的，而另外一些却在得到的同时失去了更多。本文以点见面，对当今大中城市的现有规划状况进行分析。

关键词：城市，面貌，规划设计

Abstract: Nowadays, the cities in China are developing rapidly and progress with each passing day. However, it is noticed that the mode of city development tends to be a fixed style. Certain city development style brings benefits to citizens, while sometimes it costs more than gained. In this article, the urban planning status of different cities was analyzed through some examples.

Key words: city, map, urban planning

一、概述

每个城市都有一张不一样的面孔，在现有的国情下，每个城市发展都各不相同，如北京和上海，分别是中国的政治和经济中心，它们的发展方式就有本质上的区别，自然生得两张迥异的面孔。

二、"城市面孔"

所谓"城市的面孔"，即是对于城市整体面貌的一种拟人化的比喻。

城市面孔指的是城市的空间、建筑、环境与人所共同形成的整体的构成关系。它直接反映了一座城市的结构形式和类型特点，反映了生活在其中的人们的历史图式，反映了城市的文化特征。

总结城市面孔研究学者的研究成果，我们可以看到，真的城市形态并不是单一的，而是拼贴式的，是各个历史时期的文化积淀的会合；真的城市面孔不是一成不变的，它会随着时代的变迁而产生渐进式、碎片式的变化，通过这种渐变，既可以保持城市文化的延续，又能不断地促使其更新。

每个城市都如人的面孔一般有表情且鲜活生动，每种表情都可以透露城市的气质和韵味，所含内容深邃复杂。城市的环境就是"面孔"的内容，它由人文、地理、经济状况、道路交通、建筑、景观，甚至河流、海岸，诸多因素汇聚而成。"面孔"，同时影响着城市的特质，地理、人文好比一个城市与生俱来的天资；经济构成血脉；道路交通勾勒脸庞的轮廓；建筑是凹下凸起的骨骼，诠释"面孔"的与众不同；绿林山野便是毛发；江湖河流则是清澈的双眼绽放神采；嘴、耳、鼻则是那些主观因素。

中国的城市发展大多受着经济因素的约束，虽然大多数中小城市从实际意义上来讲只可以算得上是镇或郡县，然而也由于人口众多，盲目扩大其版图而成为一定意义上的城市，而从中国经济整体水平上来讲，南北、东西的贫富差距也确实造成相当大的区别。因此导致城市的交流、交通，再至建筑、城市规划的发展等的差别，这一点是决定城市面貌多样性的客观因素，也是最大的制约。

从中国的版图上来看，每个重要城市的地理位置、自然资源的不同通常直接影响到城市经济发展中的商业动态。

三、"城市面孔"的形成、发展和变迁

北京是政治中心，由于种种原因很难确定它以哪种形态为主，整个城市的发展模式非常复杂。而上海则是较为清晰的以对外贸易、商业集散为核心的发展模式。而有些则依靠轻工业和旅游经济，以杭州、青岛为代表城市。因此笔者认为城市面貌的改变从客观的角度来讲是由经济发展作为其主导因素和前提条件的，同时现代社会信息交流日趋快捷，也会影响经济发展的快慢，因为不稳定因素是多方面的，所以每张"面孔"生得不同。自古以来,经济发达的城池通常为政治较为发达的都府。所以，政治因素不可小看。六朝古都至今也大都为各省的省会。此为例证，拂开皇城的面纱，剩下的皆是政治和经济两大核心。自古以来，西安、洛阳、杭州、南京、北京哪个不是在经济政治、人文地理、建筑规划、道路交通上明显优于当时其他的市镇？单从城市规划上来看，比较几处古都的城市平面便能得知，这些皇城几乎都有极其相似的整体格局、商业区域、百姓的居住区域。皇帝的殿宇位置、横平竖直的大道贯穿整个城内。

随着王朝更迭、时代变迁，现今的中国社会发展与国情都是各城市面孔变迁的助推器。即如人的一生面孔会有不同的变化，由年轻到年迈。若从广义上看还是不能清晰看出面孔的个性，而共性是显而易见的，每个城市都在现代社会欲求下更加现代。每个中小城市都欲求如上海、北京那样发展为大型的经济化或政治化的城市。仅由建筑形式即可以以点观面，现代建筑已经在城市的发展中成为主流。每个城市都想建造出高楼大厦而标新立异，并能以此为傲。上海就以其得天独厚的经济

优势率先成为中国大型城市的"领头羊",而其他省会或金融次中心相应作出了回应。近几年的有宁波、杭州、无锡、南京等。但是它们的城市发展模式和经济基础都各有不同。就拿无锡这个城市为例,以乡镇经济为基础发展起来,将城市面貌建设定位在上海这类大型城市的风格上,短短几年,城市建设投入很有规模,也很有力度,果然"大城市"了,但这个成果是以付出破坏了具有几千年历史的古运河为代价的,甚至好多明清建筑、文化遗产也被"修复"得面貌全非,城市自身面貌更不用说了。而其他的如天津倒是在城市改造的经验中吸取了些惨痛的教训。北京在努力维护着皇城的形象,可是"四合院"确实少了,城墙也没留下几片砖瓦,更加找不到"门"了,只是希望后人还可以见得些青砖乌瓦,知道什么是传统建筑。当然,好的例子也有,大理、丽江就是亲切的。文化的保留,城市面孔的维护是对儿孙后代的责任和义务。

除了历史文化背景一脉相承,也有中西合璧的,上海、青岛等一些通商口岸,多带着浓厚的殖民或异域建筑的特色。另外少数民族聚居的城市面孔更显张扬个性而非共性的以拉萨、乌鲁木齐等为典型。

综述以上概念,泛泛点到了城市面孔的形成、发展和变迁,以下笔者的几个具有代表性城市的建筑形式作以点见面的详细分析,以窥探个中道理。

四、当今大中城市的"城市面孔"

北京是政治中心,虽历经沧桑却恢弘依旧,每朝的建筑风格都留有印痕,当然大清朝留有最重要的建筑遗产。无论过去还是现在,北京的建筑仍给人以博大的视觉冲击,似龙脉未逝,仍然朝气蓬勃。就算不去故宫,仅在长安街上走上一遭也能深深体会"宏伟"二字的意义。古代的也好,现代的也好,哪一栋不是昭示其气势,从天安门、人民大会堂到现代的大剧院、体育场馆,从青砖琉璃瓦到"高技派"的摩天大楼再或"鸟巢"建筑。一头扎进胡同里,又见亲和的四合院,虽小道狭窄倒也窥见了老北京百姓的原生居住文化,不失其精彩。小小四合院浓缩着中国人对住宅、聚居的诠释。出四合院,逛入"现代人"的生活居住区、空中花园、SOHO办公楼、酒店式公寓,高长的方块体,内部实为一个小型社会。现代的钢筋混凝土框架加上玻璃幕墙怎就成了高层住宅?再叹现代人的生活,现代的城市居住空间,数千人的居住小区里,寥寥的绿化景观,怎会如四合院的百姓般活得自在?人口的不断增加,经济利益的驱使,于是城市扩大再扩大,谁知道"卫星城"外还会长出什么东西来?外环的外环还会有什么?大城市的高楼俯瞰低矮的四合院又是什么样的心理感受?除了"高技派",下一个建筑师还会发明什么词?

上海是一个经济大城,相比中小城市最为凸显的即是高层建筑,这种建筑形体在建筑中几乎随处可见,而以十倍的价格高居中国城市住宅榜首。较之北京不同,上海的建筑以殖民文化为背景,中西合璧的红砖建筑最具特点。即便是建国前后外滩的那一堆"石头",就是让人目眩的东西。坡屋顶、高耸的柱式、敦实的墙壁,再和着夜空上明亮夺目的灯火,怎能不让人流连?各国的领事馆、银行因此而成为上海的标志性建筑。同时，当陆家嘴立起了明珠塔、金贸大厦，这块土地上又演绎起了现代建筑，玻璃、钢架和混凝土，敲击出"上海节奏"。如果说南京路和外滩上石砌建筑算得上低调，"高技派"的摩天大楼奏的是高调，那新天地的红砖就是带有爵士味的中调了，这是上海的交响乐，城市愈是经济发达，建筑形式和技术也就会相应不断提高。没有里弄的狭窄贫瘠又怎能衬托淮海路上的奢华耀眼？寸土寸金的城市地价可见面孔的浮华。上海经济之发达，资金汇入之充足，城池已成宝地，怎能不吸引芸芸众生蜂拥而至。

也正因为经济发达，在上海生活的人们才会了解这个城市的节奏。生活工作都产生了巨大压力，以至娱乐或是服务性行业已经成为整个社会经济中不可或缺的一部分，为此而兴建的场所越来越多。通透的建筑给人们的视觉留够了展示的橱窗，而由此带来资金的快速流动，又助推整个城市的发展。商务办公楼、高层公寓住宅自然愈建愈多，愈建愈高。当这些也无法满足城市人口的需求，城市扩张成为必然。由于居住新概念的提出，上海市政府在嘉定区的边界造了安亭新镇，以求解城市人口疏导问题。安亭新镇的当务之急是提高住宅建筑的品质，"德国小镇"的兴建不仅引进了新的建筑技术，甚至连水、电、燃气的地下网管也进行了更新换代。由这些而得知上海是"跟在时代的脚步后面的大建筑"，所以面孔是新的，建筑是世界的、现代的。而"整容后"的结果是暂时令其他城市羡慕不已而成焦点。

同样位于"金三角"地理位置的杭州是被羡慕者之一，虽然发展模式不同，却值得称赞：杭州在改造整个城市面貌的同时，也进行了理性的思考。拆了些，补了些，去了破烂，美了西湖。数年的工夫不仅塑造了美丽的城市、干净的道路和优雅的生活环境，也着实在旅游经济上动足了脑筋。西湖边的改造果真是令人更赏心悦目，加之深厚的历史文化基底，吸引外来的眼光当属自然反应。只是"雷峰塔"一事着实让人费解：倒了的东西再立起来，笔者认为多此一举。历史的便是客观的，主观改造真的能改变客观历史？倾心打造的环西湖景观园实是为杭州百姓谋了一件不小的福利，还自然景观于人肯定是好于圈地造园。而建立城市包围西湖景观的整体格局使杭州城带有浓浓的温情，拭去湖底的污浊，一汪清水照得杭州更为清亮宜人，也难怪有人说这城市有着女性化的柔美。优哉的节奏使其成为很适合居住的好地方。较之上海的阳刚，两者倒也互补，各有利弊。南宋留下的白墙、乌瓦、木梁、照壁，倒也好过整日对着遮日的"玻璃盒"。与此相对的高楼大厦也不显乏味，毕竟有美景相伴，城市的面孔也显得俊秀多姿。

远在山东的青岛和辽宁的大连都是海港城市。对外贸易发达加之殖民文化留为背景，建筑形态上也颇有趣味。而现代信息的注入逐步让它们都开始迈出快捷的发展步伐。反映在建筑形式上自然也是现代与传统相对。没有北京的大尺度，也没有上海的处处占尽的精致，只折了中，合了中国哲学的精髓——中庸之道，但却在细节处不失美轮美奂。想必现在拿起笔来，在城市的角落里也可取个建筑的远景描绘出一张漂亮的建筑速写。

而当初到大理，迷恋苍山洱海时，就已俨然深陷此城的面孔之中。自然风景，人文内涵是古城最大的宝藏。丽江亦是如此，更多的古城，由建筑的价值而产生经济的效益，使之发展为旅游胜地。最人性化的建筑与街道尺寸，精致的古城格局、明晰地标志着那城市面孔的特质。完美地保留古城，令兴新城是丽江与大理最明智的规划之举。

再论拉萨与乌鲁木齐的民族个性，宗教文化背景，都显示了保留城市特点的重要。而大部分中小城市由于经济的稳定发展，盲目追求迅速实现大城市梦想，只会预后地破坏城市面孔的完整和美观。虽然随时代进步，较之以往经济确实也在不停地发展，但清醒理智地认识并进行城市规划发展的必要性也日益成为重点关注的问题。即使顺应时代发展需要，如建筑形式从传统转而为现代，像无锡的某大饭店将八角凉亭硬生生的顶在了楼面，即便建筑色彩寻得了和谐，形式也不能真正统一。

五、结语

城市的规划设计，有其共性和规律可循，以此作比，城市发展和整体规划自然不能生搬硬套，应合理去布局城市，统一作理性分析并强有力地实施改造。古人云："三思而后行。"欲速则不达，后果是无法考量的。拆了又怎能再拾起青砖砌起红墙？若是如冯纪忠教授那样细细地琢磨，那么对历史，对子孙后代的城市多负点责，城市面孔会作如何良性改观？笔者以为发掘城市个性，不失时代个性，将会是未来城市发展的出路。良好的社会心态的支持更有利于城市发展，至时便不用在多年后自嘲城市面孔的尴尬。

参考文献

1. （美）肯尼斯·弗兰姆普敦.现代建筑———一部批判的历史.北京：三联书店，2004.

2. 程大锦.建筑：形式、空间和秩序.天津大学出版社，2005.

3. 鲍诗度主.中国环境艺术设计.北京：中国建筑工业出版社，2007.

4. 同济大学建筑与城市规划学院.建筑人生（冯纪忠访谈录）.上海科学技术出版社，2003.

5. 牛晓彦.中国城市性格.北京：中国物质出版社，2005.

6. 易中天.读城记.上海文艺出版社，2006.

寻找原型，继承传统

To Find the Prototype and Inheriting Tradition

张海玲

Zhang Hailing

（上海城市管理职业技术学院环境艺术系，上海 200438）

（Shanghai Urban Management College, Department of Environment Art, Shanghai 200438）

摘要：我国的景观设计在传统继承的问题上一直有误区。本文试图通过类型学来研究传统继承的方法，寻找出传统设计中的原型，来帮助我们更好地去继承传统。

关键词：传统，形式，类型学，原型

Abstract: In our country, there is always a misunderstanding on the question of inheriting tradition of landscape architecture. The article tried to study the methods of inheriting tradition by typology, and then to find out the prototype of traditional design, which can help us better to carry forward the tradition.

Key words: tradition, form, typology, prototype

在景观设计领域，对传统的继承问题始终是一个备受大家关注和争论的话题，似乎至今也没有什么公认的、行之有效的理论或方法。从 20 世纪初到当代这个向西方看齐的时代，我们国家虽然出现过一些优秀的作品，但是很多都是依样画葫芦，只知其形不知其意地抄袭，更有甚者只是庸俗地堆砌和拼贴，不知其所做为何物。

因此，本文试图从景观设计的角度来思考传统与现代的关系，寻求适当的理论和方法来正确地认识传统，对待传统。

一、传统继承的误区及其原因

在学习设计的时候我们就知道，无论是建筑、园林，或者城市规划，都需要文化的依托。我们国家经历了两千多年的封建社会，儒道哲学早已根深蒂固，然而，在新的时代，西方文化不断冲击着这个文明古国，文化认同感的缺失和扎根于本土的现代哲学思想的匮乏，使得我国的现代景观设计也处于一种尴尬的境地。

中国古典园林之所以如此辉煌，既是两千多年中对儒家思想、老庄思想以及佛学的不断的糅合与锤炼，又是中国古典诗画艺术，审美情趣的不断融入与渗透的结果。而西方的建筑在 20 世纪之后之所以会有爆炸式的流派纷呈的现象，主要的原因也是其哲学思想的滥觞和文化的空前繁荣。

再看看当今的中国社会：思想领域浮躁一片，人们一味崇尚技术和商业扩张，文化只是形象的游戏，而形象崇拜又代替了审美精神的人文理想。在景观设计领域内这主要表现为：设计者对设计缺失了激情和热情，只是在感情麻木的状态下随心所欲地制造市场需要品，片面地迎合甲方口味和领导意志，应付完成了事。因为缺少心灵的真实投入，缺少深度体验，就只能以简单的模仿来吸引大众。对西方的模仿也好，对传统的模仿也好，都只是为了迎合市场，久而久之创作力日渐衰退，最终只是让现代国内的景观设计走向媚俗。

二、以类型学的理论研究传统继承

我们一直说要继承传统，其实我们缺乏的不是传统，而是如何以先进的理论来正确认识、对待传统。

在"后现代"思想中有一种所谓类型学，它是对历史要素的更深刻的体现，即不但将历史性的空间和外形体现出来，而且要将精神史体现出来的建筑学说。这一学说，也许能帮助我们以新的视角来理解传统，继承传统。

类型学方法，不是单纯从纯粹的形式语言或语言学角度的隐喻入手，而是来自社会文化和历史传统的积累。它对形式的研究应该说仍然是形式的，这里指的是类型学应用于建筑、园林和城市时，在对各种形式所做的结构原型的还原中应保持理性的态度和严谨的方法，排除过程之中的价值先验性判断，这样得出的原型，才更具有人性的、普遍的甚至是永恒的价值。

那么假如对中国古典园林作类型学分析的话，可能"一池三山"要算作一个原型吧。杭州西湖的"三潭印月"应是对这一原型应用的典型范例。而更成功的应是日本枯山水，无非是将沙和石来置换水和山，对"一池三山"进行了重构。所以类型学的方法是古已有之的一种自觉和自然的设计方法，只不过这种方法在现代设计思想和方法的冲击下，淹没和迷失在对形式的自由创新、盲目复古以及符号拼贴等等各类时髦之中，需要我们去重新发现、整理和倡导。

三、寻找传统的"原型"

通过分析园林的本质属性，或许我们可以寻找出传统形式的结构"原型"：园林与建筑，作为人类的生活场所，其本质属性是人的存在性，这是第一性的。任何营造活动都是人类与环境适应的过程，是人与自然共生的结果。它们的发展离不开人对当下生活和传统语境的认识，也正是利用类型学挖掘传统形式下的原型的方法，历史原点的形式便是人的存在对时空环境的适应。传统建筑和园林的发展,是因"人"而在，永不停止的。

以古典园林为例，我国私家园林在挖掘封建文人生活上已经达到了我们现在难以企及的完美境界，对文人的性格、追求、交往、娱乐、排场、礼教、自我修养，甚至其人性的灰暗都有涉及，并表现出来。我们要继承的，就是这种传统意识形态、价值观念在设计中的体现，就是这种对生活挖掘的力度，而不仅仅去模仿它的小桥、水口、匾额、倾斜扭曲的树干等等形式。当然，这其中的很多"技法"我们还是要研究并学习的，但与其模仿这种古典的技法与形式，不如研究古人是怎样去营造一个适于当时当地，适应于使用者地位、身份、修养和情趣的一个园林，然后把这种人与环境的传统关系运用到对现代使用者的精神和观念的体现，这才是传统形式下的"原型"，以这种"原型"为出发点的设计虽然不一定是古典形式的，但一定是具有传统内涵的。

我们之所以做设计，是为了让更多的使用者参与到我们设计的环境中来，而不希望辛苦的设计被荒废不用，这才是我们设计的目的。因此，我们应为现代人的需求而设计，就像古人为了古人的需求而设计那样的园林和建筑。我们不必刻意去追求所谓的古典园林中的深邃意境，也不必太在意空间形态。因为这些都只是设计的过程，而不是目的。

人们喜欢怀旧，也喜欢觅新，这是人的基本心理通性，故传统与现代、怀旧与创新总是设计界永恒的话题。当我们对传统"原型"重新追溯的时候，我们便又重新关注了"人"、研究了"人"，由此贯通过去现在和未来，让所有的争论都能回到理性的思考，在设计的过程中始终深怀着人文关怀，在创作中延续本质的人文性。让我们找寻一条既有对传统文化的认同，又具有创新意识的新的设计风格，这才是对传统的理性继承。

参考文献

1. 沈克宁. 设计中的类型学. 世界建筑，1991.

2 沈克宁. 三种设计方法. 建筑师，1993.

3. (英)Alan Colquhoun. Typology and Design Method，1976.

4. 赵恺，李晓峰. 突破"形象"之围——对现代建筑设计中抽象继承的思考. 新建筑，2002.

5. 文丘里. 建筑的复杂性和矛盾性. 北京：中国建筑工业出版社，1966.

试论风水及其在建筑设计中的应用

The research about Geomantic omen and its application in architecture design

张军利

Zhang Junli

（河南财经学院，郑州 450002）

(Henan University of Finance and Economics, Zhengzhou 450002)

摘要：风水是中国备受争议的传统文化，其中既有迷信的成分，同时也有其合理之处，与风水接触最为密切的建筑学，要以客观端正的科学态度正确认识风水，别除其迷信的成分，充分理解和吸收其中的精华，将其运用到建筑设计实践中，以提高设计的文化竞争力。

关键词：风水，建筑设计，精华

Abstract: Geomantic omen is a controvertible traditional culture in China. It has superstition and reasonable factor at the same time. As architecture designer, we should look Geomantic omen objectively, that is deleting its superstition factor and absorbing its elite factor, then applies the elite to architecture design in order to improve the competence of design.

Key words: geomantic omen, architecture design, elite

一、引言

风水又称堪舆，即"堪天舆地之学"，在古代称为青鸟术、阴阳、山水之术等。风水文化是中国的一种传统文化，世人对其有两种不同的观点，一方面，不少人一提到风水，就和"封建迷信"等字眼联系起来；另一方面，我国从古至今，人们无不希望自己赖以生存的空间能够藏风聚水、龙居凤栖，因此，在民间流传信风水者大有人在。各种有关风水的书籍被摆上了书架，甚至一些大学也开设了周易研究的课程。将风水的应用推向白热化的当属建筑业，时下，各种以风水为名进行建筑、室内装饰设计的机构如雨后春笋般涌现出来。那么，究竟"风水"是什么？在建筑设计中应如何看待风水，成为摆在设计师面前一个有待解决的问题。

二、什么是风水

对于风水一词，《辞海》的定义是："风水，也叫堪舆，旧中国的一种迷信。认为住宅基地或坟地周围的风向水流等形势能招致居住者或葬者一家的祸福，也指相宅、相墓之法。"近年来一些学者对《辞海》的定义持不同见解，主要倾向是将风水看为中国古代选址布局的景观评价系统，不能简单称之为迷信或是科学。

历史上最先给风水下定义的是晋代的郭璞，他在《葬书》中说："葬者，生气也。气乘风则散，界水则止。古人聚之使不散，行之使有止，故谓之风水。"这就是说，风水是古代的一门有关生气的术数，只有在避风聚水的情况下，才能得到生气。而"生气"是万物生长发育之气，是能够焕发生命力的元素。由此可见，风水就是寻找具有"生气"的场所的知识，是对住宅、陵墓、村落、城市等居住环境进行选择和处理的一种学问。

原始社会的人类对各种自然现象没有理性上的认识，为了生存，他们必须生活在气候及水土比较适宜生存和发展的地方，这种适应性的选择，其实就是最原始、最朴素的风水应用；进入文明社会后，《周易》与阴阳五行及各种学说的兴起和发展，使风水理论逐渐成型，汉代的《堪舆金匮》与《宫宅地形》等风水著作的出现，标志着风水学在理论上有了初步的归纳和总结；晋朝郭璞的《葬书》对于风水理论有着里程碑的意义；唐宋时期，从官方到民间，从朱熹等大家到平民百姓，都曾参与风水的认定和应用，出现了以江西形法派为主的风水学理论体系；明清两朝是风水应用的鼎盛时期；从民国至今则主要是学者对中国传统风水文化的重新评估和研究。综上所述，风水理论的发展，是人们在长期实践中的经验总结，风水是一种有关阴宅与阳宅选择的实践理论，一种择吉避凶的术数，一种传统文化现象，一门有关环境与人的学问。

需要认识到：风水作为中国古代建筑营造与环境选择理论学说，限于当时的文明程度、认知手段等诸多因素，存在一些不合理甚至荒谬的地方，但剔除其中的迷信色彩和玄学成分，仍不失为一门值得借鉴的处理人与自然关系的学问。特别是阳宅风水，很多因素是有形可见，非常直观的。在当代建筑设计中要坚持实事求是的态度，对风水去伪存真，剔除其迷信的成分，充分理解和吸收风水学中的精华部分，将其运用到建筑设计实践中。

三、风水的核心理论

风水的核心思想就是理气，即寻找生气，有生气的地方应该是避风向阳、山清水秀、草木欣欣之地。理气的原则就是审慎周密地考察自然环境，顺应自然，有节制地利用和改造自然，创造天时地利与人和的环境，达到"天人合一"的至善境界。正是基于这一追求，在风水的长期发展过程中，积累了丰富的实际经验，也最终形成了其特有的理论体系，主要表现在：

整体系统原则。风水理论把环境作为一个整体系统，这个系统以人为中心，包括天地万物。环境中的每一个子系统都是相互联系、相互制约、相互转化的要素。风水学的目标就是要宏观地把握协调各系统之间的关系，优化结构，寻求最佳组合。

因地制宜原则。即根据环境的客观性，采取适宜于自然的生活方式。中国地域辽阔，气候差异很大，地理情况不同，建筑形式亦不同。西北干旱少雨，人们就采取穴居式窑洞居住。西南潮湿多雨，虫兽很多，人们就采取干阑式竹楼居住。这些建筑形式都是根据当时当地的具体条件而创立的。根据实际情况，采取切实有效的方法，使人与建筑适宜于自然，回归自然，这正是风水学的真谛所在。

依山傍水原则。山体是大地的骨架，水域是万物生机之源泉，没有水，人就不能生存。考古发现的原始部落几乎都在河边台地，这与当时的狩猎和捕捞、采摘经济相适应。

观形察势原则。风水学重视山形地势，把小环境放入大环境考察，便可知道小环境受到的外界制约和影响。任何一块宅地表现出来的吉凶，都是由大环境所决定的，只有形势完美，宅地才完美。

地质检验原则。风水思想对地质很讲究，甚至是挑剔，认为地质决定人的体质，现代科学证明这不是危言耸听。比如土壤中含有微量元素放射到空气中会影响人的健康；潮湿或臭烂的地质，会导致疾病；有害波和地磁场都会影响人的体质。古代风水师知其然，不知其所以然，不能用科学道理加以解释，在实践中自觉不自觉地采取回避措施或使之神秘化。这些看似玄机重重，其实用现代科学解释不无道理。

水质分析原则。不同地域的水分中含有不同的微量元素及化学物质，有些可以致病，有些可以治病。风水学理论主张考察水的来龙去脉，辨析水质，优化水环境，这条原则值得深入研究和推广。

坐北朝南原则。中国处于地球北半球，欧亚大陆东部，一年四季的阳光都由南方射入，朝南的房屋便于采受阳光。阳光对人的好处很多：一是可以取暖，二是参与人体维生素 D 的合成，小儿常晒太阳可预防佝偻病；三是阳光中的紫外线具有杀菌作用，尤其对经呼吸道传播的疾病有较强的灭菌作用；四是可以增强人体免疫功能。坐北朝南，不仅是为了采光，还能有效避风，这也是现代生态建筑的不二选择。

适中居中原则。适中，就是恰到好处，不偏不倚，不大不小，不高不低，尽可能优化，接近至善至美。风水理论主张山脉、水流都要与穴地协调，房屋的大与小也要协调。适中的另一层意思是居中，洛阳之所以成为九朝故都，原因在于它位居天下之中；银行和商场只有在闹市中心才能获得最大的效益。适中的原则还要求突出中心，布局整齐，附加设施紧紧围绕轴心。好的建筑设计大都体形尺度适宜，结构紧凑，经典的景观设计一般都有一条中轴线，恰恰说明了风水适中原则的可取之处。

顺乘生气原则。风水理论认为，气是万物的本源，生气是万物的勃勃生机，是生态表现出来的最佳状态。风水理论提倡在有生气的地方修建城镇房屋，这叫作乘生气。得气万物才会欣欣向荣，人类才会健康长寿，只有顺乘生气，才能称得上贵格。

改造风水原则。人们认识世界的目的在于改造世界为自己服务。《周易》有革卦，革就是改造，人们只有改造环境，才能创造优化的生存条件。四川都江堰就是改造风水的成功范例，北京城中处处是改造风水的名胜。研究风水目的，就是为现代建筑设计提供一些有益的建议，使城市和乡村的格局更合理。

四、对风水的理解

综上所述，风水学对最理想建筑选址的种种原则，都是为了寻找一个好的天然格局。这个格局并非刻意去改造自然，而是尽可能减少人工的投入，以最低的成本，在大自然中去寻找一个最适合于人生存的环境。这种"天人合一"的思想提倡人类必须和天地自然取得和谐、平衡，这样才能生存得安宁、快乐。就现状而言，以最少的投入去寻找一个最适合人类居住的场地环境，是一个现代设计者需认识并掌握的一种生存哲学。这种尽量减少和大自然对抗、与自然规律冲突的行为或思想，与当今整个世界"绿色生存"的思想和潮流也是不谋而合的，也正是风水学中值得我们学习和借鉴之处。

同时还必须指出：中国的风水是一种传统文化，任何传统文化都存在着精华与糟粕两面。风水理论中的确有和环境学等学科契合的部分，这对现代建筑设计是有借鉴作用的；但其中还有一部分是探讨命理的，通常所说的风水学中的"迷信"，多半就是对其中一些术数不分青红皂白地相信到入迷的状态。对于这一部分，既不能往科学上套，也没必要往科学上套。在对待中国传统文化的问题上，毛泽东主张采取的态度是，"取其精华，去其糟粕，古为今用，洋为中用，推陈出新"，这也应该成为现代建筑设计者对待风水学的指导思想。我们研究风水学，并非对传统文化照单全收，而是有所扬弃，去粗取精，有选择地吸收。

风水中的精华就是它所提倡的应保持环境生态的和谐及环境与人的和谐。将风水中的精华思想运用到现代建筑设计领域，是一项全新的认识世界和改造世界的过程，其实质就是以地质、水文、日照、风向、气候、景观等一系列自然地理环境因素为选址方面准绳，作出优劣的评价和选择，并提出相应的规划设计的措施；研究建筑的构成要素及其组合格局等对于使用者和自然生态的影响效应，掌握对建筑要素及其格局的调整、优化措施，使之与人类和整个自然生态更协调，以更有利的科学方法，探索人、建筑、自然三位一体、和谐共生的客观规律，最终创造适于人类长期居住的良好环境。

在具体的设计实践中运用传统风水的理念，应注意将建筑风水学概念化，自发的形式转化为具体的、和建筑形式和功能相结合的形式语言，这种形式语言应既含有传统建筑的某些特征，又要保持与其的距离，从而表现出现代建筑的创造性。比如可以吸收传统建筑就地取材的优点，尽量运用采集运输便利的材料作为建筑原料和装饰元素；设计中充分考虑利用当地的地理条件和气候因素，减少资源的浪费，做到环保、节能、循环利用与可持续发展；同时应有选择地继承古代建筑业已形成的一套建筑手段与技术，因为手段与技术同材料及建筑环境的关系极为紧密，这种继承是在去粗取精的前提下进行，即对原有技术的不足之处作相应的修改，从而使建筑的过程和最终效果满足现代人的生活模式需求。

五、结语

把风水学与建筑设计结合在一起是一项长期的任务，需要设计者对风水抱以科学、端正的态度，更需要正确理解风水及对其有选择地运用。在地球生态恶化的大环境下，如果我们能够将风水学这种先人的生存智慧，用于今天我们的建筑设计中，对于减轻生态危机，提高人们的生存环境，那将是利国利民的好事情，也是我国建筑师立身世界建筑之林的优势所在。

参考文献

1. 何晓昕.风水探析.第一版.南京：东南大学出版社，1999.

2. 亢亮，亢羽.风水与城市.天津：百花文艺出版社，1999.

3. 王蔚.不同自然观下的建筑场所艺术.天津大学出版社，2000.

波普艺术与中国当代家具设计
POP Art and Chinese Contemporary Furniture Design

张 景

Zhang Jing

（宁德师范高等专科学校，宁德 352100）

（Ningde Teachers College, Ningde 352100）

摘要：本文试通过阐述波普艺术在西方产生的根源及其特征、波普家具设计在我国的生存土壤入手，分析中国当代家具设计中受到的波普艺术理念影响以及其所使用的波普艺术创作手法。

关键词：波普艺术，家具设计，创作手法

Abstract: This article try to analyze the influences of POP Art theories in Chinese contemporary furniture design and its create measures through representing roots and characteristics of POP Art in the West world, and POP furniture's survival conditions in China.

Key words: POP art, furniture design, create measures

科技的飞速发展，经济的高度繁荣，导致社会、经济结构的变革和人们世界观、价值观和审美观的转变。与此同时，设计的风格与流派也随之转变。20 世纪 50 年代的西方社会在工业化与商业化的推动下，在各种思想的激烈碰撞中产生了"波普艺术"这一重要的设计思潮。当今的中国正在经历着这样的巨变，理性与非理性、理想与世俗、审美与审丑等冲突激烈碰撞。在这种相似的社会环境中，中国当代的家具设计风格也开始有了明显的波普倾向。

本文试通过阐述波普艺术在西方产生的根源及其特征、波普家具设计在我国的存在条件入手，分析中国当代家具设计中受到的波普艺术理念影响及其所使用的波普艺术创作手法。

1. 波普艺术的根源与特征

1952 年底，在伦敦的当代艺术学院（Institute of Contemporary Art），一群年轻的画家、雕塑家、建筑师和评论家成立了一个"独立集团"（Independent Group），他们围绕大众文化进行探讨，其中的一个议题就是如何把大众文化引入美学领域中来。他们开始关注起周围的生活和事物，在创作的作品中也渐渐开始形成日后波普艺术和设计的许多语汇和倾向。同时期，美国的工业化和商业化发展迅速，

波普艺术就是在这样的一个社会基础上找到了发展的条件。

波普艺术作为一次艺术设计上的革命，其创作思想、技术手段、语言元素都是根据当时西方社会的具体需求产生的。主要可以归纳为以下三点：

1.1　科学技术的发展

20 世纪科技的高速发展，一系列的新科学理论的提出极大地推动了社会生产力的发展。物质文明的高度发达让波普艺术有了发展的物质条件。

1.2　消费享乐的世界观

由于二战后的经济领域高度繁荣，使得以生产为主的社会向以消费为主的社会转型。人们开始抛弃节制的传统而趋向于享乐，出现了许多新的意识形态。此时，人们生存观念和价值观形成了波普艺术的意识条件。

1.3　社会的商品化和信息化

1957 年，苏联成功地发射了第一颗人造地球卫星，全球性信息革命开始了。信息高速快捷的传播和大量化的联系方式引起了各种标新立异、扭曲、冲突等形式语言的出现，并逐步扩展开来。社会的商品化、信息化使得高雅艺术走向世俗、走向大众。它为波普艺术创作提供了大量的素材。

2. 波普家具在我国存在的条件

众所周知，中国的设计在西方世界盛行波普设计思潮的时候存在了一个断层，归根到底是当时中国不具备波普设计生长的土壤。波普的思想是反正统文化和商业化的，它是现代主义发展到成熟期而走向极端的产物，是西方商品经济社会发展的必然结果。而我国社会从总体上说尚处于从前现代社会向现代社会、从前工业社会向工业社会、从政治社会向市民社会转化的过程之中，离西方式的后工业社会还十分遥远。但随着我国的商业化和大众化进程的推动，波普设计在当代中国仍然具备生存的条件。

2.1　我国社会的变化

20 世纪 80 年代初的改革开放使我国高度一体化的政治社会体制发生重大变化，社会生活的重心由阶级斗争转向经济建设。人们对长期以来的阶级斗争感到恐惧和厌倦，并发展为理想主义信仰的削弱、启蒙主义热情的消退，以及崇高感的丧失。人们由崇尚精神完美向物质实惠转化，物质需求的欲望空前高涨，享乐型的生活期待日益膨胀。

90 年代市场经济的建立，进一步改变了整个社会的价值取向。人们开始由关注"伟大主题"转向关注"平凡生活"。这一转变带来了审美风尚的一次根本性的变化，以崇高为主形态的审美道德开始向游戏的、娱乐的、享受的消费休闲文化转变。

2.2　西方文化的渗透

改革开放后，随着消费观念的更新、传统意识的淡化、国际交往的频繁、信息传播速度的加快，中国也从以前的封闭状态转变为较为开放的状态，这也就必然会受到西方后现代主义思潮的影响。好莱坞电影进入中国，其大力宣传的西方文化和意识，对我国的传统文化带来了强烈的冲击。西方60年代盛行的摇滚乐、牛仔裤、迪斯科等也在80年代的中国流行文化中留下了浓重的一笔。肯德基、麦当劳等西方的快餐文化也影响着中国的饮食文化。

在西方文化的影响下，我国的大都市和沿海经济发达地区首先进入了大众消费时代，商品、消费已经成为人们主要的生活追求。随着大众文化日益深入人们的日常生活，人们的审美意识已经发生改变，开始接受更加俚俗化、商业化、个性化的美学元素。

3. 中国当代家具设计中所采用的波普艺术手法

在中国当代家具设计中采用的波普艺术手法通常有"现成事物"、"拼贴集成"和"机械复制"三个主要方面。

3.1 现成事物

"现成事物"的手法就是指直接取材于日常生活中的事物（如物品、数字、符号等）改变其尺度，使之产生荒诞的艺术效果，从而体现物质社会和现代生活中对于"平凡的物"的神化和思考。这种设计手法起源于把生活中的非艺术物件制成艺术品的达达主义的代表人物杜尚的艺术创作手法。他在1917年将一个尿壶签上自己的名字作为自己的作品。这显示了他彻底无视权威的艺术思想。然后是在1971年由乌比诺·帕斯设计的波普设计经典作品——棒球手套沙发运用于家具设计中。

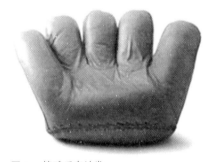

图1　棒球手套沙发

在中国的当代家具设计中出现了一批这一类型的作品。如由放大的玉佩所构成的组合沙发，太阳镜沙发，牙齿形状的凳子等等。日常生活中常见的小尺度器物被抽取了使用效果，改变了其尺度后产生出荒诞、疏离的感觉，其超大的尺度和日常形象使之具有某种潜在的双关性，具有现代梦境的感觉（图1、图2）。

3.2 拼贴集成

"拼贴集成"就是采用各种各样的材料和元素进行拼凑，表达现代文明的种种性格、特征和内涵。拼贴集成波普艺术的主要代表人物是罗伯特·劳申伯格。他在他的艺术作品中采用以前认为不能作为艺术品材料的、不经过造型处理的

图2　衣服造型椅子

图 3 文具拼贴家具　　　　图 4 水管拼贴家具

工厂废料、生活垃圾、实物片段等废弃物品进行拼贴，形成一种试图与环境重新调整关系的综合艺术。

在家具设计中的拼贴集成主要表现在不同材料的拼贴和东、西、古、今各种不同设计元素的拼凑和其他非家具材料的功能转化上，如将明式家具与极简家具进行新的构成。现有元素的组合具有"陌生化"的效果，既新奇又富有戏剧性。自行车的配件、暖气管、水管等材料成为家具的材料，在形式上给人一种新的提示和体验（图 3、图 4）。

3.3 机械复制

"机械复制"的概念最早由德国哲学家本雅明提出。他认为艺术复制技术从手工到机械的发展是量变到质变的一个飞跃。它引起人类对于审美、创造、制造、鉴赏、接受诸多方式与态度的根本转变。从根本上动摇了传统艺术的基本概念，具有划时代的意义。它是美国最有名的艺术家安迪·沃霍尔艺术创作的主要手段，他将那个时代美国生活的各个方面表现在他的作品中（如可口可乐、梦露、金贝尔汤料罐头等等），并将它们进行机械的复制，真实地记录了他那个时代的历史（图 5、图 6）。

在中国当代的家具设计中机械复制主要体现在具有特色的织物图案或某一现有元素的重复和相同家具的组合与排列，从而超越了其原有的语言学法则，以及能指与所指的关系，引发新的意义和思考。

图 5 机械复制椅子　　　　　　　图 6 机械复制摇椅

参考文献

1. 王受之 . 世界现代设计史 [M]. 北京：中国青年出版社，2002.

2. 张承志 . 波普设计 [M]. 南京：江苏美术出版社，2001, 8.

3. 胡期光 . 波普艺术与室内设计 [J]. 室内设计，2003，(1).

4. 尹小龙 . 从波普艺术看美术与设计的互融 [J]. 装饰，2003，(1).

5. 李姝，张玉坤 . 中国建筑中的波普倾向 [J]. 新建筑，2003，(6).

6. 裴临风 . 反叛、超越与认同 [J]. 贵州大学学报，2004，(2).

架构人与自然、人与设计的桥梁
——汀步的景观体验

Structured the Bridge between Man and Nature, Man and Design
——Landscape Experience of Stepping Stone

宋颖慧

Song Yinghui

（东华大学服装·艺术设计学院, 上海 200051）

(Art and Design Institute, Donghua University, Shanghai 200051)

摘要： 作为景观元素的汀步，因其"小"常常会被人们所遗忘。探索细节往往拥有的更多。只有从小的地方出发才能看出设计师在设计时是否考虑全面，是否体现了人文关怀以及与自然的结合。汀步作为一种游步道在景观设计中承载着看与被看，指引参与到设计中的人们体会景观游憩的作用，在不知不觉中产生汀步效应，这就是汀步设计所要达到的目的。

关键词： 汀步，园林，景观元素，景观，汀步效应

Abstract: As a landscape element, the stepping stone often been forgotten, because of their "small" . Exploration often has more details. Only by starting from small local can see whether designers consider in designing a comprehensive, whether reflects concern for the humanities and natural combination. Stepping stone as a step in the path of landscape design and look forward to be carrying, the guidelines to participate in the design of people understand the role of the open landscape, have unwittingly stepping stone effect, which is designed by stepping stone to achieve the aim.

Key words: stepping stone, garden, landscape elements, landscape, stepping stone effect

1. 概念及其由来

1.1　解释

新华字典对"汀"的解释是"汀 ting [名]（形声。从水，丁声。本义：水平）同本义汀，平也。——《说文》。段玉裁注："谓水之平也。水平谓之汀，因之洲渚之平谓之汀。"徐锴注："水岸平处。水边平滩。"

浅水中按一定间距布设块石，微露水面，使人跨步而过。园林中运用这种古老渡水设施，质朴自然，别有情趣。将步石美化成荷叶形，称为"莲步"。在中国古

典园林中,常以零散的叠石点缀于窄而浅的水面上,使人易于蹑步而行,其名称叫"汀步",或叫"掇步"、"踏步",《扬州画舫录》亦有"约略"一说,日本又称为"泽飞"。这种形式来自南方民间,后被引进园林,并在园林中大量运用。

究其根源,汀步由来已久,从定义我们可以看出汀步最初与水相关,汀步的出现是人们仿效自然的结果。

1.2　汀步作为景观元素的一部分

景观的基本成分可以分为两大类:一类是软质的东西,如树木、水体、和风、细雨、阳光、天空;另一类是硬质的东西,如铺地、墙体、栏杆、景观构筑。汀步属于铺地,在考虑景观设计时是必不可少的一部分。现在的景观规划设计,在设计时要把握三部分的要点:景观环境形象、环境生态绿化、大众行为心理,可以归结为视觉感受、自然生态、人的需求。

2. 设计时应该注意的问题

汀步的设计应该遵循三方面的要求——视觉感受、自然生态、人的需求。其中我认为自然生态可起到领头羊的作用。不管是视觉感受还是人的需求我们都应在尊重自然的前提下进行,如果没有自然一切无从谈起。

2.1　视觉感受

中国古典园林中注重设计景点的看与被看,一般同时满足两个特点:一是被看,二是看。所谓被看,就是说它应当作为观赏的对象而存在,必须具有优美的景观效果;所谓看,就是要提供合适的观赏角度去看周围的景物,从而获得良好的观景条件。现在城市的日益发展,使用的交通工具速度越来越快,使人们在高速运动下无法观察到细节的存在。当人的交通方式变化了,把速度慢下来,所能抓住人们的就是汀步这样的小元素。汀步是满足人们步行空间更好的体会设计师的设计的纽带,步行需要空间,使人们不受阻碍和不太费神地自由行走是最基本的要求。步行对于路面的铺装材料是十分敏感的。一般现在把鹅卵石材质的铺装用作帮助人们做脚底按摩,但大多数人并不习惯这种凹凸不平的地面,对于行走不方便的人更是如此。设计美观的汀步总会给人以赏心悦目的感受。

2.2　自然生态

缺乏自然生态理念的设计往往会随着时代的变化而被淘汰。世界上的资源已经相对匮乏,与自然背道而驰的行为必将是自掘坟墓。早在1858年奥姆斯特德与他的助手在设计美国纽约中央公园的时候,就有一个很重要的想法,就预计到150年以后这个公园的伟大作用。今天,他为纽约的人们保留了一大片人与自然共存的宝地。

2.3　人的感受

考虑到自然生态之后就要考虑人这个主体。今天人们总是在"呐喊"人性化,从小的细节最能看出人文关怀是虚于表面还是落到实处。作为小细节的汀步处理可以从一个侧面体现这一点。应该为人们创造尽可能良好的室外环境。公共空间可以分为三种类别：必要性活动、自发性活动和社会性活动。这三种类型的活动对于环境的要求都不一样。必要性活动往往包括了一些人们需要参加的活动；自发性活动则完全出于人们的自身兴趣，只有人们有参与的意愿这种情况才会发生；社会性活动相对前面两类就显得非常被动，在公共空间中有赖于他人参与的各种活动，包括打招呼、交谈等等被动式的接触。我们应该尽可能创造出舒适的环境来增加自发性活动的产生，使人们愿意参与到设计师所设计的场所中来。我们在设计汀步时要尽可能地考虑到汀步所能带来的趣味性，以此使人们更感兴趣，愿意花更多的时间留在这里。

3. 可采用的设计形式

以下提出三种设计的形式并配以实例来阐述汀步如何构架人与自然、人与设计的桥梁，以及汀步效应是如何产生的。

3.1 融入自然的汀步

中国古典园林将"天人合一"作为其指导思想。在园林史上最具影响的明造园家计成在《园冶》中，提出了两个规划设计的原则：一、"景到随机"；二、"虽由人作，宛自天开"。前者指园林造景要符合现有的地形、地貌。后者包含着两层意思，一是人工创造的山水环境，必须予人一种仿佛天造地设的感觉；二是建筑的配置必须从属、协调于山水环境，不可喧宾夺主。古人出于对大自然神奇力量的畏惧，在造园时师法自然，把大自然的山水环境融入自己的咫尺山林。我认为无论我们做什么设计都不能摒弃大自然的伟大力量，我们需要大自然，但自然从不需要我们。汀步虽然用材很少，但在设计时我们也应尽可能地避免不去破坏自然环境，使之与自然环境更好地融合在一起，既能起到其功能性的作用又有天造地设的感觉。因此可以采用天然石材、木材或者石块，在设计中充分保护现有植被不被破坏。

图1是日本园林的最具代表性的枯山水园林类型中的汀步。日本园林受中国古典园林的影响很深。从日本园林的枯山水形式，我们也可看出对于自然的崇拜之情，所不同于中国的只是造园形式而已。我们想要阐述的是日本园林中对于汀步的处理方法属于融入自然，与周围的风景和植物的品种色彩相融合，避免人工雕琢的味道过于浓重（图1）。

图1　日本园林中最具代表性的枯山水园林类型中的汀步

3.2　时隐时现的汀步

冯钟平在《中国园林建筑》一书中指出：中国园林命意在空不在实。只有虚实结合才可在咫尺山林中创作出深邃的意境，形成空灵、流动的空间气氛。简到了极处，就是虚，就是空。汀步石水相隔，水于相邻建设，这就是虚。汀步相对于桥来说更加接近水面，水面的涌动，给人以更加平远之境，这就是空。

可以说，这种虚实的变化，极大地拓宽了景观的层次，使视觉空间变得丰富而有张力，例如风景区的汀步。这里我们不得不提出在类似湿地和滩涂地带设计时所要考虑的问题，这两类地方会有雨季和旱季的变化，在旱季的时候或许此地水很少或者是滴水未有，这时汀步就自然而然地显现出来，使之成为人们、更多可能是儿童玩耍的地方。其铺装的样式也可成为一道美丽的风景。雨季其产生的效果则完全不同，人们可以在汀步上探寻与水的亲密接触。

汀步布局上，充分利用自然条件如潮水，将游步道布局于高潮位与低潮位之间，每天只有在退潮之后的固定时段，游人才可涉足。从而引发游人的好奇与期待心理，加大游客的逗留时间。

3.3　游憩体验丰富的汀步

将汀步的设计与人们对景观的不同体验相结合，在游览路线的设计中突出路径与场所的不同感受。人们对水有与生俱来的亲和性，水是生命之源，水孕育了人类的生命。山与水的关系密切，山嵌水抱一直被认为是最佳的成景状态，也反映了阴阳相生的辩证道理。老子说："上善若水"，"水善利万物而不争，处众人之所恶，故几于道"。这里实际说的是做人的方法，即做人应如水，水滋润万物，但从不与万物争高下，这样的品格才最接近道。这里引用老子的话意在说明水对于人们的重要性。

运用汀步的设计使户外活动充满趣味，可以想象在一个充满阳光的下午，顺汀步而缓缓走入草中寻找那一片绿色，这就是一种理想景观。

图 2 为南京瞻园南池中的汀步，达到了"虽由人作，宛自天开"的境界。

图 3、图 4、图 5 为汀步在不同景观中的运用，这些汀步很好地体现了游憩体验与景观点景的作用，同时赋予了景观丰富的趣味性。

以上所示各图，都是把汀步的作用展现得非常好的例子。汀步的设计不仅仅体现在汀步怎么用，也许还发

图 2　南京瞻园南池的汀步

图3 汀步引导观赏者的行进路线，穿越水体，提供不同的观赏视点

图4 图中的汀步不仅融入了环境，同时赋予环境一种野趣

图5 汀步在过渡水空间的同时，也是水景景观的一个构成元素

现我们在设计中不知不觉产生了汀步效应。在这里我所提出的汀步效应所指的是一种景观体验，作为一种汀步效应我们可以在见不到"实物"的情况下，感悟出汀步的作用。就好像我们看到一个坡面没有汀步常见的步石也会走上去。汀步所建构的是一种空间搭配，森林、草原为人类奠定了关于自然的美感。汀步效应所要达到的就是让人们一看到就能产生融入自然的景观体验。

4. 总结

汀步作为整个景观设计中很小的一部分，在设计中到底起到的作用是什么？它所完成的景观体验到底是什么？得到的答案是不是肯定的？任何事物的存在都有其可能性，只要存在的就是可能的。设计师在设计的时候总希望人们从自己的设计中找寻出设计师所要表达的含义。不管汀步设计得如何，其最终意图都是为人服务的，很难决定人们对于此设计的个人看法。设计师通过构思使人们按照设计师设计的路线来行走，以获得尽可能多的景观。在户外环境日益恶化的今天，尽量为劳累的人们找寻那本应属于他们的一片宁静绿色，是汀步所要做到的，汀步在这里应该说是一座桥梁，是联系人与自然的桥梁。无论如何，就算设计师设计得再巧妙，都无法控制人们的思维，这就是通常所说的计划不如变化。我们应该考虑做设计的最终目的是什么。人既是社会的人又是自然人，不管我们的成长如何，从古老的祖先到现在的我们都和自然相依存。基于此，人们潜意识里总想回到自然，渴望心里那一片澄清。

参考文献

1. 冷德彤.园林汀步的审美探微.景观中国，2006.

2. 刘滨谊.现代景观规划设计.南京：东南大学出版社，2005:1-9.

3. 彭一刚.中国古典园林分析.北京：中国建筑工业出版社，2004:17.

4. （美国）麦克哈格.设计结合自然.芮经纬译.北京：中国建筑工业出版社，1992:14-15.

5. （丹麦）扬·盖尔.交往与空间.第四版.何人可译.北京：中国建筑工业出版社，2002:13.

6. 周维权.中国古典园林史.北京：清华大学出版社，2004:316.

图片来源

图1　国内园林行业网站.http://jingguan.yuanlin365.com/Ylwh/2006-05-30/485.html，2006-05-30.

图2～图5　作者拍摄.

有限度的自由：公共艺术与场所感的营造
Limited Freedom: Public Art and Creating Sense of Place

张苏卉

Zhang Suhui

（上海大学数码艺术学院，上海 201800）

(College of Digital Arts, Shanghai University, Shanghai 201800)

摘要：公共艺术的理念和形态不是孤立地存在与发展的，而是建基于特定场所的环境与文脉之上，艺术家背负着文化的传承、精神的提炼和特质的彰显等方面的任务，以便营造出浓厚的场所感。因而，公共艺术中艺术家的自由是有限度的自由。

关键词：公共艺术，场所感，场所精神，历史文脉

Abstract: The concept and the form of public art are not isolated existence and development.They are based on site-specific environment and context.Artists are burdened with cultural heritage, the spirit of refining, characteristics demonstrating, in order to create sense of place.So, artists' freedom in public art is limited freedom.

Key words: public art,sence of place, spirit of place, historical context

公共艺术是反射特定场所环境特质、文化价值和其所在场所魅力的一面镜子。在较为理想的状况下，公共艺术并非单纯指艺术设置于公共空间，而是一个基于特定场所的对话、互动、参与的过程。公共艺术通过激发公众的场所意识、强化场所的声望和优化建成环境的视觉品质，提高公众的生活品质。公共艺术介入特定场所时并非面对一张空无一物的白纸，艺术家不能够任意地发挥，而是面临着具体场所的历史文化传统、环境特质及场所精神等。正如"诗人戴着枷锁跳舞"，艺术家也背负着文化的传承、精神的提炼、价值的浓缩和特质的彰显等方面的任务，因而，公共艺术中艺术家的自由是有限度的自由。

场所精神与场所感

随着当代中国经济的发展和城市建设的崛起，一些当代艺术开始融入特定场所，成为文化精神的象征，与环境融合、与历史文脉形成对应。在此过程中，基于特定场所而创作的公共艺术应运而生，20 世纪 90 年代以来渐至一个飞速发展的境地，这也推动着其他各类当代艺术纷纷走进公共空间，由"为艺术而艺术"，转向为社

会公众而艺术。

场所是人们存在于生活的特定空间，特定的自然环境、人工环境及文化环境构成了场所的独特性，这种独特性赋予了场所一种总体的气氛与性格。它不仅是物理意义上的空间，还是一种深藏在人们记忆和情感中的"家园"，具有精神上的归属意义。美国著名建筑师 C·亚历山大在《建筑的永恒之道》一书中，用"生气、完整、舒适、自由、准确、无我、永恒"七个词来表述"场"。在舒尔茨看来，"场"亦即场所精神，或由此外显而成的场所感。场所精神通常建立在特定地方人的感知系统、场所特质长期交往互动的基础之上，是场所拥有的性格与品质。

大至城市、小至社区，每一个场所都有自己的场所精神，通过场所的历史文化、自然环境、人工环境、公众相互间不断交流融合积淀而成，是一种潜藏的张力场。而场所感指的便是物质载体所呈现出来的一种地方性感觉，是来自于自然环境及人工环境历时与共时存在所构筑的一种场所氛围，是特定场所中最具共性和共识性的一种感受。凯文·林奇在《城市意象》一书中也强调了场所感，从狭义来说亦即地方特色。场所感可以作为地方特色、场所精神的外化，通过公共艺术载体加以呈现。对一个场所进行透彻分析是公共艺术创作前的必要工作，需要在进行设计之前对场所的文化、历史进行深入调研，对自然及人工环境进行充分的考察，从而建立对特定场所的直观认识。一位知名设计师讲述了自己亲身经历的故事：当接到设计任务以后，他不急于设计，而是每天到场所中感受自然的真切存在，了解场所的过去，以及存在于公众脑中的记忆和文化心理。这样，他在设计作品时便胸有成竹，而"下笔如有神"。这种"神"便是场所精神和场所的本质。这种方法在公共艺术中的运用，可使作品更好地彰显"场所精神"，呈现出一种独具特质的场所感，亦即一种与公众文化、记忆相应共生的精神空间和场所特质。

与场所的融入和共生

在当代艺术各门类中，公共艺术与特定场所联系尤为紧密，它置身于一定的场所，遵循特定的场所规则，也承担着彰显场所特质的文化载体作用。特定场所包含历史文脉、环境特质等因素，是一个含有时间及空间要素的概念。时间的概念意指文化发展是一个延绵不断的过程，这是历时性的概念。特定场所的文化精神总是有着自身的历史延续性，这是人们创作和设置作品时不得不考虑的重要因素。而空间则指涉场所的空间结构、视觉形态等因素，体现为一种共时性的概念，物质形态文化的建设需考虑与周围环境的协调与适应。公共艺术的创作或实践离不开对其所置身场所的环境特质和历史文脉的观照，与场所特质的融入共生。黑格尔在《美学》一书中就已经提到："艺术家不应该先把雕刻作品完整雕好，然后再考虑把它摆在什么地方，而是在构思时就要联系到一定的外在世界和它的空间形式和方位"。公共艺术的实践便是强调基于环境特质、历史文脉而创作，考虑作品与环境之间的视觉关联，考虑空间结构及色彩氛围的融合，考虑文化的传承等因素，进而使得公共艺术作品在视觉形态和精神意涵上同场所对话与共生。

公共艺术的创作可充分利用场所自然条件要素，如场所特有材料的运用，或是提炼场所自然及空间形态特质，如地方特有色彩、建筑、水域等的提炼与融入。公共艺术也可参与场所人工环境和文脉的延续，通过有意味的形式和具代表性的符号彰显人工环境和文脉的意蕴。通常，有如下一些具体的创作方式：构件要素的移植与借用、废弃物再利用、材质肌理的和谐统一与形体、色彩的和谐、视觉元素的抽象等等，这些方法都有助于公共艺术与特定场所融入共生，并成为场所文化精神的载体。

可以说，传承和彰显场所文化精神和特质是公共艺术的品性与价值之所在，场所的环境和文脉构成了一种有意义的整体，其历史文化积淀可通过一种场所精神体现出来，这种场所精神正是艺术家创作时需加以观照，并融入艺术创意中的要素。艺术家在创作时可提取各种环境及文化元素，加以艺术的表现与创作，从而使公共艺术成为场所精神的象征及历史文脉延续的载体，营造出一种浓郁的场所感。

场所精神的提炼与场所感的营造

近年来，在此方面出现了不少优秀案例。北京金鱼池社区位于旧城城南，过去称为"龙须沟"，老舍先生的话剧《龙须沟》便是对这段史实的艺术再现，这一地区因而成了具有独特人文历史内涵的场所。在重建金鱼池社区时，设计者便着重考虑彰显这种文学作品及历史故事所赋予的场所精神。首先，在总体视觉形态上及在对传统居住习惯充分尊重的基础上保留原有"街坊"居住模式。同时，还充分重视场所特定人文历史和场所记忆，社区的门楼用意象化手法传达社区的场所精神，提示社区的历史文化及公众记忆。社区内部的雕塑同样是紧扣历史主题。此外，社区的围栏上遍布着文学作品中的人物形象雕塑，使这一场所呈现出独特的文化氛围，公共艺术在其中不可谓不是重头戏。

奥运地铁公共艺术的成功营造一直为设计界津津乐道，它不仅成功地将一座地下轨道交通改造成为一座艺术宫殿，也极力营造了与站点相对应的风格迥异的文化情境与场所感，同时，还有效地传达出奥林匹克的主题。这是公共艺术领域近年来少有的优秀例子。北土城站整个地下空间里遍布古朴的青花瓷意象，28根高大的圆柱上印着既传统又创新的青花瓷纹样，置身其间，犹如亲临中国古典艺术馆。据称，设计灵感来自于艺术与空间的结合，同时，也来自地面上的历史遗迹，因而采用了极富中国传统意象的青花图案装饰圆柱及指示牌等，以便与周边古城墙遗址的文化氛围相呼应（图1）。

奥林匹克公园站，仿若静谧的海底世界，由于建在"水立方"之下，水的元素随处可见。尤其顶部造型采用水泡元素进行设计，此外，屏蔽门上也装饰了各种生动的海洋主题图案，趣味性与艺术性可见一斑。由此，地面上的建筑特色及空间主题延伸到了地铁空间中，通过独具特质的表现形式加以彰显，并呈现出一种浓郁的

图1　北土城站

图2　奥林匹克公园站

场所感来（图2）。

　　奥林匹克中心站，犹如运动时尚的体育馆，因靠近奥运主场馆，空间设计的主题定位在"运动"和"活力"，通过空间设计突显场所主题。各种运动人形遍布在站台各处，蓝白条纹的顶部易让人联想起跑道，白色跳动的圆圈象征着奥运五环。屏蔽门上印满简洁的运动人形，仿佛体育场馆延伸到了地下空间，也使乘客们有提前置身于奥运场馆之感（图3）。

图3　奥林匹克中心站

　　而森林公园站营造出浓郁的森林意境，32根大圆柱像一棵棵大树，顶部如交错的树枝，灯光安装其间，犹如阳光从中投射而出。地面上还散布着落叶，屏蔽门也印上了形态各异的树。出入站字母标识"D"上，都缠着绿色的树叶。这让人虽身处地下空间，但仍旧感受到森林公园的氛围（图4、图5）。

图4　森林公园站

　　2010年上海世博会地铁13号线也将以"世博元素"进行整体包装。针对现有大多数的地铁环境商业气息较重，相对缺乏文化性、艺术性内涵的现状，地铁13号线将打造成为世博线，这是一种系统化、整体性的尝试。世博元素的介入使之不仅成为重要交通设施，同时

图5　森林公园站

也成为展示城市文化、传达世博精神、宣传世博信息的一张"城市名片"。地铁13号线的站台，乃至车厢内部，都将采用世博元素进行整体设计，并且主办方计划根据不同路线、站点的风貌确定相应的文化主题，有文化针对性地进行公共艺术设计，以形成"移站异景"的风貌。或许乘坐地铁前往世博园的人们并没有来过站点所在的地面区域，但通过地铁环境空间的精心设计，仍可感受到"移步换景"的文化风貌。

上海世博会建设过程中也很重视对于历史文脉的保护，世博园的规划中采取了对老建筑大面积保护的措施，这既能改善这些区域的环境及文化品质，又便于全面地呈现上海的城市特色。上海世博园区内一座有着140多年历史的江南造船厂，其中有很多百年"古董"。世博会期间大部分建筑将被保留，作为企业馆或各类文化场馆所在地，而世博会后则会被改建成城市的一个新亮点——中国近代工业博物馆群，长久留存下来，继续发挥其文化效应及历史效应。对于这些园区内的历史建筑，采用的是"整体保护、合理利用"的原则，在不改变原有建筑结构的情况下，对其加以创造性的利用或改建，通过公共艺术的介入，以延续历史的文脉，使之融入当代城市生活当中，作为一个赋有特定历史情境的文化空间呈现在世人面前。

结语

公共艺术的理念和形态不是孤立地存在与发展的，而是建基于特定场所的环境与文脉之上，所谓因地制宜（Site-specific）表述的正是这样一种环境、文化的关联意识和价值取向。公共艺术中的艺术个性表达基于尊重场所且与之融入共生的基础之上，在此情况下，艺术家通常在形式、材质、手法的运用上，尽量与特定场所环境及文脉的各种外在形式和内在精神相契合，由于这能够激发公众的文化认同感与归属感，使公共艺术的设置过程超越审美层面的体验，进入社会的价值重塑、环境文化共建、场所精神彰显的语境当中。在一个成熟的市民社会，城市及社区文化、环境本身的品质就成为社会各方自觉的公共性诉求。对于基于特定场所而创作的公共艺术而言，最为关键的不是创造一件公共空间的艺术品，而主要在于与环境的融入与共生、对历史文脉的提炼与传承和对场所精神的彰显，并以此构筑互动沟通的空间和激发人们的情感回应。

山西佛寺建筑的空间营造形态浅议
Brief Analysis of Constructing Spatial Form of Buddhist Temples in Shanxi

樊天华

Fan Tianhua

（上海第二工业大学应用艺术设计学院，上海 201800）

(School of Applied Arts Design, Shanghai Second Polytechnic University, Shanghai 201800)

摘要： 佛教建筑具有重要的历史价值和艺术价值。中国式佛教建筑的格局源自中国传统建筑的院落式格局，以"前厅为佛殿，后堂为讲堂"，讲究中轴的绝对对称，强调大殿的中心位置，总平面追求完美的轴线对称与深邃的空间层次，形成了中国佛寺建筑的独特风格，成为佛寺建筑格局的主流。

关键词： 佛寺建筑，佛寺布局，绝对对称，空间序列

Abstract: Buddhist Monuments posses important value both on history and art. The Chinese buddhist temples are shaped by arrangement featured by Chinese garden style. It emphasizes the absolute symmetry around a central axis. By the principle of "Buddhist Hall as the front house, the Lecture Hall as the back house", it highlights the central position of the main hall and gets a perfect axial symmetry and an extensive space.

Key words: buddhist monuments, arrangement of temples, absolute symmetry, spatial order

一、中国佛教建筑的概况

佛教是源于古印度的外来宗教，从东汉开始在中国逐渐兴盛起来。它的传入是中国历史上的一件大事，自传入后近两千年来，佛教在中国社会生活中就占据了重要地位，与之相随的佛教建筑也就渐成了仅次于宫殿的另一重要建筑类型。这些佛教建筑记载了中国封建社会文化的发展和宗教的兴衰，具有重要的历史价值和艺术价值。

最早见于我国史籍的佛教建筑，是明帝始建于洛阳的白马寺，其布局仍按印度及西域式样，即以佛塔为中心的方形庭院平面。

佛教在南北朝时得到了快速的发展，并建造了大量的寺院、石窟和佛塔。这时有的寺院主体部分仍使用塔院，虽然采用了"前塔后殿"的布置方式，依旧突出了佛塔这一主题。另外出现了一类宫室宅第型的寺院。这些"舍宅为寺"的寺院，常

常以"前厅为佛殿，后堂为讲堂"，形成了与前期迥然不同的风格，成为以后佛寺建筑格局的主流。

中国化的佛寺布局，在南北朝已基本成型，大多是采用一种中国传统建筑的院落式的格局。

隋唐时期是中国佛寺发展的鼎盛时期，此时佛教与传统的儒家思想融合，发展成为中国式的宗教，并创立了许多佛教宗派；这时的佛教建筑也完全形成了中国式的宗教建筑。寺庙布局逐渐向宫室建筑形制转化，平面布局继承了南北朝以来的传统，以塔为中心转变为以佛殿为中心的轴线式布局。唐末由于密宗兴起，宋代盛行造千手千眼观音大像，于是许多寺院在大殿后建多层楼阁以供奉大像，形成了中国式的高层建筑。这些都是中国佛教建筑内容的新的发展。

隋唐后，佛殿普遍代替了佛塔，供奉佛、菩萨的殿堂已成为寺院的主体建筑。塔已退居次要地位，寺庙内大都另辟塔院。宋朝以后多数寺院已不再修建塔了。

宋代以后，汉传佛教寺院建筑平面布局逐渐模式化，形成了"伽蓝七堂制"。

元代时随着喇嘛教传入内地，出现了佛寺的新类型。

明代以后传统佛寺布局也有变化，此时佛寺更加讲究中轴的绝对对称，更加强调大殿的中心位置，总平面追求完美的轴线对称与深邃的空间层次。但从佛寺的总平面布局发展来看，已经走向停滞。

魏唐时期，山西地近京师属重要地域。佛教在两晋之际传入山西，发展很快。山西是历朝佛教兴盛的中心，很早就开始建造佛寺，东汉时建造了许多大型寺院，现在洪洞县的广胜寺就是始建于那时的。后经历朝历代的不断发展，如今山西省内佛寺分布极广，遍布全境，不难看出当年的兴盛。五台山更以建寺历史悠久和规模宏大，居于我国佛教四大名山之首。

佛教传入中国后，深受中国传统礼制的影响，形成了其独特的建筑布局。我们今天从一处佛寺的平面布局，从一座殿宇的位置、式样，以及从内外空间的运用上，也可以大概看出佛寺建筑的基本规律、处理手法及其渊源，这些为我们研究佛寺建筑的发展，提供了实例。

二、 佛寺的自然环境营造——择址

佛教传入我国，便从地理位置上分成北方佛寺和南方佛寺。山西地处我国北方，虽然在历史上有佛教各宗派的频繁交流，但佛寺主要还是体现了北方的特点。以佛寺所处的地形，大体上可以分成平地佛寺和山地佛寺。佛寺位置的选择，以建山寺为主，这与佛教宗派中的禅宗成为主要势力有关。于唐末发展起来的禅宗，吸取了晋魏的玄学思想，主张"清静无为"和"脱尘超俗"。建造山寺，正是禅宗这一主导思想的结果。

山西地区佛山寺依山而建的较多，有的大型寺院，分成上寺和下寺，上寺建在山顶，下寺建在山根部位。如位于洪洞县霍山的广胜寺，广胜上寺建立在霍山南麓之巅，下寺建在山之西麓。山西地区的名山，都建有佛寺，如清凉山的清凉寺、五台山的大显通寺。

中国古代建筑对基址的选择十分重视，佛寺建筑出于宗教观念和气势的需要，对选址的要求更为突出。山地佛寺选址大多依山面水，许多寺庙都符合风水学中的最佳选址要求。如五台山碧山寺，站在寺前，向寺院的靠山瞻望，可以看到中间大、两边小的高山，就像是天工造就的一个立体形"山"字。有的寺庙由于受到基地的限制，无法形成风水的最佳选址，便以其他方式来满足风水的要求。如五台山显通寺，由于地形限制，左右没有"青龙"、"白虎"，故在山门左右各立石碑一座，分别书"龙"、"虎"。同时在入口道路左侧，建造了多层仓库——这也是应"左青龙，右白虎"之说，青龙一定要压住白虎，故此位置上的建筑应高一些。这样既满足了风水的要求，又增添了气势。也正因为符合风水，山地寺庙在当初建造时，都与当地的自然环境结合得很好。

三、佛寺建筑的空间构筑方式

以佛塔为中心的佛寺在我国出现最早。当时的佛教寺院布局形式是仿效印度寺院形式布置的，即以塔为中心，四周用堂、阁、廊围成方形庭院，例如东汉洛阳的白马寺、徐州的浮屠祠。《洛阳伽蓝记》记述的北魏洛阳永宁寺则是前有寺门，门内建塔，塔后建佛殿，塔殿均设置在寺院的中轴线上，为寺内的主体建筑。从这样的描述中我们可以知道，这时的佛教建筑布局逐渐采取中国宫室建筑沿中轴线布置的格局,佛殿佛塔同时并重。早期以塔为中心，这种布局形式的寺庙在国内已无存留，仅在个别寺庙布局上还留有痕迹。

以佛殿为主的佛寺，基本上采用了我国传统宅邸的多进庭院式布局。它的出现，最早可能源于南北朝时期的"舍宅为寺"。佛教建筑中国化以后，中国传统思想文化逐渐渗透到佛教建筑的所有层面。在建筑布局上完全承袭了中国汉民族传统的营造方式，采用纵轴式中轴对称进行统一构思。在以佛殿为中心的佛寺布局上，特别强调寺院的纵轴线，大大削弱了塔的中心作用。但在采用纵轴式布局的寺院中，也有塔殿共轴的——这是介于两者之间的一种特殊形式。五台山的塔院寺与洪洞广胜上寺都是塔殿共轴的典型。

唐宋以后，禅宗盛行，它所提倡的"伽蓝七堂"寺院布局逐渐成为佛寺建筑布局的蓝本，成为定式。"伽蓝七堂"对佛教寺院的山门、佛殿、法堂、方丈、库房、浴室、东司等七种使用功能不同的建筑排列程式作了明确规定。照此布局，眼中轴线由南向北依次为山门、天王殿、大雄宝殿、法堂、藏经阁等正殿，正殿左右两侧对称布置钟楼（东）、鼓楼（西）、伽蓝殿（东）、祖师殿（西）、观音殿、药师殿等配殿，观音殿、罗汉堂等有时也另建独立殿堂区。寝堂等生活设施按"内东、外西"的原则安排，即僧舍位居中轴线的左侧，而用以接待四方香客的禅房则位于中轴线的右侧。在山门外则常设照壁，上面或浮雕，或题寺名，或书写"南无阿弥陀佛"。

当然这种模式也并不是一成不变的，因地理环境、地形等原因和宗派不同，也会有些调整变化。比如南方佛寺，特别是禅宗寺院注重佛教理论的研究，因而佛殿中造像较少，为了讲习义理而增设了法堂或讲堂建筑，并将法堂建在中轴线上，成为独立的建筑，江南五山十刹，都将法堂设于标准的位置。北方佛寺则以佛像崇拜为主，不将法堂作为主要建筑，山西佛寺多将法堂建于配殿或厢房的位置。正是由于这两种不同的态度，对佛寺的处理自然也就有所不同。

任何一座佛寺首先要体现以中轴线对称的布局。一般一座佛寺，以一条主轴线建造，但也有佛寺有两条或更多的轴线。这与佛寺的规模和所选地势的具体情况有关。山地佛寺由于受到地形的限制较多，故布局的变化也多。寺庙建筑组群的布局方式与山地地段的空间属性有着密切的关系。有时为了依据地段的形势，建筑也不再强求朝南，建筑群的轴线关系也作相应的调整变化。如位于隰县城西凤凰山巅的小西天，坐西朝东，有山门两道，第一道山门是山腰凿崖取道而成，第二道山门为砖砌而成，分上下两院。

四、佛寺建筑空间序列的营造

中国古建筑的单体形象有很大的相似性，这正反映了建筑象征意义的传达主要通过序列化空间组织的整体进行，而单体形象，作为序列化空间组织中的一个"节点"，往往缺乏一个独立的、完整的建筑象征意义，而在序列化空间组织的构图方式中，单一殿堂的地位依附于它在空间序列中的位置。这种序列式的布局，也是对中国传统礼制最好的回应。

我国佛寺布局，自魏唐时受礼制的影响得以确立后，形成了规律，被定为原则。这种有轴线的布局，可表现出佛寺建筑的主次，体制的大小，既增加了群体建筑的鲜明性，也在构图上体现出韵律感。佛寺无论大小，规格无论高低，均照此形式建造，即使比较复杂的多院式佛寺，也均在以佛殿为中心、中轴线为基准的基础上，或纵向扩展，或横向延伸而成。寺庙建筑一般由牌楼、香道、山门和殿堂组成。它的空间序列是佛教徒和游客们在进香朝佛、欣赏景致等活动的过程中形成的。

在序列的营造上，寺庙建筑通常由牌楼为起始，香道为承接，在高潮之前，或借道路转折，或是通过空间对比作突然的转变，最后达到序列的高潮。

规模较大寺院通常以牌坊或影壁为开端，以香道连接，并以照壁或牌楼为结束。这段香道在酝酿参观者的宗教情绪上，起到了很大的作用。比如五台山的罗睺寺，从木牌楼到寺山门，其间有一条宽约2米、长约百米的弧变形缓坡度通道，道两旁筑有很高的红土围墙，道顶端又有一棵古松虬枝遮罩，走在坡道上，有一种森严幽古的感觉。大显通寺位于塔院寺后面的一块山坡地，若按常规设计，门道之后就没有多少空间了，设计者独具匠心，把门道从主轴线上移开，巧妙地沿山坡设"之"字形路线，从寺的东南角进入。规模较小，序列简单的建筑群，在其入口部分有的只有山门和影壁，如五台山佛光寺。还有一些寺庙建筑群将很长一段路纳入入口序列部分，如五台山清凉寺。

无论是哪一种入口序列的设计，都是为了更好烘托寺庙建筑的宗教气氛，为建筑群高潮的到来充当良好的开端。

寺庙建筑多由廊、墙围合成一个独立的空间环境，山门自然成为入口部分向主体部分的过渡。佛寺大门称为山门，又称三门：空门、无相门、无作门，象征佛家的三门解脱，但门却是殿堂式。明以后佛寺的总平面更加追求完美的轴线对称与深邃的空间层次，将原来的山门演化为前有金刚殿，后有天王殿的形式，成了两进建筑，在空间序列上也加强了对大殿的渲染作用。在山地佛寺中，山门更起到了要把人的视线从广阔风景空间收回，恢复人的一般空间尺度感的作用。有时为了适当延长这一正常空间感的恢复距离，也可以将山门前用面壁围合成天井空间，或者是用山门、天王殿及围墙组合成过渡空间。如五台山塔院寺用山门、天王殿及围墙组合成一个过渡空间，增加了视觉空间上的层次感。

空间序列上的转折在总体上亮出了寺庙建筑的主体，使得人们对序列的高潮肃然起敬。五台山佛光寺主体部分由两进院落组成，并且两个院落之间有明显的高差，用狭窄的台阶甬道连接，形成空间的紧迫感，登上台阶之后，眼前豁然开朗，雄壮的大殿出现在眼前。这类"转折"的手法，在五台山的尊胜寺和圆照寺都有运用。

在山地寺庙建筑中，常利用山势将高潮或中心的院落设置在有明显高差的地方，从而达到主体建筑绝对支配性的目的。尊胜寺，还有佛光寺都是这样对空间进行处理的。尊胜寺沿纵向轴线布置了七进院落，沿轴线上的层层阶梯院落逐渐升起，使终端院落处于绝对的支配地位。

五、结语

中国古代建筑的各种类型如宫殿、寺庙、官署等，大多源于居住建筑。以皇宫为最高范本，各类建筑按照统一结构，在规模和尺度上遵从礼制而缩小。也就是说，那些皇宫、官署、府第、民居，都是按照统一的礼制和观念来建造的，皇宫是最大最高级表现，普通四合院是最小最低级的类型。中国古人在建筑格局上有很强的阴阳宇宙观和崇尚对称、秩序、稳定的审美心理，同时中国古代建筑群的轴线对称式布局也与中国古代单体建筑的标准化及位置上的严格方向性有关。几乎所有的建筑群都是坐北朝南，纵轴展开，左右对称，堂堂正正，尊卑分明，秩序井然。中国的佛寺从一开始，名称到结构，都被结合进汉文化的建筑体系之中，并融合了中国特有的祭祀祖宗、天地的功能，故而仍然是平面方形、南北中轴线布局、对称稳重且整饬严谨的建筑群体。正因为如此，很多宫府无须大的改动就可以变为佛寺。

后来出现的山林佛寺也并没有改变建筑的纵轴为主、左右对称的基本结构，这个结构是为保证和造就严肃心理所必需的。但是寺在山林，自然要求建筑与山水环境的协调，山中佛寺，以整个山作为一个整体来考虑各寺的位置，这里佛寺的建筑与汉文化的山水理论和风水理论结合起来，山中各寺的位置，与山的形态气脉结合，显出整个山的精神。当然，也因山的形态而可以有更多的通变。

中国古代建筑形态的基本特征更主要是在建筑群的整体中表现出来。这些佛寺再一次具体显示了重视群体美这一中国建筑的重大特色，各单座建筑有明确的主宾关系，例如前殿最大，是全群的构图主体，配殿、门屋、廊庑、角楼都对它起烘托作用；各院落也有主宾关系，中轴线上大殿前方的主要院落是统率众多小院的中心；建筑群有丰富的整体轮廓，单层建筑和楼阁交错起伏，长段低平的廊庑衬托着高起的角楼，形成美丽的天际线。这些联系在各个局部之间织成了一张无形的但可以感觉得到的理性的网，使全局浑然一体。亚里士多德曾经说过：一件艺术品"它的各个部分要这样联系着，以致改移或删掉其中任何一部分就必定会毁坏或变更全体；因为任何部分可以保留或删除而不致显出显然的区别，那它成为一部分也是不合宜的了"。中国古代的佛寺建筑群体组合就正显示了这个原则。

参考文献

1. 刘敦桢 . 中国古代建筑史（第二版）. 北京：中国建筑工业出版社 .

2. 王其享 . 风水理论研究 . 天津大学出版社 .

3. 王路 . 起承转合——试论山林寺庙的结构章法 . 建筑师（29），1988：131-142.

4. 中国科学院中华古建筑研究社 . 中华古建筑 . 北京：中国科学技术出版社 .

5. 曹昌智 . 中国建筑艺术全集 (12) 佛教建筑（一）北方 . 北京：中国建筑工业出版社 .